Tobias Nolting · Ansgar Thießen (Hrsg.)

Krisenmanagement in der Mediengesellschaft

Tobias Nolting
Ansgar Thießen (Hrsg.)

# Krisenmanagement in der Mediengesellschaft

## Potenziale und Perspektiven der Krisenkommunikation

VS VERLAG FÜR SOZIALWISSENSCHAFTEN

Bibliografische Information der Deutschen Nationalbibliothek
Die Deutsche Nationalbibliothek verzeichnet diese Publikation in der Deutschen Nationalbibliografie; detaillierte bibliografische Daten sind im Internet über <http://dnb.d-nb.de> abrufbar.

1. Auflage 2008



Lektorat: Barbara Emig-Roller / Britta Laufer

VS Verlag für Sozialwissenschaften ist Teil der Fachverlagsgruppe Springer Science+Business Media.
www.vs-verlag.de



Umschlaggestaltung: KünkelLopka Medienentwicklung, Heidelberg
Druck und buchbinderische Verarbeitung: Krips b.v., Meppel
Gedruckt auf säurefreiem und chlorfrei gebleichtem Papier
Printed in the Netherlands

ISBN 978-3-531-15384-1

# Inhalt

# Vorwort

Die Auseinandersetzung mit Krisen hat in den vergangenen Jahren sowohl im Blickfeld der wissenschaftlichen Auseinandersetzung gestanden, als auch hinsichtlich praktischer Herausforderungen enorm an Relevanz gewonnen. Nicht zuletzt durch die verheerenden Auswirkungen von Krisen sehen sich fast alle großen Organisationen mit der Notwendigkeit nach einem professionellen Krisenmanagement konfrontiert.

In Zeiten hoher Medienpräsenz von Unternehmen, Verbänden, Parteien oder öffentlichen Einrichtungen hängt es nicht selten von der kommunikativen Leistung ab, ob eine Krise den Niedergang bedeutet, oder zur Steigerung der Reputation beitragen kann. Dabei gilt es sich insbesondere den Herausforderungen der Mediengesellschaft immer wieder aufs Neue zu stellen und die kommunikative Strategie gemeinsam mit dem Krisenmanagement darauf auszurichten. Welche Konsequenzen Krisenkommunikation als Teil des Kommunikationsmanagements einerseits und eingebettet in die Mediengesellschaft andererseits hat, wird in diesem Sammelband gleichermaßen von Wissenschaftlern und Praktikern aus unterschiedlichen Perspektiven aufgezeigt.

Die Idee für diesen Sammelband entstand im Anschluss an den Krisenkommunikationskongress Ilmenau, der 2006 unter der Schirmherrschaft von Hans-Olaf Henkel auf dem Ilmenauer Campus stattfand. Er war der erste studentische Kongress, der sich mit dem Thema Krisenkommunikation in Deutschland auseinander gesetzt hat und stieß damit sowohl bei den Teilnehmern, wie auch bei den Referenten auf großen Anklang. An zwei Tagen sind Experten aus Wirtschaft, Politik, Medien, Agenturen und Wissenschaft an der Technischen Universität Ilmenau mit über 160 studentischen Teilnehmern in einen Dialog getreten, haben die vielfältigen Facetten der Krisenkommunikation intensiv diskutiert und sich dabei über Potenziale und Perspektiven der Krisenkommunikation ausgetauscht.

Dieser Sammelband geht jedoch bewusst einen Schritt weiter. So schreiben nicht nur ausgewählte Referenten des Kongresses, sondern auch zahlreiche weitere Autoren in diesem Band, die sich als ausgewiesene Experten aus wissenschaftlicher wie praktischer Perspektive mit dem Thema Krisenkommunikation auseinander setzen. Der Band ist damit ein Querschnitt durch die aktuelle Debatte der Krisenkommunikation. Auch wenn der Fokus auf dem deutschsprachigen Diskurs liegt, schließt der Sammelband bewusst mit einem Ausblick auf die internationalen Herausforderungen der Krisenkommunikation. Allen Autorinnen und Autoren sagen wir an dieser Stelle noch einmal ausdrücklich Dank – nicht nur für ihre inhaltlichen

Beiträge, sondern auch für ihre Geduld bei der redaktionellen Zusammenstellung des Bandes.

Dass dieser Band entstehen konnte, verdanken wir besonders Katrin Holz, die in ihrer gewohnt detaillierten und sorgfältigen Art für die Erstellung des Manuskriptes verantwortlich war. Ganz herzlich bedanken wir uns zudem bei Barbara Emig-Roller und Anke Hoffmann vom VS Verlag, die uns bei der Erstellung des Sammelbandes von Beginn an erstklassig betreut haben. Klaus-Dieter Altmeppen von der Katholischen Universität Eichstätt-Ingolstadt danken wir schließlich für seine wertvollen Hinweise und Anregungen, die in die Erstellung des Sammelbandes mit eingeflossen sind.

Düsseldorf und Fribourg, am 1. Februar 2008

Tobias Nolting und Ansgar Thießen

# Krisenmanagement in der Mediengesellschaft

*Tobias Nolting und Ansgar Thießen*

## Einleitung

Untreue, Steuerhinterziehung, Umweltskandal, Scheinfirmen, Bestechung, Unfall mit Todesfolge – die Liste der Negativschlagzeilen deutscher Unternehmen und Organisationen allein in der jüngeren Vergangenheit ist lang und ließe sich problemlos fortführen. Auch für Verbände, Parteien oder andere Organisationen sind Krisensituationen inzwischen keine Seltenheit mehr. Dies zeigt, dass Krisen inzwischen in fast sämtlichen Bereichen des öffentlichen Lebens auftreten und Verantwortliche vor immer neue Herausforderungen stellen.

Wissenschaftliche Literatur und praktische Ratgeber die sich mit dem Thema auseinander setzen – von der Früherkennung bis zur Evaluation – gibt es wie Sand am Meer. Oft wird dabei vor allem fallstudienartig behandelt, was zu tun oder zu lassen ist (vgl. Löffelholz 2004: 45 und Falkheimer/Heide 2006: 180). Eine Darstellung, die der umfassenden Thematik kaum gerecht wird. Wirft man einen ersten Blick auf die bisherige Debatte so fällt auf, dass insbesondere den Medien durch ihre Mittlerfunktion eine besondere Rolle zufällt: Denn sie können durch ihre Berichterstattung Krisen nicht nur erstmals ins Licht der Öffentlichkeit rücken, sondern die negative Wirkung einer Krise sogar noch verstärken (vgl. Konken 2002: 133). In Krisen sollte es also darum gehen, das Potential der Medien zu nutzen, um gezielt Dialoggruppen mit Information zu versorgen (vgl. Locarek-Junge/Straßberger/Wagner 2003: 126) und damit die Krise als kommunikative Chance aktiv zu managen. Eine Aufgabe, die für Krisenmanager eine besondere Herausforderung darstellt (vgl. Donges/Imhof 2001: 110), da zahlreiche disperse Dialog- und Anspruchsgruppen wie Mitarbeiter, Anteilseigner, Anwohner, Betroffene oder Lieferanten gleichermaßen im steten Kampf um Zustimmung oder Unterstützung im Fokus der Krisenkommunikation stehen (vgl. Girgensohn 2002: 84).

Diese Überlegungen verdeutlichen vor allem zwei Dinge: Zum einen spielen die Medien eine wichtige Rolle im Kampf um Meinungen und Darstellungen einer Krisensituation. Zum anderen umfasst Krisenkommunikation für Organisationen aber weitaus mehr, als lediglich Krisen-Media Relations. Welches Verständnis von Krisenkommunikation sich daraus für den vorliegenden Sammelband ergibt und wie dies im Zusammenhang mit einer Mediengesellschaft zu verstehen ist, soll im Folgenden zunächst erläutert werden. In einem zweiten Schritt werden dann die Beiträge kurz vorgestellt und in die aufgezeigte Struktur des Bandes eingebettet.

## Krisenmanagement

Krisen stellen für das Management eine besondere Situation dar, da sie nur bedingt kontrollier- und lenkbar sind (vgl. Saxer/Bosshart 1990: 282). Wirft man einen ersten Blick auf das Themenfeld der Krisenkommunikation, so fällt auf, dass darunter in der wissenschaftlichen wie praktischen Literatur unterschiedlichste Situationen subsumiert werden: „We use the term ‚crisis' rather loosely [...] and even when we talk about a crisis management/communication" (Coombs 2002: 339; vgl. auch Löffelholz 2005: 187). Im angelsächsischen Sprachraum spricht man am ehesten von ‚crisis intervention', ‚public participation' und ‚conflict management', wenn es um Prozesse der Krisenkommunikation geht (vgl. Dombrowsky 1994: 17). Ein Beschreibungsversuch, der vor allem die öffentliche Meinung in den Mittelpunkt der Betrachtung stellt. Autoren wie Löffelholz hingegen legen den Fokus weniger auf das öffentliche Interesse, als vielmehr auf den medialen Umgang. So typologisiert er in dem Zusammenhang Primär- und Sekundärkrisen und trennt mit dieser Unterscheidung „Kommunikation *über* Krisen (Sachdimension) und die Kommunikation *in* Krisen (Sozial- und Zeitdimension)" (Löffelholz 2005: 186, Hervorhebung im Original). Allerdings schließt seine Definition die Krisen aus, die von einem Unternehmen erfolgreich beigelegt wurden, ohne öffentlich bekannt geworden zu sein (vgl. Baumgärtner 2005: 21). Insgesamt scheint die Debatte über Krisenmanagement und -kommunikation inzwischen ebenso mannigfaltig wie der Begriff der Krise selbst zu sein (vgl. Baumgärtner 2005: 18; Coombs 2002: 339; o.V. 2006) und so gilt es an dieser Stelle das Begriffsverständnis von Krisenkommunikation grundsätzlich einzuordnen.

Wie die Beiträge dieses Bandes verdeutlichen, gilt es Krisen*kommunikation* als Teil des Krisen*managements* zu begreifen. Die Kommunikation von Organisationen wird damit nicht isoliert vom Management betrachtet. Eine „proaktive Auseinandersetzung mit den Erwartungen und Ansprüchen sich immer stärker vernetzender Teilöffentlichkeiten ermöglicht, Chancen zu erkennen und Risiken abzuwenden" (Ingenhoff/Röttger 2006: 321). Jedoch um Kommunikation überhaupt erst proaktiv gestalten zu können, ist es notwendig, im Management „alle strategiekritischen Entscheidungsprozesse so [zu gestalten], dass die kommunikative und öffentlichkeitswirksame Dimension der dort beschlossenen Maßnahmen systematisch mitbedacht wird" (Zerfaß 2004: 321). Das gilt für Kommunikation in Nicht-Krisen-Zeiten genauso wie für Krisenkommunikation. Stellt man Krisenmanagement zunächst prozesshaft dar, so kann zwischen einer Phase vor der Krise, der eigentlichen Krisenreaktion und einer Phase nach der Krise differenziert werden (vgl. Klenk 1989: 32). Und zwar sowohl bei einer sich latent anbahnenden wie einer akut auftretenden Krise (vgl. Schmidbauer 2006: 30). Um die Informationsweitergabe nun zu steuern und damit auch die Reaktionen der unterschiedlichen Dialoggruppen, wird Krisenmanagement während des gesamten Prozesses von Krisenkommunikation begleitet. Sie ist damit der kommunikative Teil des Krisenmanagements, über den gesamten Verlauf der Krise hinweg (vgl. hierzu auch Töpfer 2006).

Das Verständnis von Krisenkommunikation in diesem Sammelband lehnt sich an diese integrative Sicht von Kommunikation in das Management an. Damit soll deutlich werden, dass die im Buchtitel verwendeten Begriffe „Krisenkommunikation" und „Krisenmanagement" nicht getrennt voneinander verstanden werden können. Vielmehr setzt sich der Band mit der kommunikativen Seite des Krisenmanagements auseinander und stellt die unterschiedlichen Facetten und Disziplinen gegenüber, um so eine möglichst breite Darstellung des Themas zu ermöglichen. Gleichzeitig wird aber auch deutlich, dass Krisenkommunikation nur ein Teil des Krisenmanagements ist und damit keinesfalls losgelöst von anderen strategischen wie operativen Entscheidungen des Krisenmanagements betrachtet werden kann. Diese werden in dem vorliegenden Band jedoch nicht weiter thematisiert.

## Mediengesellschaft

Mit diesem Krisenkommunikationsverständnis gilt es zu klären, vor welchem Hintergrund Krisenkommunikation im weiteren Verlauf verstanden wird: Krisenmanagement im Kontext der Mediengesellschaft.

Der Prozess der öffentlichen Meinungsbildung ist seit geraumer Zeit einer dynamischen Entwicklung unterworfen, nicht zuletzt ausgehend von einem medialen Wandel, der eng mit gesellschaftlichen und sozialen Veränderungen verknüpft ist (vgl. dazu u.a. Kamps 2002; Pfetsch 2006). Als besonders prägendes Element dieses Wandels stellt sich die erhöhte Informationsgeschwindigkeit in der Kommunikationsarena dar, wobei den Medien als zentrale Vermittlungsinstanz eine entscheidende Rolle zukommt. Gleichzeitig sehen sich die dort agierenden Akteure mit einem gestiegenen Legitimations- und Rechtfertigungsbedarf konfrontiert, dem sie nicht zuletzt mit immer ausgefeilteren kommunikativen Leistungen zu begegnen versuchen – „Legitimation durch Information" (Ronneberger 1977) wird als zentrales Gebot verinnerlicht.

Kommerzialisierungstendenzen, größere Angebotsvielfalt und Konkurrenz massenmedialer Produkte sowie eine erhöhte Kommunikationsgeschwindigkeit haben somit in den vergangenen Jahren einen massiven Wechsel der Rahmenbedingungen öffentlicher Kommunikation herbeigeführt. Die Struktur dieser dynamischen Entwicklung ist demnach durch zentrale Veränderungen in zeitlicher, sachlicher und sozialer Dimension gekennzeichnet.

Unter den Bedingungen der modernen Medien- und Informationsgesellschaft sind zwei Punkte für die Kommunikationsinfrastruktur besonders charakteristisch: Ein weites Spektrum um Vertrauen und Anerkennung rivalisierender Akteure, die sich gleichzeitig im Sinne der Aufmerksamkeitsökonomie mit ihren Botschaften der Konkurrenz zahlreicher anderer Angebote stellen müssen[1]. Innerhalb einer medial vermittelten Öffentlichkeit fungiert Aufmerksamkeit demnach als „Schlüsselressource", die sogar als eine Art „Währung" verstanden werden kann (vgl. die Darstellung bei Bieber 2004: 21 f.). Bussemer thematisiert folglich die Auffassung der öffentlichen Meinung als „Richtschnur für gesellschaftlich verbindliches Handeln" mit der Konsequenz eines ständigen Wettbewerbs um die Gunst öffentlicher Aufmerksamkeit (vgl. Bussemer 2003: 39); diese dient gewissermaßen als Voraussetzung für alle gesellschaftlichen Meinungsbildungsprozesse (vgl. Nolte 2005: 126). Und das Ringen um die erforderliche Aufmerksamkeit und die damit verbundene Deutungshoheit vollzieht sich in der Mediengesellschaft zu großen Teilen in den Massenmedien.

Auch wenn es bislang noch keine umfassenden Erkenntnisse über den Verlauf gesellschaftlicher Kommunikations- und Medienstrukturen gibt (vgl. Jarren 2001: 10), so ist eines dennoch sicher: Das heutige Mediensystem erlaubt fast allen Bevölkerungsgruppen sich über eine Vielzahl von Medien auszutauschen oder zu informieren bzw. unterhalten. Gleichzeitig erlaubt es Organisationen, sich auf ebendiesem Wege Gehör zu verschaffen, sofern sie über eine ausreichende kommunikative Qualität verfügen. Ein wesentliches Charakteristikum ist dabei die ausdifferenzierte (publizistische) Medienlandschaft. Es gibt über alle Medien hinweg eine Vielzahl von Anbietern, die um die Gunst der Konsumenten buhlen. Über die Zeit haben sich so nicht nur Massenmedien entwickelt, sondern auch spezielle Medien oder Spartenangebote, die gezielt Konsumentengruppen bedienen können.

Mit dem Aufkommen neuer Verbreitungsmöglichkeiten wie dem Internet sind inzwischen Informationen nicht nur rund um die Uhr verfügbar, sondern auch fast an jedem Ort zugänglich. Und so hält Jarren hierzu treffend fest: „Medien erlangen aufgrund ihrer hohen Beachtungs- und Nutzungswerte gesamtgesellschaftliche Aufmerksamkeit und Anerkennung. So erfahren Mitglieder in Organisationen über wichtige Sach- oder Personalentscheidungen vielfach zuerst aus den Medien" (Jarren 2001: 11). Über eine vorteilhafte Ausgestaltung der öffentlichen Meinung wird also nicht nur versucht, im Vorfeld auf Entscheidungsprozesse einzuwirken, auch die Information und letztlich Legitimation des Handelns gegenüber verschiedenen Anspruchsgruppen vollzieht sich maßgeblich auf der medialen Plattform.

Der PR-Berater Harald Zulauf bringt diesen Zustand in einer einfachen Formel auf den Punkt: „Was in der heutigen Informations- und Mediengesellschaft nicht kommuniziert wird, findet nicht statt." (Zulauf 2004: 142) Oder anders ausgedrückt: „Erfolgreich ist, wer kommunikativer ist als andere." (Wiebusch 2001:

1 Zum Konzept der „Ökonomie der Aufmerksamkeit" vgl. Franck 1998.

12) Die Beiträge des vorliegenden Bandes verdeutlichen, dass dieses Credo auch und besonders für die Krisenkommunikation Geltung erlangt.

## Perspektiven und Potenziale der Krisenkommunikation

Mit der Einordnung der beiden Begriffe Krisenmanagement und Mediengesellschaft lässt sich nun auch der Aufbau dieses Sammelbandes verdeutlichen. Das Konzept des Bandes greift in seiner Gesamtheit auf diese beiden Schlüsselbegriffe zurück und versucht damit die bestimmenden Kontexte der Krisenkommunikation herauszuarbeiten. Die Struktur folgt dabei der Idee, aufeinander aufbauend die wesentlichen Bestandteile des Krisenmanagements vor dem Hintergrund der in der modernen Mediengesellschaft vorherrschenden Bedingungen vorzustellen. Den Rahmen dieser Übersichtsdarstellung bilden eine kurze Einführung in die Thematik und ein Ausblick auf zukünftige Entwicklungen.

Der erste Teil widmet sich demnach einleitend dem grundsätzlichen Begriffsrahmen des Themengebietes. Dabei geht es vor allem um das Aufzeigen der aktuellen Schwerpunkte der wissenschaftlichen Krisenkommunikationsforschung, wobei der Fokus insbesondere auf der Krisenkommunikation von Unternehmen und Organisationen liegt. Der dort vorgestellte Forschungsstand bildet die Grundlage für die sich anschließenden Abhandlungen über verschiedene Aspekte der Krisenkommunikation in Wissenschaft und Praxis.

Der zweite Teil bildet den eigentlichen Kern des Bandes. Die Autoren nähern sich dem Themengebiet aus unterschiedlichen *Perspektiven* und zeigen durch ihre Ausführungen wiederum die daraus resultierenden Perspektiven der Krisenkommunikation auf. Zunächst werden grundlegende Ansichten formuliert, die zentrale Dimensionen der Krisenkommunikation veranschaulichen und eine Basis für das Verständnis der zugrunde liegenden Kommunikationsprozesse darstellen. Daran anschließend werden anwendungsorientierte Sichtweisen vorgestellt, die jeweils spezielle Anwendungsfelder im Bereich des Krisenmanagements thematisieren. Die verschiedenen Beiträge verdeutlichen damit gemeinsam die aktuellen und zukünftigen *Potenziale* der Krisenkommunikation und betrachten diese aus unterschiedlichen Blickwinkeln. Damit soll der Band dazu anregen, die notwendige Auseinandersetzung mit den Bedingungen und Folgen von Krisenkommunikation zu intensivieren und einige Anhaltspunkte dafür geben, wie den Herausforderungen des Krisenmanagements in der Mediengesellschaft begegnet werden kann.

Der dritte Teil weitet schließlich den Blick und gibt abschließend einige Hinweise auf zukünftige Trends und Tendenzen im Bereich der Krisenkommunikation. Darüber hinaus werden die internationalen Herausforderungen in dem noch jungen Forschungsfeld aufgezeigt.

## Zu den Beiträgen des Bandes

Im ersten Teil des Bandes geben *Löffelholz* und *Schwarz* einen umfassenden Überblick über den aktuellen Stand der Krisenkommunikationsforschung in organisatorischer Hinsicht. Sie verdeutlichen die Relevanz des Forschungsfeldes und zeigen anhand der Differenzierung von institutionell orientierter und symbolisch-relationaler Ansätze die verschiedenen Herangehensweisen der wissenschaftlichen Auseinandersetzung auf. Neben den bisherigen empirischen Ergebnissen der Wissenschaft zeigen sie abschließend die weiteren Perspektiven der deutschsprachigen Krisenkommunikationsforschung auf, die ihrer Meinung nach mit einem interdisziplinär verknüpften Zugang verbunden sein müssen.

Die ***grundlegenden Perspektiven*** im zweiten Teil werden durch den Beitrag von *Baumgärtner* eingeleitet, der in seinem Artikel den Risikobegriff umfassend aufarbeitet. Er plädiert dabei für eine positive Betrachtung der Risikokommunikation, die für die beteiligten Akteure nicht allein eine Gefahr, sondern in der Regel auch eine Chance darstellt. Wie er aufzeigt, kann eine glaubwürdige Kommunikationsstrategie zur Erhöhung der Risikoakzeptanz beitragen und damit ein wirkungsvolles Instrument der Krisenprävention darstellen. Anschließend weist *Arlt* in seinem Beitrag auf die Differenz von funktionaler und individueller Kommunikation hin und reflektiert in dem Zusammenhang das Kommunikationsverhalten von Organisationen in Krisensituationen. Er fokussiert dabei auf die internen Kommunikationsabläufe und verdeutlicht, welche Entscheidungsformen im Rahmen funktionaler und individueller Verständigung möglich sind.

Neben einer ausführlichen definitorischen Einordnung des Krisenbegriffs stellt der Beitrag von *Merten* das Verhältnis von Krise und Krisenkommunikation in den Mittelpunkt. Mit Blick auf die Bedingungen der Mediengesellschaft wird dabei deutlich, dass dieses Verhältnis von einer äußerst komplexen Struktur geprägt wird und Kommunikation nicht als das Allheilmittel dienen kann, als das es vielfach angesehen wird. Dass die Krisenkommunikation eine regelrechte Beschleunigung erfahren hat, wird in dem Beitrag von *Mast* herausgearbeitet. Verantwortlich für die immer hektischeren Krisenverläufe ist nach ihrer Auffassung jedoch nicht allein die Medienberichterstattung, sondern oftmals auch die mangelnde kommunikative Professionalität der betroffenen Organisationen. Auf Grundlage dieser Einschätzung zeigt sie die Notwendigkeit einer wohl überlegten Kommunikationsarbeit und verdeutlicht die relevanten Einflussfaktoren. *Bentele* und *Janke* thematisieren daran anschließend die besondere Bedeutung von Vertrauen in der Krisenkommunikation von Organisation mit den für sie relevanten Anspruchsgruppen. In dem Zusammenhang stellen sie wichtige vertrauensbildende Faktoren vor und plädieren für die Notwendigkeit eines modernen Stakeholder-Dialogs neuer Prägung. Ein solcher kann nach ihrem Ermessen bereits im Vorfeld als kommunikative Krisenprävention eingesetzt werden.

Aufbauend auf die grundsätzlichen Sichtweisen bezüglich der kommunikativen Komponenten des Krisenmanagements werden einige ***anwendungsorientierte Perspektiven*** vorgestellt. *Hofmann* und *Braun* nehmen zu Beginn eine grundlegende Einordnung der Krisenkommunikation als Teil des Krisenmanagements vor und zeigen aus praktischer Sicht deren Rolle im interdisziplinären Zusammenspiel auf. Dabei werden verschiedene Mittel der Krisenbewältigung angesprochen und die damit verbundenen Herausforderungen an die Kommunikation und das Krisenmanagement herausgestellt. Der Beitrag von *Krämer* macht ebenfalls die Notwendigkeit einer interdisziplinären Herangehensweise des Krisenmanagements deutlich. Er erläutert mit Blick auf die Krisenprävention das komplexe Zusammenspiel der Kommunikationsdisziplinen Public Relations, Public Affairs und Issues Management und zeigt das daraus resultierende Potenzial, kritische Situationen bereits vor dem Entstehen einer größeren Krise einer kommunikativen Lösung zuzuführen.

Der Zusammenhang von Krisenkommunikation und Issues Management wird danach von *Röttger* und *Preusse* ausführlich dargestellt. Das Fehlen einer kontinuierlichen und systematischen Beobachtung der Unternehmensumwelt ist nach ihrer Auffassung ein entscheidender Grund für die oftmals mangelhafte Krisenkommunikation von Unternehmen und Organisationen. Dabei wird Issues Management als Verfahren einer solchen Umweltbeobachtung von ihnen ausführlich analysiert und die damit verbundenen Rollen und Funktionen herausgearbeitet. Damit zeigen sie auf, dass Issues Management sich zu einem wesentlichen Erfolgsfaktor der Krisenkommunikation entwickelt hat, wenngleich weiterer Forschungsbedarf diesbezüglich zu konstatieren ist. Frühwarnsysteme des Krisenmanagements werden darauf aufbauend von *Fischer-Appelt* eingeführt, die eine proaktive Kommunikation gegenüber potenziellen Konfliktherden ermöglichen. Er zeigt den Zweck eines funktionierenden Frühwarnsystems und erläutert anschaulich den Einsatz im Rahmen der praktischen Krisenkommunikation.

Aus Sicht eines ehemaligen Journalisten thematisiert *Röbel* im Anschluss die Analogie eines guten Krisenmanagements mit einem Feuerwehreinsatz. Er weist anhand verschiedener Faktoren auf die Notwendigkeit einer professionellen und schlagkräftigen Kommunikationsstrategie hin, ohne die der begleitenden Medienberichterstattung nicht begegnet werden kann. Als wirksamstes Mittel stellt er jedoch die kluge und umsichtige Kommunikation im Vorfeld einer sich anbahnenden Krisensituation heraus, die seiner Meinung nach den bestmöglichen Brandschutz gewährleistet. Welche Rolle den Kommunikationsverantwortlichen im Ernstfall zukommt, steht im Mittelpunkt der Ausführungen von *Johanssen* und *Dujic*. Sie zeigen auf, wie die Kommunikationsabteilung innerhalb einer Organisation positioniert sein sollte, um im Krisenfall möglichst angemessen und professionell agieren zu können. Dabei wird deutlich, dass Kommunikation in Krisenzeiten eine Führungsaufgabe darstellt und die Kommunikationsverantwortlichen dementsprechend auch eine Führungsposition innerhalb der Organisation einnehmen müssen.

Der Beitrag von *Riecken* zeigt daran anschließend ganz praktisch, welche Faktoren eine erfolgreiche Medienarbeit im Krisenfall ausmachen. Anhand von Beispielen aus der Praxis werden die entscheidenden Aspekte von einer guten Vorbereitung über die organisatorischen Herausforderungen bis zu den Anforderungen an die konkrete Kommunikationsarbeit anschaulich aufbereitet. Dass jedes Unternehmen von einer Krise betroffen sein kann, verdeutlicht der Beitrag von *Baier-Fuchs*. Sie erläutert sowohl die Mechanismen der Medienberichterstattung, als auch die daraus resultierenden Herausforderungen für die Krisenkommunikation. Vor dem Hintergrund eines realen Katastrophenfalls werden die Abläufe des Krisenmanagements ausführlich präsentiert und die Konsequenzen der öffentlichen Aufmerksamkeit und des Mediendrucks für die Kommunikationsarbeit aufgezeigt. *Nothelle* wiederum nimmt eine Betrachtung von der anderen Seite vor und veranschaulicht, wie Journalisten mit Krisen umzugehen pflegen. Sie erläutert, welche Rolle Krisen für die journalistische Arbeit spielen und zeigt am Beispiel der Terroranschläge des 11. Septembers 2001 die Besonderheiten und damit verbundenen Herausforderungen von Krisensituationen für die mediale Berichterstattung.

Der Beitrag von *Köhler* widmet sich schließlich der besonderen Rolle der Online-Kommunikation für das Krisenmanagement. Sie verdeutlicht dabei, dass das Internet sowohl als Ausgangspunkt einer Krise fungieren kann, gleichzeitig aber auch durch unterschiedliche Anwendungen als effizientes Mittel der Krisenbewältigung zum Einsatz kommen kann. Nach ihrer Auffassung sollte die Online-Kommunikation als integraler Bestandteil der Krisenkommunikationsstrategie zum Verwendung finden. Vor diesem Hintergrund werden die wichtigsten Online-Strategien vorgestellt, verbunden mit dem Plädoyer, diesen netzbasierten Instrumenten in der Zukunft eine noch stärkere Beachtung zu schenken. Welchen Beitrag eine strategische Krisenevaluation zur Optimierung der Krisenkommunikation leisten kann, wird darauf folgend von *Besson* thematisiert. In ihrem Beitrag wird deutlich, dass Krisenmanagement weit mehr als die eigentliche Krisenbewältigung umfasst. Der Prozess der nach Abschluss der Krise erforderlichen strategischen Evaluation wird aufgezeigt und die verschiedenen Bestandteile detailliert herausgearbeitet. Dadurch wird deutlich, dass eine gelungene Evaluation wirkungsvoll zur Verbesserung des Krisenmanagements beitragen kann.

Der Band endet im dritten Teil mit einer ***internationalen Perspektive*** und damit einem Ausblick auf die zukünftigen Herausforderungen der Krisenkommunikation. *Coombs* verweist auf die bisherigen Anstrengungen zur Aufarbeitung des Forschungsfeldes und macht deutlich, dass für eine angemessene Darstellung des Themengebietes noch wesentlich umfangreichere Forschungsanstrengungen erforderlich sind.

## Literatur


Baumgärtner, Norbert (2005): Risiko- und Krisenkommunikation - Rahmenbedingungen, Herausforderungen und Erfolgsfaktoren, dargestellt am Beispiel der chemischen Industrie. München: Verlag Dr. Hut.

Bieber, Christoph (2004): Bausteine der Mediendemokratie. Ein Werkstattbericht. In: Massing, Peter (Hrsg.): Mediendemokratie: Eine Einführung: 2. Auflage. Schwalbach: Wochenschau Verlag, 10-33.

Bottler, Stefan (2007): Krise der Krisen-PR. In: Werben & Verkaufen, 4/2007, 31.

Bussemer, Thymian (2003): PR in der demokratischen Gesellschaft. Ein historisch-theoretisches Beschreibungsmodell. In: PR Magazin, 9/2003, 33-40.

Coombs, Timothy William (2002): Deep and surface threats: conceptial and practical implications for "crisis" vs. "problem". In: Public Relations Review, Nr. 28, 339-345.

Dombrowsky, Wolf R. (1994): Krisen-Kommunikation. Anwendungsorientierte Strategien für den Umgang mit Öffentlichkeit und Institutionen der öffentlichen Gefahrenabwehr. Katastrophenforschungsstelle: KFS-Publikation. Kiel: Christian-Albrechts-Universität Kiel.

Donges, Patrick/Imhof, Kurt (2001): Öffentlichkeit im Wandel. In: Jarren, Otfried/Bonfadelli, Heinz (Hrsg.): Einführung in die Publizistikwissenschaft. Stuttgart: Verlag Paul Haupt, 103-133.

Falkheimer, Jesper/Heide, Mats (2006): Multicultural crisis communication: towards a social constructionis perspective. In: Journal of contingencies and crisis management, 14. Jahrgang, Nr. 4, 180-189.

Franck, Georg (1998): Ökonomie der Aufmerksamkeit. Ein Entwurf. München/Wien: Hanser.

Girgensohn, Arne (2002): Krisenkommunikation: PR zwischen den Fronten? Erhöhte Krisenpotenziale in Realität und Wahrnehmung. In: Public Relations Forum, 2. Jahrgang, Nr. 3, 84-87.

Ingenhoff, Diana/Röttger, Ulrike (2006): Issues Management. Ein zentrales Verfahren der Unternehmenskommunikation. In: Schmid, Beat F./Lyczek, Boris (Hrsg.): Unternehmenskommunikation. Kommunikationsmanagement aus Sicht der Unternehmensführung. Wiesbaden: Gabler, 319-350.

Jarren, Otfried (2001): „Mediengesellschaft" – Risiken für die politische Kommunikation. In: Aus Politik und Zeitgeschichte, B41-42, 10-19.

Kamps, Klaus (2002): Kommunikationsmanagement in der Politik: Anmerkungen zur „zirzensischen" Demokratie. In: Schatz, Heribert/Rössler, Patrick/Nieland, Jörg-Uwe (Hrsg.): Politische Akteure in der Mediendemokratie. Politiker in den Fesseln der Medien? Wiesbaden: Westdeutscher Verlag, 101-110.

Klenk, Volker (1989): Krisen-PR mit Hilfe von Krisenmodellen. In: PR Magazin, 2/1989, 29-36.

Konken, Michael (2002): Krisenkommunikation: Kommunikation als Mittel der Krisenbewältigung. Limburgerhof: FBV-Medien-Verlag.

Locarek-Junge, Hermann/Straßberger, Mario/Wagner, Niklas (2003): Krisenkommunikation am Kapitalmarkt: Investor Relations in der Unternehmenskrise. In: Blum, Ulrich/Greipl, Erich/Müller, Stefan/Uhr, Wolfgang (Hrsg.): Krisenkommunikation - 5. Dresdner Kolloquium an der Fakultät Wirtschaftswissenschaften der Technischen Universität Dresden. Wiesbaden: Deutscher Universitätsverlag/GWV Fachverlag, 125-139.

Löffelholz, Martin (2004): Krisen- und Kriegskommunikation als Forschungsfeld - Trends, Themen und Theorien eines hoch relevanten, aber gering systematisierten Teilgebietes der Kommunikationswissenschaft. In: Ders. (Hrsg.): Krieg als Medienereignis II. Wiesbaden: VS Verlag für Sozialwissenschaften, 13-55.

Löffelholz, Martin (2005): Krisenkommunikation. In: Weischenberg, Siegfried/Kleinsteuber, Hans J./Pörsken, Bernhard (Hrsg.): Handbuch Journalismus und Medien. Konstanz: UVK, 185-189.

Nolte, Kristina (2005): Der Kampf um Aufmerksamkeit. Wie Medien, Wirtschaft und Politik um eine knappe Ressource ringen. Frankfurt/New York: Campus Verlag.

o.V. (2006): Annual ICM crisis report. News coverage of business crises during 2005. Online unter: http://www.crisisexperts.com/pub.htm [03.01.2007].

Pfetsch, Barbara (2006): Politik und Medien – neue Abhängigkeiten? In: Balzer, Axel/Geilich, Marvin/Rafat, Shamim (Hrsg.): Politik als Marke. Politikvermittlung zwischen Kommunikation und Inszenierung. Berlin: Lit Verlag, 34-41.
Ronneberger, Franz (1977): Legitimation durch Information. Düsseldorf: Econ.
Saxer, Ulrich/Bosshart, Louis (1990): Zur Definition der Kommunikation in Krisen. In: Allgemeine Schweizerische Militärzeitschrift, 5/1990, 282-287.
Schmidbauer, Klaus (2006): Kluge Konzepte für die Krisenkommunikation. In: Laumer, Ralf/Pütz, Jürgen (Hrsg.): Krisen-PR in der Praxis. Wie Kommunikations-Profis mit Krisen umgehen. Münster: Daedalus Verlag, 29-52.
Töpfer, Armin (2006): Krisenkommunikation: Anorderungen an den Dialog mit Stakeholdern in Ausnahmesituationen. In: Schmid, Beat/Lyczek, Boris (Hrsg.): Unternehmenskommunikation. Kommunikationsmanagement aus Sicht der Unternehmensführung. Wiesbaden: Gabler, 351-398.
Wiebusch, Dagmar (2001): Zwischen Aufklärung und Kommerzialisierung. In: PR Report, 26.01.2001, 11-12.
Zerfaß, Ansgar (2004): Unternehmensführung und Öffentlichkeitsarbeit. Grundlegung einer Theorie der Unternehmenskommunikation und Public Relations. 2., ergänzte Auflage. Wiesbaden: VS Verlag für Sozialwissenschaften.
Zulauf, Harald (2004): Mehr als Werbung: Politik-PR in der Praxis. Strategien-Instrumente-Ergebnisse. In: FORUM.MEDIEN.POLITIK. (Hrsg.): Trends der politischen Kommunikation. Beiträge aus Theorie und Praxis. Münster: Lit Verlag, 142-155.

# Teil 1

# Einführung

# Die Krisenkommunikation von Organisationen
## Ansätze, Ergebnisse und Perspektiven der Forschung

*Martin Löffelholz und Andreas Schwarz*

### 1 Relevanzgewinn der Krisenkommunikationsforschung

Politische und ökonomische Krisen werden sowohl von den Medien als auch von der Wissenschaft seit einigen Jahren aufmerksamer verfolgt. So zählte das Institute for Crisis Management zwischen 1996 und 2000 in den USA pro Jahr noch rund 7000 Unternehmenskrisen, über die Medien im Wirtschaftsteil berichteten. In den Jahren 2005 und 2006 bezifferte das Institut die Zahl derartiger Krisenfälle schon auf über 10.000 pro Jahr (Institute for Crisis Management 2007). Für die Wissenschaft liegen vergleichbar harte Indikatoren für einen Relevanzgewinn der auf Krisen bezogenen Forschung zwar nicht vor. Allerdings nimmt die Zahl der Publikationen, die sich mit der Kommunikation von Krisen analytisch befassen, ausweislich diverser Literaturübersichten bereits seit den 1980er Jahren ebenfalls kontinuierlich zu (u.a. Löffelholz 2004a, Zöllner 2001, Carruthers 2000, Becker 2000 u. 2000b, Simon 1991). Jüngste Sonderausgaben wissenschaftlicher Fachzeitschriften, die sich mit dem Thema ‚organisationale Krisenkommunikation' beschäftigen (Journal of Applied Communication Research 3/2006, Public Relations Review 2/2007), sowie das für 2008 avisierte Sonderheft des Journal of Public Relations Research weisen zusätzlich auf die Aktualität und Relevanz des Forschungsfeldes hin.

Dabei konzentriert sich die Wissenschaft auf die fallstudienartige Analyse der Bedingungen, Strukturen und Folgen der Kommunikation besonders spektakulärer Krisenfälle in Unternehmen und in der Politik, wobei hier der Fokus auf der Kommunikation kriegerischer Auseinandersetzungen und terroristischer Handlungen liegt. In jüngster Zeit standen insbesondere die Kriege auf dem Balkan, die Luftangriffen der NATO im Kosovo, die Anschlägen auf Pentagon und World Trade Centre sowie die gewaltsame Beseitigung der Taliban-Herrschaft in Afghanistan und des Regimes von Saddam Hussain im Irak im Mittelpunkt einschlägiger Untersuchungen (Kempf/Schmidt-Regener 1998, Allen/Seaton 1999, Hammond/Herman 2000, Zöllner 2001, Zelizer/Allan 2002, Becker 2002a, Becker 2002b, Becker 2002c, Löffelholz 2004b). Zu den Unternehmenskrisen, die in Deutschland wissenschaftlich intensiver untersucht wurden, gehören die Brent-Spar-Krise von Royal Dutch/Shell (Scherler 1996, Hecker 1997, Schubert 2000), das Grubenunglück in Borken (Mathes et al. 1991), der Fall Schneider (Haller 1998), das Debakel der A-Klasse von Daimler-Benz (Müller 1998, Töpfer 1999) und die Unfallserie des Chemiekonzerns Hoechst (Kepplinger & Hartung 1995). International erlangten darüber hinaus die Bhopal-Krise (Dow Corning), der Pentium-Bug (Intel), die Produktsabotage bei Johnson & Johnson oder auch das Tankerunglück der Exxon Valdez geradezu paradigmatischen Status.

Kommunikation kommt bei der Analyse entsprechender Krisensituationen deshalb eine besondere Bedeutung zu, weil Krisen als soziales und beobachterabhängiges Konstrukt beschrieben werden können (Löffelholz 1993, Kohring et al. 1996). Krisen sind demnach „durch kommunikative Leistungen nicht nur vermittel-, sondern auch beeinflussbar – was auf die herausragende Bedeutung der Public Relations als Mittel der Prävention und Bewältigung“ (Köhler 2006: 22) von Krisen hinweist. Fallstudien wie die genannten sind also durchaus hilfreich, um Krisen generell sowie speziell die Bedingungen und Prozesse der Krisenkommunikation politischer und wirtschaftlicher Organisationen besser verstehen zu können.

Zurückhaltend sind jedoch Versuche zu beurteilen, aus einzelnen Fallanalysen generalisierte Strategien eines exzellenten Managements von Krisenkommunikationsprozessen abzuleiten: „The variables in any particular crisis situation are so numerous that no historic case is likely to be comparable to the point of providing an optimal response. Any paradigmatic approach to crisis management is, therefore, suspect.” (Berg/Robb 1992) In dem vorliegenden Beitrag geht es also nicht darum, kochrezeptartige ‚goldene Regeln’ der Krisenkommunikation vorzustellen. Vorgestellt werden stattdessen theoretische Ansätze und zentrale Forschungsergebnisse, die einen Überblick über den Stand der Forschung zur Krisenkommunikation von Organisationen vermitteln. Darauf aufbauend erläutern wir knapp, in welche Richtung die weitere wissenschaftliche Analyse der Krisenkommunikation von Organisationen gehen sollte.

## 2 Krisenkommunikation von Organisationen als Forschungsfeld

Das Forschungsfeld ‚Krisenkommunikation von Organisationen’ wird von unterschiedlichen wissenschaftlichen Disziplinen bearbeitet. Neben der Wirtschaftswissenschaft, die nahezu ausschließlich Unternehmen als Organisationen in den Mittelpunkt der krisenkommunikationsbezogenen Forschung rückt, kümmert sich – mit einem deutlich breiteren Fokus – vor allem die Kommunikationswissenschaft um die Erforschung der Bedingungen und Strukturen von Krisenkommunikation. Insgesamt kann der Forschungsstand zur Krisenkommunikation von Organisationen als beachtlich, aber stark fragmentiert beschrieben werden (Pearson & Clair 1998, Löffelholz 2004a, Coombs 2007).

Auffällig ist, dass in der bisherigen Forschung zwischen politischen und ökonomischen Krisen deutlich getrennt wird. Das macht auf den ersten Blick Sinn, weil Unternehmenskrisen anderen Bedingungen unterliegen und andere Konsequenzen haben als politische Krisen, vor allem solchen, die mit gewalttätigen Auseinandersetzungen verbunden sind. Andererseits ist allerdings anzunehmen, dass beispielsweise im Hinblick auf die Thematisierung durch Medien Ähnlichkeiten zwischen politischen und ökonomischen Krisen bestehen können. Wir gehen deshalb davon aus, dass die auf politische Konflikte und gewaltsame Auseinandersetzungen ausgerichtete Kriegskommunikationsforschung von den Ergebnissen der vor allem auf Unternehmen bezogenen Krisenkommunikationsforschung profitieren kann und umgekehrt die Analyse der medialen Produktion, Präsentation und Rezeption konfliktiver Ereignisse Anregungen zum besseren Verständnis der Krisenkommunikation von Unternehmen liefern kann. Aufgrund der Ähnlichkeit der Fragestellung bietet es sich deshalb an, wie bereits Anfang der 1990er Jahre vorgeschlagen (Löffelholz 1993b), unternehmensbezogene Krisen- und politisch orientierte Kriegskommunikationsforschung konzeptionell stärker aufeinander zu beziehen.

In dem folgenden Forschungsüberblick berücksichtigen wir daher primär jene Studien, die aus unserer Sicht für beide Forschungstraditionen Relevanz besitzen. Zur Systematisierung der Ansätze und Befunde unterscheiden wir – einem Vorschlag von Schwarz (2007a) folgend – drei dominante sich partiell überlappende Forschungsperspektiven: die institutionelle, die instrumentelle sowie die symbolisch-relationale Krisenkommunikationsforschung.

## 3 Institutionell orientierte Krisenkommunikationsforschung

Aus der institutionellen Perspektive werden Organisationsstrukturen bzw. Eigenschaften von Organisationsfunktionsträgern und deren Einfluss auf die Effektivität der Krisenantizipation bzw. des Krisenmanagements (inklusive der Krisenkommunikation) betrachtet. Dem liegt die Annahme zugrunde, dass Organisationen sich im Hinblick auf ihre Krisenvulnerabilität unterscheiden und diese sich anhand von internen Faktoren bestimmen lässt. Dabei wurden vorwiegend die strukturellen Bedingungen der PR-Funktionen, die Organisationskultur sowie Effekte organisatorischer Krisenerfahrung aufgegriffen. Hauptuntersuchungsobjekte sind dabei Unternehmen, während staatliche Organisationen bisher eher selten Gegenstand entsprechender Studien waren.[1]

Pauchchant und Mitroff (2006) vertreten die These, dass es spezifische Eigenschaften der Organisationskultur sind, die zu einer erhöhten und damit zum Teil selbstinduzierten Krisengefährdung beitragen. Organisationskultur verstehen sie als

[1] Eine Ausnahme stellen die Studien der Forschungsgruppe Krisenkommunikation an der TU Ilmenau dar, in der zwischen 2004 und 2007 sicherheitspolitisch relevante Organisationen im Hinblick auf ihre Krisenkommunikationsstrukturen im Rahmen einer qualitativen Untersuchung empirisch analysiert wurden (www.crisis-communication.de).

„basic, taken-for-granted assumptions that an organization makes about itself, its customers, employees, and surrounding environment" (Pauchchant/Mitroff 2006: 136). Sie kamen zu dem Ergebnis, dass besonders krisengefährdete Organisationen dazu neigen, Krisen zu verdrängen bzw. in ihrer Bedeutung herabzusetzen. Diese ‚ungesunden' Organisationskulturen betrachten ihre Umwelt bzw. Anspruchsgruppen primär im Hinblick auf den Nutzen, den sie für die Erreichung der Organisationsziele darstellen.

Dies spiegelt sich auch im Krisenverständnis wieder, demzufolge Krisen primär eine Bedrohung für das eigene Unternehmen, weniger für dessen Umwelt darstellen. Die Autoren beschreiben diese Ausprägungen der Organisationskultur auch als narzisstisch und empathielos. Die Überhöhung der eigenen Perfektion und Exzellenz führe dazu, dass geplantes und integriertes Krisenmanagement als Eigenschaft von schlechten Organisationen betrachtet wird. Das Weltbild geht in einer Gut-Böse-Dichotomie auf, wobei vor allem die Medien als feindliche Bedrohung wahrgenommen werden. Organisationen dieser Kategorie verorten die Schuld bzw. Verantwortlichkeit für Krisen nicht bei sich selbst. Auf Organisationenskulturen, die über ein systematisches, strategisch geplantes Krisenmanagement verfügen, trifft in der Regel das Gegenteil zu (Pauchant/Mitroff 2006: 139ff).

Zu ähnlichen Befunden gelangen Elsubbaugh, Fildes und Rose (2004) nach einer Befragung in ägyptischen Textilunternehmen. Eine ‚gesunde' Organisationenskultur wurde von den befragten Managern als bedeutendste Voraussetzung für erfolgreiches Krisenmanagement betrachtet, während eine effektive Kommunikation mit internen und externen Teilöffentlichkeiten erst an dritter Stelle genannt wurde (Elsubbaugh et al. 2004: 115).

Die zentrale Rolle der Organisationskultur bei Prozessen des Krisenmanagements betont auch Marra (1998). Allerdings verweist er auf die mangelnde Berücksichtigung der PR- und Kommunikationsstrukturen in Organisationen und die Überbewertung von Krisenplänen. Seine Fallstudie zu einer Krise des amerikanischen Telekommunikationsunternehmens AT&T (1990) führt ihn zu der Schlussfolgerung, dass insbesondere eine proaktive und kooperative Kommunikationskultur sowie starke von allen Mitarbeitern gelebte Kommunikationsprinzipien den Erfolg organisationaler Krisenkommunikation bedingen. Defensive und verschlossene Kommunikationskulturen hingegen, die beispielsweise für die misslungene Krisen-PR nach dem Challenger-Unfall der NASA 1986 verantwortlich gemacht werden, beeinträchtigten den Erfolg trotz vorhandener Krisenpläne beträchtlich.

Auch im Rahmen des Issues Managements und der Risikokommunikation – verstanden als Instrument der Krisenprävention bzw. Früherkennung – wird Organisationskultur als wesentlicher Einflussfaktor erachtet (Hribal 1999, Ingenhoff/Rossberg 2004). Die ‚kulturelle Brille' bestimmt nicht nur, welche Themen in deren Umwelt wahrgenommen, identifiziert und auf bestimmte Weise interpretiert werden, sondern gleichermaßen, welche kommunikativen Maßnahmen die Organisationen daraus ableiten. Partizipative (im Gegensatz zu autoritären) Organisationskulturen scheinen die Beobachtungs- und Handlungsoptionen im Rahmen des Issues Managements zu erweitern und fördern abteilungs- und hierarchieübergreifendes Arbeiten. Dazu tragen insbesondere auch stärker netzwerkförmige Kommunikationsstrukturen bei, während hierarchische Strukturen den Kommunikationsfluss eher behindern bzw. auf wenige Ebenen eingrenzen (Ingenhoff/Rossber 2004: 51ff). Partizipative Organisationskultur sowie Prinzipien offener und symmetrischer Kommunikation werden von Praktikern zwar als wichtig erachtet, im Krisenfall jedoch kaum wirklich umgesetzt (Kunczik et al. 1995, Köhler 2006).

Über die Organisationskultur hinaus werden die Entscheidungsautonomie und Implementierung der PR-Funktionen als Teil des strategischen Managements als Erfolgfaktor für Krisenkommunikation betrachtet. Der damit verbundene Zugang zu Ressourcen und Informationen sowie die nötige Unterstützung der Leitungsebene bilden letztlich die Voraussetzungen für die Öffentlichkeitsarbeit, um in Krisensituationen schnell und angemessen zu handeln (Köhler 2006, Marra 1998). Auch wenn die Befunde der Exzellenzstudie (Grunig et al. 2002) dies im Hinblick auf PR-Funktionen in Organisationen allgemein zu bestätigen scheinen, fehlt es im Krisenkontext bisher an Forschung, die über deskriptiv-normative Ansätze hinausgeht.

Darüber hinaus wurden das Selbstverständnis von PR-Akteuren im Krisenkontext, die Professionalisierung der Krisenkommunikation in Organisationen sowie der Einfluss von Rollenstrukturen auf das organisationale Krisenmanagement bislang kaum untersucht. Eine ältere Studie zeigte jedoch, dass die Berufstätigkeit Public Relations zwar als nicht erlernbare Begabung eingestuft (63% der Befragten), Krisenbewältigung aber mehrheitlich (70%) als forschungsbasierte Methode betrachtet wird (Kunczik et al. 1995: 135).

Mit dem Zusammenhang zwischen organisatorischer Krisenerfahrung und PR-Rollenstrukturen beschäftigte sich Guth (1995). Er kam zu dem Ergebnis, dass mit zunehmender Konfrontation von Organisationen mit Krisen, PR-Funktionen mit erhöhten Managementbefugnissen ausgestattet sind.[2] Der Befund würde sich mit Ergebnissen der Exzellenzstudie decken. Organisationen, welche im Zeitverlauf ein erhöhtes Maß an Kommunikation mit kritischen Anspruchsgruppen zu bewältigen haben (Aktivismus, Krisen), verfügen demnach in der Regel über eine einflussreichere und besser ausgestattete Kommunikationsfunktion (Grunig et al. 2002: 442ff). Beispielsweise ergab eine Untersuchung von Organisationen in umweltsensiblen Branchen, dass Chemie- bzw. Pharmaunternehmen in der Vergangenheit häufiger mit Krisen konfrontiert waren und zugleich über ausgeprägtere Strukturen der Krisenvorbereitung im Vergleich zu anderen Branchen verfügen

2 Da Krisenerfahrung aber ebenso durch die Organisationsgröße bedingt ist, kann nicht ausgeschlossen werden, dass es sich hier um ein Artefakt der Messung handelt.

(Kunczik et al. 1995: 185). Der Einfluss erhöhter Umweltkomplexität auf die Institutionalisierung von Krisen-PR- bzw. Krisenmanagementfunktionen wurde bislang freilich kaum theoriegeleitet untersucht. Insbesondere Ansätze organisationalen Lernens könnten sich in diesem Kontext als fruchtbar erweisen (Cohen/Sproull 1996, Wiegand 1996).

## 4 Instrumentell orientierte Krisenkommunikationsforschung

Der Großteil der im deutschsprachigen Raum unternommenen Forschungsanstrengungen beschäftigt sich mit der Einschätzung von Kommunikationsverantwortlichen zur Implementierung und Nutzung von Instrumenten in den verschiedenen Phasen des Krisenmanagements, wobei der Forschungsschwerpunkt bis dato auf den Phasen der Prävention und Vorbereitung liegt. Neben Unternehmen, die bislang deutlich häufiger Gegenstand empirischer Untersuchungen waren, liegen auch erste Ansätze zur Analyse der auf Krisenkommunikation bezogenen Instrumente politischer, vor allem staatlicher Organisationen, vor (Hoffmann 2007, Löffelholz 2007a).

Im Rahmen der Krisenprävention richtet sich die Forschung primär auf Strukturen, Verbreitung und Funktionen des Issues Managements. Dieses lässt sich „als eine organisationsbezogene Technik kommunikativer Vorgänge begreifen, mit der eine Organisation versucht, politische, wirtschaftliche oder gesellschaftliche Issues (Themen, Probleme oder Ereignisse) und die dazu einsetzende Meinungsbildung in der Öffentlichkeit zu identifizieren oder zu implementieren mit dem Ziel, Nutzen für eine Organisation zu vermehren und/oder Schaden von ihr abzuwenden.“ (Merten 2001: 42). Hier wird deutlich, dass Issues Management auch – aber nicht nur – ein proaktives und strategisches Instrument zur Prävention von Krisen und zur Früherkennung von Risiken darstellt (Ingenhoff 2004: 66). Dabei kommen im Wesentlichen Formen der Umweltanalyse (Issue Monitoring, Scanning) und Prognosetechniken (u.a. Szenariotechniken) zum Einsatz.

Eine Untersuchung Schweizer Unternehmen zeigte, dass das Issues Management aufgrund seiner Beobachtungs- und Kommunikationsorientierung Aufgabe der Public Relations-Funktionen ist. Allerdings setzen knapp zwei Drittel der befragten Unternehmen keinerlei Issues Management-Methoden ein (Röttger 2001: 12). Auch andere Studien gelangen zu dem Ergebnis, dass Krisenprävention und Früherkennung „von den meisten Organisationen immer noch sträflich vernachlässigt [wird]. Damit wird die Chance vergeben, Konflikte und Anspruchsgruppen frühzeitig zu erkennen, um die Entstehung von Deutungsmustern mitzubestimmen.“ (Schulz 2001: 228).

Im Kontext der Vorbereitung auf potentielle Krisen wurde vor allem die Bedeutung und Effektivität von Krisenplänen untersucht (u.a. Barton 1991, Quarantelli 1988, Sen/Egelhoff 1991). Der sich in Krisen erhöhende Zeit- und Entscheidungsdruck erfordert schnelles und strategisches Handeln. Krisenpläne liefern dafür benötigte Hintergrundinformationen, weisen spezifische Verantwortlichkeiten zu und enthalten Kontaktdaten potentiell bedeutsamer Ansprechpartner oft auf Grundlage verschiedener Krisenszenarien (Coombs 1999: 79ff). Das Potential von Krisenplänen zur Abmilderung von Krisenverläufen wird zwar kaum angezweifelt, wird hinsichtlich seiner relativen Bedeutung im Rahmen der Krisenkommunikation aber zum Teil als überschätzt beschrieben (Marra 1998). Krisenpläne können nicht auf alle denkbaren Szenarien vorbereiten, vermitteln unter Umständen ein falsches Gefühl von Sicherheit und können im Falle blinder Befolgung von Anweisungen versagen. Ein Plan in der Schublade, der weder evaluiert bzw. aktualisiert und nicht in Simulationen trainiert wird (Coombs 1999: 83), erzielt möglicherweise lediglich eine Plazebo-Wirkung. Vorliegende Studien zeigen, dass cirka ein Drittel der befragten Organisationen mit Krisenplänen ausgestattet ist (Kunczik et al. 1995, Schulz 2001). In einer Befragung in Großunternehmen waren Krisenpläne in knapp 95 Prozent der Fälle vorhanden, während Behörden und Verbände weit unter diesem Wert lagen (12Cylinders Corporate Strategies 2003).Eine vergleichbare Studie in den USA zeigte, dass Unternehmen branchenübergreifend in 79 Prozent der Fälle über einen Krisenplan verfügten (Lee at al. 2007).[3]

Besonders für Mitglieder des so genannten Krisenstabes bzw. Krisenteams sind Krisentrainings entscheidend. Die Aufgabe von Krisenstäben ist neben der Erarbeitung, Simulation und Umsetzung des Krisenplans letztlich das Treffen angemessener Entscheidungen in der akuten Krisenphase, um Schaden von Betroffenen abzuwenden bzw. zu mildern. Über die Zusammensetzung dieser Teams und die nötigen Fähigkeiten liegt bisher wenig fundierte Forschung vor. Empfohlen wird eine funktionale Auswahl von Mitgliedern u.a. aus den Bereichen Recht, Sicherheit, Public Relations, Qualitätskontrolle und der obersten Führungsebene, um spezifische Problemlösungs- und Entscheidungskompetenzen zu kombinieren (Coombs 1999: 68f). Bisher untersuchte deutsche Organisationen verfügten in etwa der Hälfte der Fälle über Krisenstäbe (Kunczik et al. 1995, Schulz 2001).

Auch im Hinblick auf spezifische Anforderungen an Standardinstrumente der PR (z.B. Pressekonferenzen) und deren Wirkung im Krisenkontext sowie zur Evaluation von Krisen-PR liegen bisher kaum Studien vor, die mehr als deskriptiv sind. Häufiger standen Chancen und Potentiale des Internets im Mittelpunkt des Interesses (Eggert 2000, Köhler 2006, Taylor/Kent 2007). Köhler kommt zu dem Ergebnis, dass online-gestützte Krisen-PR bisher kaum konzeptionell-strategisch eingesetzt wird und viel versprechende Potentiale der Krisenprävention und dialogorientierten Krisenkommunikation vergeben werden (2006: 363ff).

3 Insgesamt leiden die meisten Studien dazu, die in der Regel auf größere Unternehmen beschränkt sind, jedoch unter mangelnder Repräsentativität und geringen Rücklaufquoten.

## 5 Symbolisch-relational orientierte Krisenkommunikationsforschung

Die stärker auf Kommunikationsprozesse gerichtete symbolisch-relationale Krisenkommunikationsforschung schließt vor allem Arbeiten ein, die sich mit Strategien der Gestaltung von Botschaften von Organisationen vor, während und nach der Krise, aber auch der Wirkung solcher Strategien sowie dem Verhältnis von Öffentlichkeitsarbeit und spezifischen Anspruchgruppen, insbesondere den Medien (respektive dem Journalismus) in Krisensituationen auseinandersetzen. In Deutschland konzentriert sich die entsprechende Forschung insbesondere auf die Beziehungen von Medien und Militär in Kriegs- und Krisenzeiten (Löffelholz 2007b), während unternehmensbezogene Untersuchungen in diesem Bereich seltener sind. In den USA hat sich hingegen eine ausgeprägte Forschungstradition sowohl im Hinblick auf politische als auch ökonomische Organisationen und ihr Verhältnis zur Öffentlichkeit in Krisensituationen herausgebildet. Die Ansätze und Befunde der auf kriegerische Konflikte ausgerichteten Krisenkommunikationsforschung haben wir an anderer Stelle ausführlich und detailliert referiert (Löffelholz 2004b u. 2007b). Daher konzentrieren wir uns hier auf die Beschreibung zentraler Befunde, die sich auf die aufschlussreiche US-amerikanische Forschung zur Krisenkommunikation von Unternehmen beziehen, aber auf andere Organisationen nach unserer Einschätzung sehr wohl übertragbar erscheinen.

Im Zentrum der diesbezüglichen Forschung stehen vor allem die Muster und Formen rhetorischer Kommunikationsstrategien, die Organisationen nutzen, um krisenbedingte Reputations- bzw. Imageschäden abzumildern. Auf Basis einer Vielzahl von vorwiegend qualitativen Fallstudien wurden Typologien so genannter Corporate Impression Management-Strategien entwickelt, die Krisenmanagern helfen sollen, in spezifischen Krisensituationen bzw. für bestimmte Teilöffentlichkeiten die für das Organisationsimage förderlichsten Botschaften zu kommunizieren (zusammenfassend Coombs 2006). Der quantitativ größte Teil der Forschung orientiert sich dabei an der von William Benoit (1995) vorgelegten ‚Theorie der Imagewiederherstellung' (Image Restoration Theory).

Letztlich ist eine sinnvolle und theoriegeleitete Auswahl von Krisenkommunikationsstrategien jedoch nur möglich, wenn erstens spezifische Eigenschaften von Krisensituationen bekannt sind und sich zweitens Wahrnehmungen seitens relevanter Teilöffentlichkeiten im Krisenfall antizipieren lassen. Dieser Annahme folgt auch die Theorie der situativen Krisenkommunikation (Situational Crisis Communication Theory, Coombs/Holladay 2004). Sie postuliert, dass Teilöffentlichkeiten Vermutungen über die Ursachen von Krisen anstellen. Je mehr sie dabei die Verantwortlichkeit für negative Auswirkungen der Krise einer Organisation zuschreiben, desto wahrscheinlicher resultiert dies in negative Einstellungen, Emotionen bzw. Verhalten gegenüber dem vermeintlichen Verursacher. Das Ausmaß der wahrgenommenen Verantwortlichkeit seitens relevanter Stakeholder versucht

Coombs mit Hilfe sozialpsychologischer Ansätze zur Kausalattribution (Weiner 1986) zu erklären.

Einige experimentelle Untersuchungen konnten zeigen, dass die wahrgenommene Verantwortlichkeit im Zusammenhang mit bestimmten Krisentypen steht (z.B. Unfälle, Korruption, Naturkatastrophen, Gerüchte) und zudem vom Schadensausmaß der Krise und der Krisenhistorie einer Organisation (Häufigkeit der Verwicklung in Krisen) abhängig ist. Diese Befunde würden Krisenmanagern schließlich eine sinnvolle Auswahl von Strategien zur Botschaftengestaltung im Krisenfall erlauben. Daher überarbeitete Coombs (2006) die oben genannten Typologien rhetorischer Techniken und ordnete sie im Hinblick auf die damit verknüpfte Akzeptanz von Verantwortung durch die Organisation. Je geringer die Kluft zwischen der von Stakeholdern wahrgenommenen Verantwortlichkeit eines Unternehmens und der von diesem im Rahmen seiner externen Kommunikation übernommenen Verantwortung sei, desto geringer fiele dieser Annahme zufolge der Imageschaden für die Organisation aus. Somit könnten Krisen- und Kommunikationsstrategietypologien theoriegeleitet aufeinander bezogen und von PR-Praktikern im Krisenfall eingesetzt werden. Partiell konnten diese Annahmen empirisch bestätigt werden, auch wenn es sich meist um kleinere experimentelle Studien mit studentischen Stichproben handelte (u.a. Coombs/Holladay 2002, 2004). Für eine stärker rezeptions- bzw. stakeholderorientierte Krisenkommunikationsforschung plädieren auch Lee (2004) und Schwarz (2007b), die den attributionstheoretischen Ansatz der Theorie situativer Krisenkommunikation erweitern bzw. dessen interkulturelle Validierung einfordern.

Vor allem die so genannte Praktikerliteratur beschäftigt sich intensiv mit angemessenen Formen der Krisenkommunikation. Dabei haben sich verschiedene ‚Daumenregeln' für Krisen herauskristallisiert. Größte Einigkeit besteht darüber, dass Organisationen in Krisensituationen möglichst schnell, konsistent und offen kommunizieren sollten. Allerdings sind diese kochrezeptartigen und zuweilen auch trivialen Empfehlungen bisher nur partiell forschungsgestützt (Coombs 2006). In Zukunft werden hier der Einfluss situativer Faktoren der Krise sowie Eigenschaften und Wahrnehmung verschiedener Teilöffentlichkeiten weiter untersucht werden müssen.

Als eine weitere Ausprägung der symbolisch-relationalen Perspektive kann die Untersuchung des Verhältnisses von Organisationen mit spezifischen Teilöffentlichkeiten unter Krisenbedingungen einbezogen werden. Insbesondere der Einfluss von Krisen- bzw. Konfliktsituationen auf das Verhältnis bzw. den gegenseitige Einfluss von Öffentlichkeitsarbeit und Journalismus wurde hier – freilich nicht nachhaltig – diskutiert. Die für das Forschungsfeld der Krisenkommunikation relevanten Befunde sind in den meisten Fällen ein Residuum der übergeordneten Frage nach der Interaktion von Journalismus und Public Relations, die auf die Beziehungen zweier Berufsfelder bzw. Systeme (z.B. das Intereffikationsmodell) oder den Einfluss von PR auf journalistische Texte (z.B. die Determinationsthese) gerichtet ist (vgl. Raupp 2005: 199).

Barth und Donsbach (1992) verglichen in diesem Kontext die Berichterstattung über eher herkömmliche ‚Aktionspressekonferenzen' mit ‚Krisenpressekonferenzen' (Sandoz, Boehringer) unter Berücksichtigung der dazugehörigen Pressekonferenzunterlagen. Die Befunde zeigen, dass es den Unternehmen in Krisensituationen trotz umfangreicherer Berichterstattung deutlich weniger gut gelang, ihre zentralen Botschaften in den Medien zu platzieren. Journalisten diversifizieren und intensivieren in Krisen offenbar ihre Recherchen aufgrund des hohen Nachrichtenwertes. Hoffjann (2001) sieht darin auch deren Interesse an konfliktstabilisierenden Aspekten der Berichterstattung, um den Nachrichtenwert länger aufrecht zu erhalten. Somit würden selbst langfristig etablierte gute Beziehungen zwischen Pressestellen und Redaktionen unter Krisenbedingungen versagen. Aktuellere Befunde deuten an, dass die gegenseitige Wahrnehmung eher ambivalent ist. Während sich Media Relations aus PR-Sicht als Bonus auszahlen, sind diese aus Journalistenperspektive unter Krisenbedingungen nur bedingt von Relevanz (Thießen 2007).

## 6 Perspektiven der Krisenkommunikationsforschung

Die deutsche Kommunikationswissenschaft hat die organisationale Krisenkommunikation wie auch das Feld der PR-Forschung insgesamt spät entdeckt (vgl. Röttger 2004a). Darauf deuten auch jüngere Überblickswerke hin (Bentele et al. 2005, Röttger 2004b), die sich mit Krisen-PR nur marginal bzw. vorwiegend mit Formen der Krisenprävention und Früherkennung (Issues Management, Risikokommunikation) befassen (Röttger 2001). Die zuvor erwähnte Fragmentierung der Forschung manifestiert sich hier insofern, dass nur vereinzelt Bezüge zu internationalen Forschungsanstrengungen hergestellt werden.

Einschlägige Beurteilungen der Forschung zur Öffentlichkeitsarbeit von Organisationen in Krisensituationen fallen übereinstimmend ernüchternd aus (vgl. Kunczik et al. 1995, Hoffjann 2001, Köhler 2005, Coombs 2007). Dem Großteil der Publikationen zum Thema wird Kochbuch- bzw. Patentrezeptcharakter zugeschrieben. Selbst die wissenschaftliche Literatur entbehre größtenteils systematisch-theoretischer Grundlagen und bewege sich eher auf deskriptiv-erzählendem Niveau (Kunczik et al. 1995: 14). Diese Einschätzungen treffen zu, reduziert man den Blick auf deutschsprachige Forschungsbeiträge. Unter Berücksichtigung der internationalen, vorwiegend US-amerikanischen Literatur zu Krisenmanagement und Krisenkommunikation muss die Lage jedoch mit Blick auf den quantitativen Forschungsausstoß optimistischer beurteilt werden. In einer Untersuchung der bedeutendsten englischsprachigen wissenschaftlichen PR-Fachzeitschriften (u.a. Public

Relations Review, Journal of Public Relations Research, Public Relations Research Annual) zwischen 1975 bis 2000 identifizierten Sallot et al. (2003) immerhin 14 Beiträge zur Theoriebildung in der Krisenkommunikation, womit das Thema auf Platz zwei rangierte.

Dennoch mangelt es nach wie vor an theoriegeleiteter bzw. theorieprüfender Forschung zur Beschreibung und Erklärung von organisationalen Kommunikationsfunktionen unter Krisenbedingungen (Coombs 2007). Die empirische Grundlage bilden mit wenigen Ausnahmen überwiegend Einzelfallstudien, die sich kaum an wissenschaftlich stringenten Designs und methodischen Qualitätskriterien orientieren (vgl. u.a. Yin 2003). Die externe Validität ist erheblich eingeschränkt und Generalisierungen oder gar Handlungsempfehlungen fragwürdig. Eine Systematisierung der Befunde (z.B. Krisenverläufe, Wirkungen eingesetzter Instrumente und Kommunikationsstrategien) könnte in Zukunft wertvolle Anhaltspunkte zur Theoriebildung und Anleitung weiterführender empirischer Forschung liefern.

Die Verbreitung und Ausdifferenzierung von Strukturen der Krisenkommunikation wurden im deutschsprachigen Raum nur vereinzelt quantitativ untersucht. Die Aussagekraft der vorliegenden Studien ist durch mangelnde Aktualität und Repräsentativität sowie schwachen Theoriebezug eingeschränkt. Insbesondere die Verknüpfung der institutionellen, instrumentellen und symbolisch-relationalen Forschungsperspektiven wird sich künftig als notwendige Voraussetzung zur Erarbeitung von interdisziplinär fundierten Theorien der Krisenkommunikation bzw. des Krisenmanagements von Organisationen erweisen. Neben ihrer wissenschaftlichen Erkenntnisstiftung sollten sich daraus forschungsbasierte Handlungsorientierungen für die Praxis ergeben, nicht um eine möglichst effektive Manipulation von Anspruchsgruppen zu ermöglichen, sondern um eine hochgradig strategische und verantwortungsvolle Kommunikation im Krisenkontext zu gewährleisten. Denn Organisationskrisen bedrohen potentiell und faktisch Arbeitsplätze, zerstören langfristig erarbeitete Image- und Vermögenswerte, entziehen die soziale Basis ganzer Familien und kosten im schlimmsten Fall Menschenleben. Gleichzeitig scheinen Krisen aber auch eine Art soziales Korrektiv zu sein, da sie auf Missstände in Organisationen und Gesellschaft aufmerksam machen und in manchen Fällen durchaus sinnvolle Lösungsmechanismen in Gang setzen können (u.a. Bechler 2004).

## Literatur


12CylindersCorporateStrategiesGmbH (2003): Krisen-Prävention in Deutschland. Vergleichende Studie über Vorhandensein und Anwendung von Krisen-Instrumenten in Unternehmen, Behörden und Verbänden. Online unter: http://www.jk-kom.de/media/dokumente/Studie_Krisen_ Praevention.pdf [02.01.2007].

Allen, Tim/Seaton, Jean (Hrsg.): The Media of Conflict. War Reporting and Representations of Ethnic Violence. London, New York: Zed Books.

Barth, H.enrike/Donsbach, Wolfgang (1992): Aktivität und Passivität von Journalisten gegenüber Public Relations. Fallstudie am Beispiel von Pressekonferenzen zu Umweltthemen. In: Publizistik, 37. Jahrgang, Nr. 2, 151-165.

Barton, Lawrence (1991): When Managers find themselves on the defensive. In: Business Forum, 16. Jahrgang, Nr. 1, 8-13.

Bechler, Curt (2004): Reframing the Organizational Exigency: Taking a New Approach in Crisis Research. In: Millar Dan P./Heath Robert L. (Hrsg.): Responding to Crisis. A Rhetorical Approach to Crisis Communication. Mahwah, NJ: Lawrence Erlbaum, 63-74.

Becker, Jörg (2000): Literatur zum Themenschwerpunkt „Medien und Krieg". In: Vierteljahreszeitschrift für Sicherheit und Frieden, 3/2000, 258-263.

Becker, Jörg (2002a): Medien im Krieg. In: Albrecht, Ulrich/Becker, Jörg (Hrsg.): Medien zwischen Krieg und Frieden. Baden-Baden: Nomos, 13-26.

Becker, Jörg (2002b): Bibliographie zum Thema „Krieg und Medien". In: Albrecht, Ulrich/Becker, Jörg (Hrsg.): Medien zwischen Krieg und Frieden. Baden-Baden: Nomos, 267-279.

Becker, Jörg (2002c): Afghanistan: Der Krieg und die Medien. In: Albrecht, Ulrich/Becker, Jörg (Hrsg.): Medien zwischen Krieg und Frieden. Baden-Baden: Nomos, 139-172.

Benoit, William L. (1995): Accounts, excuses, apologies: A theory of image restoration strategies. Albany: State University of New York Press.

Bentele, Günter/Fröhlich, Romy/Szyszka, Peter (Hrsg.) (2005): Handbuch der Public Relations: wissenschaftliche Grundlagen und berufliches Handeln. Mit Lexikon. Wiesbaden: VS Verlag für Sozialwissenschaften

Berg, David M./Robb, Stephen (1992): Crisis Management and the "paradigm case". In: Toth, Elizabeth L./Heath, Robert L. (Hrsg.): Rhetorical and critical approaches to public relations. Hillsdale, NJ: Lawrence Erlbaum Associates, 93-109.

Carruthers, Susan L. (2000): The Media at War: Communication and Conflict in the Twentieth Century. New York: St. Martin's Press.

Cohen, Michael D./Sproull, Lee S. (Hrsg.) (1996): Organizational Learning. Thousand Oaks [u.a.]: Sage.

Coombs, William Timothy (1999): Ongoing crisis communication: Planning, managing, and responding. Thousand Oaks, CA: Sage.

Coombs, William Timothy (2006): Crisis Management: A Communicative Approach. In: Botan, Carl H./ Hazleton, Vince (Hrsg.): Public Relations Theory II. Mahwah, New Jersey: Lawrence Erlbaum, 171-197.

Coombs, William Timothy (2007): Attribution Theory as a guide for post-crisis communication research. In: Public Relations Review, 33. Jahrgang, Nr. 2, 135-139.

Coombs, William Timothy/Holladay, Sherry J. (2002): Helping crisis manager protect reputational assets: Initial tests of the situational crisis communication theory. In: Management Communication Quarterly, 16, 165-186.

Coombs, William Timothy/Holladay, Sherry J. (2004): Reasoned action in crisis communication: An attribution theory-based approach to crisis management. In: Millar, Dan P./Heath, Robert L. (Hrsg.): Responding to crisis. A Rhetorical approach to crisis communication. Mahwah, New Jersey: Lawrence Erlbaum, 95-115.

Eggert, A. (2000): Internet und Krisen-PR – Theoretische Überlegungen und Ergebnisse einer empirischen Untersuchung. In: PR Magazin, 5/2000, 35-42.

Elsubbaugh, S./Fildes, Robert/Rose, Mary B. (2004): Preparation for Crisis Management: A Proposed Model and Empirical Evidence. In: Journal of Contingencies and Crisis Management, 12. Jahrgang, Nr. 3, 112-127.

Grunig, Larissa A./Grunig, James A./Dozier, David M. (2002): Excellent public relations and effective organizations: a study of communication management in three countries. Mahwah, New Jersey: Lawrence Erlbaum.

Haller, Michael (1998): „Reden wir darüber?“ Die Kommunikationspolitik der Deutschen Bank im „Fall Schneider“ zwischen Anspruch und Wirklichkeit – Erkenntnisse und Lehren. In: Bentele, Günter/ Rolke, Lothar (Hrsg.): Konflikte, Krisen und Kommunikationschancen in der Mediengesellschaft. Casestudies aus der PR-Praxis. Berlin: Vistas, 57-109.

Hammond, Philip/Herman, Edward S. (2000): Degraded Capability: The Media and the Kosovo Crisis. London: Pluto Press.

Hecker, Silke (1997): Kommunikation in ökologischen Unternehmenskrisen. Wiesbaden: DUV.

Hoffjann, Olaf (2001): Journalismus und Public Relations: ein Theorieentwurf der Intersystembeziehungen in sozialen Konflikten. Wiesbaden: Westdeutscher Verlag.

Hoffmann, Hans-Viktor (Hrsg.) (2007): Netzwerk Kommunikation in Zeiten der Krise. Dokumentation zum 9. Strausberger Symposium und dessen Auswertung für die Praxis. Baden-Baden: Nomos.

Hribal, Lucie (1999): Public-Relations-Kultur und Risikokommunikation: Organisationskommunikation als Schadensbegrenzung. Konstanz: UVK.

Ingenhoff, Diana/Rossberg, Nadja (2004): Kultur – die unterschätzte Dimension im Issues Management. In: PR Magazin, 10/2004, 47-54.

Institute for Crisis Management (2007): Annual ICM CRISIS REPORT. News Coverage of Business Crises During 2006. Annual ICM CRISIS REPORT 16 (1). Download 07/08, 2007, Online unter: http://www.crisisexperts.com/2006CR.pdf

Kempf, Wilhelm/Schmidt-Regener, Irena (1998): Krieg, Nationalismus, Rassismus und die Medien. Münster: Lit Verlag.

Kepplinger, Hans Mathias/Hartung, Uwe (1995): Störfall-Fieber. Freiburg, München: Alber.

Köhler, Tanja (2006). Krisen-PR im Internet. Nutzungsmöglichkeiten, Einflussfaktoren und Problemfelder. Wiesbaden: VS Verlag für Sozialwissenschaften.

Kohring, Matthias/Görke, Alexander/Ruhrmann, Georg (1996): Konflikte, Kriege, Katastrophen. Zur Funktion internationaler Krisenkommunikation. In: Meckel, Miriam/Kriener, Markus (Hrsg.): Internationale Kommunikation. Eine Einführung. Opladen: Westdeutscher Verlag, 283-298.

Kunczik, Michael/Heintzel, Alexander/Zipfel, Astrid (1995). Krisen-PR. Unternehmensstrategien im umweltsensiblen Bereich. Köln/Weimar/Wien: Böhlau.

Lee, Betty K. (2004). Audience-oriented approach to crisis communication: A study of Hong Kong consumers' evalution of an organizational crisis. In: Communication Research, 31. Jahrgang, Nr. 5, 600-618.

Lee, Jaesub/Woeste, Jennifer H./Heath, Robert L. (2007): Getting Ready for Crises: Strategic Excellence. In: Public Relations Review, 33. Jahrgang, 334-336.

Löffelholz, Martin (1993): Krisenkommunikation. Probleme, Konzepte, Perspektiven. In: Ders. (Hrsg.): Krieg als Medienereignis. Grundlagen und Perspektiven der Krisenkommunikation, Opladen: Westdeutscher Verlag, 11-32.

Löffelholz, Martin (2004a) (Hrsg.): Krieg als Medienereignis II. Krisenkommunikation im 21. Jahrhundert. Wiesbaden: VS Verlag für Sozialwissenschaften.

Löffelholz, Martin (2004b): Krisen- und Kriegskommunikation als Forschungsfeld. Trends, Themen, Theorien eines hoch relevanten, aber gering systematisierten Teilgebietes der Kommunikationswissenschaft. In: Ders. (Hrsg.): Krieg als Medienereignis II. Krisenkommunikation im 21. Jahrhundert. Wiesbaden: Verlag für Sozialwissenschaften, 13-55.

Löffelholz, Martin (2007a): Grundlagen einer medienorientierten Krisenkommunikation. Beziehungen zwischen Sicherheitspolitik, Militär und Öffentlichkeit in unterschiedlichen Konfliktphasen. In:

Hoffmann, Hans-Viktor (Hrsg.): Netzwerk Kommunikation in Zeiten der Krise. Baden-Baden: Nomos, 221-246.

Löffelholz, Martin (2007b): Kriegsberichterstattung in der Mediengesellschaft. In: Aus Politik und Zeitgeschichte 16-17/2007, 16. April 2007, 25-31.

Marra, Francis J. (1998): Crisis communication plans: Poor predictors of excellent crisis public relations. In: Public Relations Review, 24. Jahrgang, Nr. 4, 461-474.

Mathes, Rainer/Gärtner, Hans-Dieter/Czaplicki, Andreas (1991): Kommunikation in der Krise: Autopsie eines Medienereignisses; das Grubenunglück in Borken. Frankfurt am Main: Frankfurter Allgemeine Buch.

Merten, Klaus (2001): Determinanten des Issues Managements. In: Röttger, Ulrike (Hrsg.): Issues Management. Theoretische Konzepte und praktische Umsetzung. Eine Bestandsaufnahme. Wiesbaden: Westdeutscher Verlag, 41-57.

Müller, Lambert (1998): Der Fall Daimer-Benz und die A-Klasse. Außer Spesen - nichts gewesen? In: Bentele, Günter/Rolke, Lothar (Hrsg.): Konflikte, Krisen und Kommunikationschancen in der Mediengesellschaft. Casestudies aus der PR-Praxis. Berlin: Vistas, 111-135.

Pauchant, Thierry C./Mitroff, Ian I. (2006): Crisis Prone Versus Crisis Avoiding Organizations: Is Your Company's Culture Its Own Worst Enemy in Creating Crises? In: Smith, Denis/Elliott, Dominic (Hrsg.): Key Readings in Crisis Management. Systems and Structures for Prevention and Recovery. London, New York: Routledge, 136-146.

Pearson, Christine M./Clair, Judith A. (1998): Reframing Crisis Management. In: Academy of Management Review, 23. Jahrgang, Nr. 1, 59-76.

Quarantelli, Enrico L. (1988): Disaster crisis management: A summary of research findings. In: Journal of Management Studies, 25, 373-385.

Raupp, Juliana (2005): Determinationsthese. In: Bentele, Günter/Fröhlich, Romy/Szyszka, Peter (Hrsg.): Handbuch der Public Relations. Wissenschaftliche Grundlagen und berufliches Handeln Wiebaden: VS Verlag für Sozialwissenschaften, 192-208.

Röttger, Ulrike (2001): Issues Management – Mode, Mythos oder Managementfunktion? Begriffserklärungen und Forschungsfragen – eine Einleitung. In: Dies. (Hrsg.): Issues Management. Theoretische Konzepte und praktische Umsetzung. Eine Bestandsaufnahme. Wiesbaden: Westdeutscher Verlag, 11-39.

Röttger, Ulrike (2004a): Welche Theorien für welche PR? In: Dies. (Hrsg.): Theorien der Public Relations. Grundlagen und Perspektiven der PR-Forschung. Wiesbaden: VS Verlag für Sozialwissenschaften, 7-22.

Röttger, Ulrike (Hrsg.) (2004b): Theorien der Public Relations. Grundlagen und Perspektiven der PR-Forschung. Wiesbaden: VS Verlag für Sozialwissenschaften.

Sallot, Lynne M./Lyon, Lisa J./Acosta-Alzuru, Carolina/Jones, Karyn O. (2003): From aardvark to zebra: A new millenium analysis of theory development in public relations academic journals. In: Journal of Public Relations Research, 15. Jahrgang, Nr. 1, 27-90.

Scherler, Patrik (1996): Management der Krisenkommunikation: Theorie und Praxis zum Fall Brent Spar. Basel: Helbing & Lichtenhahn.

Schubert, Bianca (2000): Shell in der Krise: zum Verhältnis von Journalismus und PR in Deutschland dargestellt am Beispiel der Brent Spar. Münster, Hamburg: Lit Verlag.

Schulz, Jürgen (2001): Issues Management im Rahmen der Risiko- und Krisenkommunikation. Anspruch und Wirklichkeit in Unternehmen. In: Röttger, Ulrike (Hrsg.): Issues Management. Theoretische Konzepte und praktische Umsetzung. Eine Bestandsaufnahme. Wiesbaden: Westdeutscher Verlag, 217-234.

Schwarz, Andreas (2007a): Public Relations und Krisen. Ilmenau: unveröffentlichtes Manuskript.

Schwarz, Andreas (2007b): Covariation-based causal attributions during organizational crises: Suggestions for extending Situational Crisis Communication Theory (SCCT). Unveröffentlichter Konferenzbeitrag. Jahrestagung der International Communication Association, 24.-28.05.2007 in San Francisco.

Sen, Falguni/Egelhoff, William G. (1991): Six years and counting: Learning from crisis management at Bhopal. In: Public Relations Review, 17. Jahrgang, Nr. 1, 69-83.
Simon, Jutta (1991): „Die Wahrheit ist das erste Opfer eines Krieges". Kriegsschauplätze als Medienereignisse: Auswahlbibliographie. In: Rundfunk und Fernsehen, 2/1991, 276-280.
Taylor, Maureen/Kent, Michael L. (2007): Taxonomy of Mediated Crisis Responses. In: Public Relations Review, 33, 140-146.
Thießen, Ansgar (2007): Strategische Kommunikation oder unreflektiertes Zweckbündnis? – Das Verhältnis zwischen Öffentlichkeitsarbeit und Journalismus in Krisen. Technische Universität Ilmenau: Unveröffentlichte Diplomarbeit.
Töpfer, Armin (1999): Die A-Klasse. Neuwied: Kriftel.
Wisenblit, Joseph Z. (1989): Crisis management planning among U.S. corporations: Empirical evidence and a proposed framework. In: Advanced Management Journal, 54. Jahrgang, Nr. 2, 31-41.
Wiegand, Martin (1996): Prozesse organisationalen Lernens. Wiesbaden: Gabler.
Yin, Robert K. (2003). Case Study Research: Design and Methods, (3. Aufl.). Thousand Oaks [u.a.]: Sage.
Zelizer, Barbie/Allan, Stuart (Hrsg.) (2002): Journalism after September 11. London, New York: Routledge.
Zöllner, Oliver (2001): Auswahlbibliographie zu Kriegen, Konflikten, Medien und Journalismus (Schwerpunkt ab 1980). In: Deutsche Welle (Hrsg.): „Sagt die Wahrheit: Die bringen uns um!" Zur Rolle der Medien in Krisen und Kriegen. Berlin: Vistas, 145-153.

# Teil 2

# Krisenmanagement in der Mediengesellschaft

# Grundlegende Perspektiven

# Risiken kommunizieren – Grundlagen, Chancen und Grenzen

*Norbert Baumgärtner*

Nicht nur große, weithin bekannte Schadensfälle wie die Chemieunglücke in Seveso und Bhopal oder der Reaktorunfall in Tschernobyl haben das Risiko moderner Technologien in den Fokus von Medien und Öffentlichkeit gerückt, auch Themen des täglichen Lebens wie zum Beispiel Mobiltelefonie, Lebensmittelsicherheit, Klimawandel oder Feinstaub sind Gegenstand einer permanenten Risikodebatte in Öffentlichkeit und Massenmedien. Dabei müssen häufig hochkomplexe, wissenschaftsbasierte Techniken und Prozesse diskutiert werden oder es geht um abstrakte Risiken mit extrem geringer Eintrittswahrscheinlichkeit und schwer bestimmbarem Schadenspotenzial – und nicht selten läuft dieser Kommunikationsprozess zwischen Teilöffentlichkeiten mit teils sehr unterschiedlichen kognitiven Voraussetzungen. Es überrascht nicht, dass Risikokommunikation von den Risikoverursachern und weiteren Akteuren oft gemieden wird und deshalb unterbleibt. Jedoch sollte Risikokommunikation – ebenso wie der Begriff Risiko selbst – nicht nur negativ konnotiert werden, sondern auch unter dem Aspekt „Chance" betrachtet werden.

## 1 Risiko oder Gefahr?

„Zu Risiken und Nebenwirkungen lesen Sie die Packungsbeilage und fragen Sie Ihren Arzt oder Apotheker" – dieser durch das Heilmittelwerbegesetz vorgeschriebene Passus zur Risikokommunikation transportiert den Risikobegriff täglich in Millionen Haushalte. Aber riskiert ein Patient durch die Einnahme eines Arzneimittels tatsächlich seine Gesundheit oder erfährt er eine Gefährdung durch eben dieses Mittel? Ändert die Tatsache, dass er die Packungsbeilage liest (oder es unterlässt) etwas am Charakter der potenziellen Schädigung, also wird er erst durch das Lesen zum Risikoträger? Sind eventuelle Nebenwirkungen auch dann ein Risiko, wenn der Patient lebensnotwendig auf das Medikament angewiesen ist? Und gefährdet Rauchen die Gesundheit des Rauchers, wie es bis August 2003 auf in der EU verkauften Zigarettenpackungen zu stehen hatte, oder riskiert dieser sie nicht vielmehr? Betreten wir eine Baustelle „auf eigene Gefahr" oder kommt ein Engländer, der solches „at his own risk" tut, der Wahrheit nicht näher?

Bereits der Versuch, Phänomene des Alltags den Kategorien „Risiko" und „Gefahr" zuzuordnen, zeigt die Schwierigkeiten im exakten Umgang mit diesen Begriffen. „Man wird die Möglichkeit der Explosion eines Kernkraftwerks als

Risiko in Rechnung stellen, den Einschlag eines Meteors dagegen als Gefahr“, schreibt Luhmann, und weiter: „Wer einen Kampf anzettelt, geht ein Risiko ein. Wer mit Überfällen rechnen muß, ohne zu wissen, durch welche Entscheidungen er dies vermeiden könnte, findet sich einer Gefahr ausgesetzt.“ (Luhmann 1996a: 39)

Diese Unterscheidung macht deutlich, dass die Gefahr eher dem Unvermeidbaren, von außen kommenden zugerechnet wird, während ein Risiko Folge des menschlichen Handelns oder Unterlassens ist. Indem also Risiko bewusste Entscheidungen und Handlungen oder beabsichtigte Unterlassungen voraussetzt, wird ein wichtiges konstitutives Merkmal von Risiko deutlich: Die *Zurechenbarkeit.*

Die Diskussion, inwieweit menschliches Handeln möglicherweise Ursache für früher als „Naturkatastrophen“ apostrophierte Ereignisse (Bergrutsche, Überschwemmungen, Dürren) sein kann, zeigt jedoch, dass die Grenzen unscharf geworden sind, dass die Möglichkeit besteht, dass ursprüngliche Gefahren durch riskante Handlungen zumindest erhöht worden sind, also eine Mischform aus Gefahr und Risiko entstanden ist.

Einfacher hingegen die Zurechenbarkeit bei Risiken: Hier sind *Risikoverursacher* klar erkennbar, können ex post auch „Schuldige“ ausgemacht und zur Verantwortung gezogen werden. Risikokommunikation von Wirtschaftsunternehmen ist also per se Kommunikation von Risikoproduzenten und, im Falle einer negativen Realisierung des Risikos, potenziell Beschuldigter oder Schuldiger – eine Hypothek, die Unternehmen bei der Risikokommunikation praktisch systemimmanent anhaftet.

Riskante Handlungen sind prinzipiell ergebnisoffen. Für ein Unternehmen kann die Aufnahme kommunikativer Beziehungen zu seiner Umwelt (riskante Handlung) in Form von Risikokommunikation bei günstigem Verlauf zu erhöhter Akzeptanz und günstigeren Realisierungsbedingungen führen, bei ungünstigem Verlauf, etwa durch Kommunikationsfehler, zu geringerer Reputation und verkleinertem Handlungsspielraum. Das (riskante) Unterlassen umgekehrt kann im ungünstigen Fall, insbesondere wenn bereits Ansprüche an das Unternehmen formuliert sind, zu verstärktem Druck und zur Schädigung des Images führen. Im günstigen Fall hingegen wird ein möglicherweise positiver, etwa tradierter Status quo nicht durch eventuell nicht ausreichend beherrschte Kommunikationsprozesse gestört.

In der Öffentlichkeit dominiert eindeutig die Einschätzung von Risiko als Bedrohung; der Chancencharakter, der jeder riskanten Handlung innewohnt, tritt in den Hintergrund. In gar nicht seltenen Fällen empfinden beispielsweise Anwohner eines produzierenden Unternehmens dieses als Bedrohung, das Verbleiben in dessen Nähe als Risiko. Das Unternehmen, in dem häufig technisch-rationaler Sachverstand die soziale Kompetenz dominiert, empfindet seinerseits die offene Kommunikation mit der Öffentlichkeit als Risiko. Im Ergebnis unterbleiben häufig kommunikative Beziehungen, ungünstige Rahmenbedingungen verfestigen sich, es bedarf nur noch eines geeigneten Auslösers und die Dinge nehmen in vielfach erlebter Weise ihren Lauf.

Bechmann weist auf den selbstreferentiellen und paradoxen Aspekt von Risiko hin:

> „Der Unterschied von Risiko und Nicht-Risiko verschwindet, da auch eine Nicht-Entscheidung eine Entscheidung ist. Risiken sind paradox; insofern als die Option realisiert wird, steigt die Ungewißheit im Hinblick auf die sich einstellenden Folgen, wird sie nicht realisiert, entsteht Ungewißheit über die damit verbundenen Folgen (Verlust möglicher Vorteile)." (Bechmann 1997: 242)

Jedoch, und dies ist ein weiteres Handicap für die unternehmerische Risikokommunikation, ist das Produzieren von Risiken häufig ein manifester, in der Gegenwart stattfindender Akt, das Unterlassen riskanter Handlungen hingegen eher latent, mit negativen Folgen, die sich erst in der Zukunft realisieren. Das sichtbare Produzieren von Risiko ist damit auf der öffentlichen Bühne ein weitaus schwierigeres Unterfangen als das Unterlassen.

Zumindest einer Ex-Post-Bewertung der gewählten Risikostrategie, einer Zurechnung realisierter Risiken bei negativem Verlauf, kann der Entscheider sich nicht entziehen. „Selbst wenn eine mögliche Schadensentwicklung nicht gesehen wurde und selbst, wenn gar nicht bewußt war, daß man zwischen Alternativen wählen kann, wird bei einem Schadenseintritt rückwirkend eine Entscheidung errechnet, die den Schaden hätte vermeiden können", schreibt Luhmann (Luhmann 1996a: 40). Mit anderen Worten: So lange ein ICE der Deutschen Bahn schadensfrei mit für Materialermüdung anfälligen Radreifen unterwegs ist, stellt sich die Frage nach dem Risiko öffentlich nicht. Kommt es zu einem Unfall, wie dem ICE-Unglück von Eschede vom 3. Juni 1998 (vgl. den Beitrag von Baier-Fuchs in diesem Band), so werden nachträglich Entscheidungsvarianten gesucht, die das Eintreten hätten verhindern können - und regelmäßig auch gefunden.

## 2 Risiko und Krise

*Risiko*management besteht nach Töpfer aus der Klassifizierung von Risiken, deren anschließender Quantifizierung und der Bewertung. *Krisen*management hingegen habe Gegenmaßnahmen zur Vermeidung von Krisen und Aktivitäten zur besseren Bewältigung nicht abwendbarer Krisen zur Aufgabe. Töpfer konstatiert eine Wechselwirkung zwischen Risiko- und Krisenmanagement insofern, als ein erkanntes Risiko eine Krisenvorsorge nach sich ziehe, wodurch, bei erfolgreicher Krisenvorsorge, das künftige Risiko geringer bewertet würde (vgl. Töpfer 1999: 5).

Generell ist festzustellen, dass ein Kausalzusammenhang oder eine zwingende zeitliche Abfolge zwischen Risiko- und Krisenmanagement nicht unbedingt besteht. Krisen können Ergebnis fehlenden oder gescheiterten Risikomanagements sein, müssen es aber nicht, wenn ihr Eintreten nach 'vernünftigen' Maßstäben völlig unvorhersehbar und somit kein zweckgerichtetes Risikomanagement möglich war. Es liegt nahe, die Trennlinie zwischen Risiko- und Krisenmanagement an den Zeitpunkt des Kriseneintritts zu legen. Im Sinne der Töpferschen Definitionen von Risiko- und Krisen*management* könnte diese Unterscheidung, mit den genannten Einschränkungen, so getroffen werden. Dieses gilt jedoch nicht analog für die Bereiche Risiko- und Krisen*kommunikation*.

„Die faktischen Unterschiede zwischen Risiko- und Krisen-Kommunikation sind beträchtlich...", so Dombrowsky, und weiter: „Vereinfacht läßt sich sagen, daß 'Krisen-Kommunikation' erst einsetzt, nachdem ein Risiko eingetreten ist, also ein sich vorher als Risiko diskutiertes Ereignis als Schaden manifestiert hat." (Dombrowsky 1991: 3) Auch Dombrowsky nimmt also eine am Zeitablauf orientierte Unterscheidung vor, die er wie folgt präzisiert:

> „[...] benennt der Begriff 'Risiko-Kommunikation' den Versuch, Konflikte über zukünftige System- oder Investitionsentscheidungen sowie die damit verbundenen Risikodefinitionen und -verteilungen frühzeitig erkennen, thematisieren und mit den potentiell Betroffenen oder mit den sich artikulierenden Gegnern diskutieren zu können. Als 'Krisen-Kommunikation' werden demgegenüber Diskursverfahren bezeichnet, die sich nicht auf zukünftige, sondern auf gegenwärtige, akut ausgelöste oder chronisch schwelende krisenhafte Ereignisse beziehen." (ebd.)

Verfolgt man Technologie-Konflikte, bei denen klassische Risikofragen im Vordergrund stehen (wie z. B. in der Kernenergie, Gentechnik oder Chemie), so ist festzustellen, dass Risikokommunikation in der Regel *nicht* endet, wenn eine Krise z. B. durch Manifestation eines Risikos als Schaden eintritt, sondern vielmehr einen qualitativen Wandel durchläuft: Beschäftigt sie sich im Vorfeld mit Fragen der zu erwartenden Auswirkungen, Eintrittswahrscheinlichkeit, oder Vermeidbarkeit, so stehen nach Eintreten des Risikofalls Fragen der Schuldzuweisung, der Zuverlässigkeit des vorhergegangenen Risikomanagements und der Vermeidung einer Schadenswiederholung im Vordergrund.

Ein qualitativer Zusammenhang zwischen Risiko- und Krisenkommunikation besteht jedoch, unabhängig von der Frage einer zeitlichen Trennungslinie, ohne Zweifel insofern, als die Realisierungschancen von Krisenkommunikation (im Falle vorhersehbarer Krisen) häufig eng damit zusammenhängen, ob eine Risikokommunikation vorausgegangen ist und wie erfolgreich diese war.

Für die Unternehmenskommunikation ist es durchaus lohnend, sich des Unterschieds zwischen Risiko- und Krisenkommunikation bewusst zu werden und die strategische Kommunikation auf die unterschiedlichen Zwecke, Rahmenbedingungen und Akteure hin auszurichten. In der Praxis erfolgt jedoch nur selten eine Differenzierung zwischen beiden Kategorien, vielmehr wird bedrohlichen Entwicklungen häufig mit einem diffusen Instrument namens „Krisen-PR" begegnet –

ein Begriff, der auch in der Praktikerliteratur dominiert und die Vernachlässigung des Phänomens Risiko unterstreicht.

Es gibt weder im wissenschaftlichen Bereich noch in der breiten Öffentlichkeit einen einheitlichen Risikobegriff. Vielmehr konkurrieren verschiedenste Konzepte naturwissenschaftlicher, soziologischer und psychologischer Natur. Selbst innerhalb der Sozialwissenschaft ist der Risikobegriff heftig umstritten, hinzu kommt eine ziemlich amorphe Vorstellung von „Risiko" in der breiten Öffentlichkeit.

Als wichtige Determinanten für Risikokommunikation sind an dieser Stelle festzuhalten:

- Risiko ist ungleich Gefahr. Es unterscheidet sich von dieser durch das Vorliegen bewusster und zurechenbarer Entscheidungen. Im Sinne dieser Differenzierung sind Gefahren keine sinnvollen Inhalte der Unternehmenskommunikation. Für das Funktionieren eines Risikodialogs ist es erforderlich, dass weder von Unternehmensseite Risiken in Gefahren umdefiniert noch von Seiten der Konfliktgegner Gefahren in Risiko umgedeutet, also einem vermeintlichen Verursacher zurechenbar gemacht werden.
- Ein *objektives Risiko* gibt es nicht. Selbst in der Wissenschaft herrschen Unsicherheiten über das Funktionieren von Instrumenten und die Gültigkeit von Modellen. In der Sphäre der Laien sind unterschiedlichste, von höchst individuellen Auffassungen geprägte 'Risikowirklichkeiten' feststellbar. Unternehmenskommunikation hat dies zu berücksichtigen, will sie sich zumindest die Chance einer Einstellungs- und Verhaltensänderung beim Adressaten offen halten.
- Riskante Handlungen schaffen Risikoproduzenten und -betroffene. Das Unternehmen ist häufig Risikoproduzent, womit seine Kommunikationsmaßnahmen von Anfang an mit einer Hypothek belastet sind – insbesondere deshalb, weil die riskante Natur von Nicht-Entscheidungen in der Öffentlichkeit kaum erkannt und von den Medien selten thematisiert wird.

## 3 Funktionen und Ziele unternehmerischer Risikokommunikation

Unter *Risikokommunikation* soll hier verstanden werden der zielgerichtete, interessengeleitete Austausch von Informationen zwischen Unternehmen und Teilöffentlichkeiten oder Individuen, der vom Unternehmen ausgehende oder zu erwartende Risiken und die Diskussion von Risikoentscheidungen und ihren potentiellen Auswirkungen zum Inhalt hat, ferner die Vermittlungsleistung der Massenmedien zu Risikothemen sowie deren auf eigenen Thematisierungsleistungen basierenden spezifischen Kommunikationsbeiträge (vgl. Baumgärtner 2005: 18).

Der Risikokommunikation werden verschiedene Funktionen zugeschrieben, wobei in der Regel nicht zwischen intentionalen Funktionen, also Zielen, und Leistungen des Kommunikationsprozesses unterschieden wird. Zusammengefasst lassen sich folgende Hauptfunktionen erkennen:

1. Befriedigung des „Rechts auf Wissen", also die Erfüllung der von staatlicher Seite gesetzten Normen hinsichtlich der Informationspflicht an die Öffentlichkeit
2. Aufklärung der Öffentlichkeit über Risiken (Wissensverbesserung), auch als Voraussetzung für 3. und 4.
3. Veränderung von Einstellungen der Öffentlichkeit
4. Verhaltensänderung beim Verursacher und beim Rezipienten
5. Legitimation unternehmerischer Entscheidungen
6. Einbeziehung der Betroffenen ins Risikomanagement
7. Information über geeignete Maßnahmen zur Risikoreduzierung bzw. -minimierung
8. Vorbereitung auf Notfälle (handlungsunterstützende Information)
9. Verbesserung des Verständnisses von Werten und Besorgnissen der Öffentlichkeit bei den Experten
10. Erhöhung des Vertrauens und der Glaubwürdigkeit (beidseitig)
11. Vermeidung von Konflikteskalationen
12. Konfliktlösung

Risikokommunikation von Wirtschaftsunternehmen dient auch und vor allem der Erzielung von *Akzeptanz* und der Sicherung oder Verbesserung unternehmerischer Realisierungsbedingungen. Warum sonst – mit Ausnahme zur Erfüllung rechtlicher Pflichten – sollte ein Unternehmen den kommunikativ riskanten und auch ökonomisch beanspruchenden Weg gehen, mit seiner Umwelt über Risiken zu kommunizieren? Trotzdem findet sich „Akzeptanz", zumindest explizit, nicht in obiger Aufstellung der Funktionen von Risikokommunikation. In der Tat ist speziell die Frage „Technikakzeptanz durch Risikokommunikation?" auch in der Forschung umstritten (vgl. Kapitel 6).

## 4 Risikoproduzenten und Betroffene: Akteure in der Risikokommunikation

### *4.1 Risikoverursacher*

Risikoverursacher sind der eigentliche Ausgangspunkt der Risikodiskussion; in Kontroversen um technologische Risiken fällt diese Rolle normalerweise den Unternehmen zu, auch wenn auch die Nulloption – das Vermeiden von als riskant empfundenen Handlungen – mit Risiken behaftet ist und insofern auch um Verhinderung bemühte gesellschaftliche oder politische Gruppen Risikoverursacher sind.

Auf Seiten der Risikoverursacher dominieren in der Regel quantitative Risikokonzepte, die Bereitschaft zum Akzeptieren qualitativer Aspekte ist eher gering, was häufig zu Kommunikationsschwierigkeiten mit anderen Gruppen führt. Der Kommunikationsstil ist meist wissenschaftlich-abstrakt und stark auf Experten gestützt, die Bereitschaft, sich mit der Systemlogik von Medien vertraut zu machen und diese in der eigenen Kommunikation zu berücksichtigen, ist ebenfalls wenig ausgeprägt.

### 4.2 *Exponierte/Betroffene*

Typische Personen oder Gruppen, die technologischen Risiken ausgesetzt sind, sind z. B. Anwohner von Industrieanlagen, Nutzer eines Produktes oder Mitarbeiter. Generell kann nach Hribal Betroffenheit durch eine Beeinträchtigung oder einen Verlust der physischen oder psychischen Gesundheit, des Lebens, der Lebensqualität, der sozialen Funktion oder materieller Güter entstehen (vgl. Hribal 1999: 148). Bei den meisten Risikobetroffenen – in der Regel „Laien" gegenüber den jeweiligen Technologien – herrschen eher qualitative Risikoheuristiken vor.

Angesichts der Kompliziertheit der hinter dem wahrgenommenen Risiko stehenden Materie sind Risikoexponierte im Normalfall nicht in der Lage, Eintrittswahrscheinlichkeit und Schadensausmaß eines potentiell sich realisierenden Risikos zuverlässig abzuschätzen. Sie neigen deshalb dazu, die Komplexheit auf die Kategorien Glaubwürdigkeit und Vertrauen gegenüber Akteuren zu reduzieren:

> „Geglaubt wird vor allem jenen Nachrichten bzw. Kommunikatoren, die sich in der Vergangenheit als kompetent und zuverlässig erwiesen haben, die als unabhängig gelten und sensibel für die Anliegen der Öffentlichkeit sind. Schlechte Nachrichten werden insgesamt für authentischer gehalten, weil sie nicht unter dem Verdacht stehen, aus Eigeninteresse geschönt worden zu sein" (Renn/Zwick 1997: 9).

### 4.3 *Die interessierte Öffentlichkeit*

Zur interessierten Öffentlichkeit zählen Personen oder Gruppen, die weder Risikoverursacher noch direkt Betroffene sind, die aber trotzdem an der Risikodiskussion teilnehmen, weil sie sich in irgendeiner Weise vom Problemgegenstand tangiert sehen. Dies können sowohl Einzelpersonen sein als auch organisierte *Anspruchsgruppen* (Umweltverbände, Parteien, Kirchen, Gewerkschaften etc.).

Als nicht auf einen Standpunkt festgelegte Gruppe sind die *Indifferenten* das wichtigste Potenzial bei der Ressourcenmobilisierung der Konfliktgegner. Sie sollen durch selektive Information mit der Sichtweise der jeweils um sie werbenden Gruppen vertraut gemacht und als Unterstützer gewonnen werden.

*Betroffenheitsaktivisten* treten erst ins Geschehen ein, wenn sie sich in ihrer Nahsphäre gefährdet fühlen, praktizieren dann aber eine relativ harte Abwehrstrategie. Es erfolgt eine selektive Aufnahme von Informationen, die die eigene Haltung stützen und die Argumentationsstrategie stärken.

Bei *Fundamentalisten* resultiert die Ablehnung moderner Technologien weniger aus persönlicher Betroffenheit als aus einer wertebasierten Modernitäts-, Fortschritts- und Technikkritik. Angehörige dieser Gruppe sind „Vertreter einer ‚absoluten Sicherheitskultur' und fühlen sich als Opfer jener Kräfte, die ihre Lebenswelten mit den Schrecken und Zerstörungen großindustrieller Projekte belasten." (Renn/Zwick 1997: 102) Wegen des wertrationalen Ursprungs der Gegnerschaft sind diese Gruppen in der Regel weder materieller Kompensation noch Kommunikationsmaßnahmen durch etablierte Akteure zugänglich.

### 4.4 *Regulative Instanzen*

Im Zusammenhang mit Risikokontroversen handelt es sich hierbei hauptsächlich um Genehmigungs- und Kontrollbehörden (Exekutive) sowie legislative und juristische Institutionen. Organe des politisch-administrativen Systems sind zur Neutralität verpflichtet und haben infolgedessen sowohl die Interessen von Risikoverursachern als auch von Exponierten und weiteren gesellschaftlichen Anspruchsgruppen zu berücksichtigen.

Diese Institutionen stehen in einer „Sandwichposition" zwischen den – jeweils berechtigten – Ansprüchen an individuelle Sicherheit und gesellschaftlichen Wohlstand. Diese Situation führt häufig zu einer unübersichtlichen Konstellation von Forderungen, Entwürfen und Gegenentwürfen, die verstärkt wird durch die Tatsache, dass vor allem Politik und Justiz sich mangels eigener technikspezifischer Sachkenntnis in der Regel auf Experten stützen müssen, deren Legitimation und Kompetenz sofort wieder durch „Gegenexperten" in Frage gestellt wird.

### 4.5 *Experten*

Sowohl Kontrollinstitutionen als auch Exponierte und aktive Anspruchsgruppen sind angesichts der Komplexität technologischer Projekte auf die Unterstützung von Experten angewiesen, um ihre Ansprüche sachgerecht formulieren bzw. ihren hoheitlichen Aufgaben regelgerecht nachkommen zu können. Bei diesen Experten handelt es sich meist um Wissenschaftler verschiedener Fachgebiete, Sachverständige, Gutachter, spezielle Kommissionen oder Institutionen. Experten zum jeweiligen Risikogegenstand finden sich naturgemäß vor allem in den Reihen der Risikoverursacher, andererseits ist erkennbar, dass auch Technikkritiker und -gegner das Konfliktfeld Wissenschaft insofern anerkennen und ernst nehmen, als sie sich in der Argumentationsweise wie auch teils in der Namensgebung („Öko-Institut") bemühen, wissenschaftlichen Anspruch zu erheben.

### *4.6 Massenmedien*

Versteht man Medien nicht im klassischen Sinne als „Kanäle", als rein technische Instrumente der Nachrichtenübermittlung, sondern legt man den Luhmann'schen Begriff von Massenmedien zugrunde, mit dem „alle Einrichtungen der Gesellschaft erfasst werden, die sich zur Verbreitung von Kommunikation technischer Mittel der Vervielfältigung bedienen" (Luhmann 1996b: 10), so wird deutlich, dass es sich bei Massenmedien nicht um neutrale Instrumente, sondern um ein gesellschaftliches Funktionssystem handelt, in dem notwendigerweise Menschen handeln und soziale Prozesse stattfinden.

Selbst wenn die im Mediensystem handelnden Individuen eine größtmögliche Neutralität in der Berichterstattung einnehmen und die öffentliche Meinung über den Gegenstand der Berichterstattung nicht beeinflussen wollen, kommt es durch notwendige *Selektionsprozesse* immer zu Abweichungen zwischen Berichterstattung und Realität, denn Journalisten bestimmen, was auf die Tagesordnung der Berichterstattung gelangt, in welchem Umfang darüber berichtet wird, welche Quellen herangezogen werden. Massenmedien werden also *zwangsläufig* zu Akteuren in der Risikokommunikation, von den Fällen, in denen sie intendiert die „Wirklichkeit" verzerren, Partei ergreifen und den Ausgang von Konflikten durch ihre machtvolle Stellung im Prozess öffentlicher Kommunikation beeinflussen, ganz abgesehen.

Massenmedien bekleiden also in der Risikokommunikation eine Doppelfunktion, deren aktiver, interessengeleiteter Teil jedoch von einem Teil der anderen Akteure, hauptsächlich aus den Reihen der Risikoproduzenten, kritisch gesehen wird.

## 5 Risikowahrnehmung und Risikokommunikation

### *5.1 Einflussfaktoren auf die Risikowahrnehmung*

Risiken liegen in der Regel nicht als mit den Sinnen wahrnehmbarer, realer Sachverhalt vor. Vielmehr – und das ist eines der Hauptprobleme für die Risikokommunikation – sind Risiken häufig soziale Konstrukte und werden Technologien, Handlungen oder Situationen auf der Basis mehr oder weniger rationaler kognitiver Prozesse zugeschrieben. Insofern dürfte streng genommen nicht von Risiko*wahrnehmung* gesprochen werden, sondern eher von Risiko*konstruktion* oder Risiko*erwartung*. Für den individuellen Konstruktionsprozess von Risiken haben sich trotzdem die Bezeichnungen Risikowahrnehmung oder Risikoperzeption eingebürgert; diese Begriffe sollen deshalb im Folgenden auch verwendet werden.

Wenn nun ein „objektives“ oder „tatsächliches“ Risiko im Normalfall nicht ermittelbar ist, sondern Risiko meist individuell, sozial oder durch mediale Vermittlung konstruiert wird, es gleichzeitig aber eine Vielzahl unterschiedlicher ‘Risikowirklichkeiten’ gibt, so stellt sich die Frage nach den Einflussfaktoren auf diesen Konstruktionsprozess, nach den kognitiven Mechanismen, die selbst innerhalb vergleichbarer sozialer Gruppen zu höchst divergierenden Risikowahrnehmungen führen können. Die wichtigsten werden im Folgenden kurz vorgestellt.

### 5.1.1 Freiwilligkeit

Freiwillig eingegangene Risiken, wie z. B. solche in Extremsportarten, aber auch das Rauchen, werden bei gleicher statistischer Verlustrate sowohl geringer eingeschätzt als auch eher akzeptiert als unfreiwillig zu übernehmende Risiken.

### 5.1.2 Risiko-/Nutzen-Verteilung

Ist mit einem Risiko auch ein deutlicher, wahrnehmbarer Nutzen verbunden (bei Extremsportarten scheint paradoxerweise gerade das Risiko der Nutzen zu sein), so wird das Risiko geringer eingeschätzt und stärker akzeptiert. Das Risiko-/Nutzen-Verhältnis wird aber häufig dann zum Problem, wenn Risiko und Nutzen in Bezug auf den betroffenen Personenkreis nicht zusammenfallen, was bei technologischen Risiken die Regel ist. Konflikte können dadurch entstehen, dass die Risiko-/Nutzen-Verteilung per se als „ungerecht“ empfunden wird oder dass der Nutzen vom Risikobetroffenen nicht erkannt wird, da er sich – im Gegensatz zum sofort manifesten Risiko – erst langfristig realisiert.

### 5.1.3 Katastrophenpotenzial

Ereignisse, bei denen ein hoher Schaden zum gleichen Zeitpunkt auftritt, werden als riskanter bewertet als solche mit gleicher Schadensquote, aber räumlicher und zeitlicher Verteilung. Es wird also psychologisch unterschiedlich rezipiert, ob es bei einem Vorfall 1.000 Tote zu einem Zeitpunkt und an einem Ort gibt, oder ob zu 1.000 Zeitpunkten an verschiedenen Orten jeweils ein Toter entsteht. Das führt beispielsweise zu einer Überschätzung des Risikos im Luftverkehr gegenüber dem Risiko des Straßenverkehrs (vgl. Wiedemann/Hennen 1989: 14).

### 5.1.4 Schrecklichkeit

Risiken werden regelmäßig dann höher eingeschätzt, wenn mit ihrer Realisierung schreckliche Folgen assoziiert werden. Verstärkend für die Wahrnehmung einzelner Risiken ist hier – gegenüber beispielsweise dem Risiko-/Nutzen-Aspekt – die hohe Visualisierbarkeit. Klassische Beispiele hierfür sind Bilder von Strahlenopfern oder von durch chemische Substanzen geschädigten Menschen – mit den korrespondierenden Schlüsselereignissen Tschernobyl (1986), Seveso (1976) und Bhopal (1984).

### 5.1.5 Risikoquelle

Ist der Ursprung eines Risikos auf menschliches Handeln oder technische Prozesse zurückzuführen, so wird das Risiko höher eingeschätzt als wenn die Risikoquelle der Natur zugeordnet werden kann (vgl. Ruhrmann 1992: 10). So wird natürliche Radioaktivität, etwa aus in der Natur vorkommendem Gestein, z. B. geringer eingeschätzt als Strahlung aus künstlichen Quellen bzw. durch technische Prozesse erzeugte.

### 5.1.6 Gewöhnung

Die Gewöhnung an Risiken und damit häufig deren Unterschätzung ist als Unfallquelle bekannt. Ebenso stellt Gewöhnung einen Einflussfaktor auf die öffentliche Risikowahrnehmung dar. Effekte der Gewöhnung sind allerdings schwer von anderen Einflussfaktoren zu differenzieren, wie z. B. der im Folgenden beschriebenen Vertrautheit.

### 5.1.7 Vertrautheit/Bekanntheit

„Neue Risiken“, also z. B. die Biotechnologie, aber auch vor den Zeiten seiner massenhaften Einführung der Computer, werden höher eingeschätzt als aus vertrauten Technologien resultierende Risiken. Das genannte Beispiel der Einführung des Computers zeigt auch, dass Vorbehalte gegenüber Technologien nicht nur der Furcht vor gesundheitlichen, sondern auch jener vor sozialen Risiken entspringen können. Die Debatte um die Sozialverträglichkeit der Kernenergie in den 1980er Jahren hat dies deutlich gezeigt.

#### 5.1.8 Kontrollierbarkeit

Risiken, von denen man glaubt, sie persönlich kontrollieren oder beeinflussen zu können, werden geringer eingeschätzt als solche, denen man sich hilflos ausgesetzt fühlt. Auch der Aspekt der Kontrollierbarkeit tritt selten als alleiniger Einflussfaktor auf die Risikowahrnehmung auf. Die hohe Akzeptanz des Autofahrens, das in Deutschland mit jährlich ca. 4.000 getöteten PKW-Nutzern ein relativ konkretes Risiko darstellt, dürfte auf eine Kombination von freiwilliger Risikoübernahme, hohem Nutzen, Gewöhnung und geglaubter Kontrollierbarkeit zurückzuführen sein.

#### 5.1.9 Räumliche und zeitliche Reichweite

Wird einer Technologie das Potenzial hoher räumlicher Auswirkungen (etwa die Kontamination großer Gebiete) oder eine große zeitliche Reichweite (z. B. die Produktion langlebiger Giftstoffe oder Strahlenquellen) zugeschrieben, so führt dies zu einer höheren Risikoeinschätzung.

### *5.2 Unterschiedliche Risikowahrnehmung von Laien und Experten*

Wie gezeigt, existieren verschiedenste Faktoren, die die Wahrnehmung von Risiko beeinflussen. Diese haben gemeinsam, dass sie nicht oder nur mit großen Schwierigkeiten und Unsicherheiten quantifizierbar sind, also nicht für eine Risikoabschätzung im naturwissenschaftlichen Sinne operationalisiert werden können. Damit ist ein zentrales Problem in der Risikokommunikation angesprochen: Die unterschiedliche Risikowahrnehmung von Laien und Experten.

#### 5.2.1 Das wissenschaftlich-technische Verständnis von Risiko: Quantitative Risikobeschreibung

Zentraler Begriff der Risikowahrnehmung von Experten ist die aus dem Versicherungswesen bekannte Formel R = W x H, der zufolge Risiko (R) das Produkt aus

Eintrittswahrscheinlichkeit (W) und Schadenshöhe (H) ist. Das quantitative Risikokonzept strebt nach einer möglichst exakten, auf wissenschaftlichen Messmethoden basierenden Vorhersage und Abschätzung möglicher Schäden. Auch wenn das wissenschaftliche Instrumentarium hierzu gerade in den letzten beiden Jahrzehnten weit entwickelt worden ist, was sich bei probabilistischen Risikoanalysen für technische Großanlagen oder epidemiologischen Studien über schadstoffexponierte Bevölkerungsgruppen demonstrieren lässt, kann die quantitative Risikobeschreibung nicht für sich in Anspruch nehmen, ein „objektives" Risiko bestimmbar zu machen. Im Gegenteil ist auch dieses Konzept nicht frei von möglichen Verzerrungen, Unsicherheiten, Werturteilen und methodischen Problemen.

### 5.2.2 Das Risikoverständnis der breiten Öffentlichkeit: Qualitative Risikobeschreibung

Bereits Mitte der 1970er Jahre befassten sich Tversky und Kahnemann mit der Frage, wie Laien mit Informationen über 'Unsicherheit' umgehen können (vgl. Tversky/Kahnemann 1974). Sie kamen zu dem Schluss, dass Laien statistische und probabilistische Aussagen nur schlecht verarbeiten können und stattdessen zur Einschätzung von Risiken verschiedene vereinfachende Heuristiken heranziehen.

Die Anwendung solcher vereinfachender Heuristiken führt häufig zu einer Überschätzung von spektakulären Todesursachen wie Mord oder Naturkatastrophen und zu einer Unterschätzung alltäglicher Todesursachen wie z. B. Asthma oder Schlaganfall, über die in den Massenmedien trotz eines signifikant höheren „tatsächlichen" Risikos weniger berichtet wird. Zusätzlich differiert die Einschätzung je nach Fragestellung erheblich und weicht zudem in der Regel auch deutlich vom „objektiven Risiko" ab (im Zusammenhang mit statistisch gut erfassten Todesfällen aufgrund von Krankheiten kann ausnahmsweise mit hinreichender Berechtigung von „objektivem Risiko" gesprochen werden).

Aus wissenschaftlicher Sicht läge es nahe, die Risikowahrnehmung der Laien als „Fehlwahrnehmung" oder „Verzerrung" abzutun. In der Tat spricht die Evidenz auch häufig eher für die Sichtweise der Experten. Doch die Diskriminierung der laienhaften Risikowahrnehmung als irrational führt in der Risikokommunikation nicht weiter. Im Gegenteil stört diese Einstellung die Beziehungsebene zwischen Unternehmen und Öffentlichkeit erheblich und behindert so, über die strukturell ohnehin vorhandenen Probleme hinaus, den Transport von Informationen auf der Sachebene.

Sowohl in der Kernenergie- als auch in der Chemiebranche war in den 1970er und 1980er Jahren die Auffassung weit verbreitet, dass es sich bei der Risikowahrnehmung der breiten Öffentlichkeit um hauptsächlich aus Informationsdefiziten resultierende Verzerrungen handelte, die mit Aufklärungs- und Informationskampagnen zu beseitigen wären. Peters jedoch machte deutlich, „daß technologische Kontroversen und Akzeptanzkrisen nicht primär auf Informationsdefiziten der Bevölkerung beruhen. Deshalb ist auch die Erwartung unbegründet, durch eine 'Aufklärung' der Bevölkerung ließen sich die Akzeptanzprobleme verringern." (Peters 1991: 17) Und derselbe Autor drei Jahre später: „Die fundamentalen Differenzen zwischen Experten und Laien liegen weniger in den Abschätzungen der statistischen Schadenserwartungen, als in unterschiedlichen Problemperspektiven und Entscheidungskalkülen." (Peters 1994: 344)

## 6 Mangelnde Risikoakzeptanz durch Informationsdefizite?

Erklärungsversuche für die in vielen empirischen Studien festgestellten Akzeptanzprobleme von Großtechnologien sind mannigfaltig und natürlich interessengebunden. Häufig wird das angebliche Fehlverhalten oder Versagen Dritter als Erklärung für Schwierigkeiten bei der Durchsetzung technischer Projekte, bei der Verbreitung der eigenen Meinung oder bei der Herstellung eines „sachlichen" Diskurses herangezogen. Indes sind Akzeptanzkrisen weder monokausal noch so einfach strukturiert, wie verschiedentlich angenommen oder gewünscht.

Die Industrie jedoch (z. B. Kernenergie und Chemie) betrachtete die zunehmenden Akzeptanzprobleme in den 1970er und 1980er Jahren in erster Linie als Resultat von Informationsdefiziten der Öffentlichkeit, die letztlich die Risikowahrnehmung verzerrten, und reagierte mit aufwendigen, aber weitgehend wirkungslosen „Aufklärungskampagnen", so z. B. dem „Bürgerdialog Kernenergie" Ende der 1970er Jahre oder den ersten, noch als Ein-Weg-Kommunikation angelegten Kampagnen der „Initiative geschützter Leben" der chemischen Industrie.

In verschiedenen zum Thema „Technikakzeptanz durch Information" durchgeführten Studien ließ sich häufig keine oder allenfalls eine schwache Korrelation zwischen Wissensstand und positiver Technikeinstellung feststellen. In einer der neueren Untersuchungen, die sich häufig mit den aktuellen Kontroversen zur Gentechnik und zum Mobilfunk befassen, kommt z. B. Hampel zu dem Ergebnis, dass Wissensdefizite nicht verantwortlich für die schwache Akzeptanz der Gentechnologie in Deutschland sind (vgl. Hampel 1999: 34). Unabhängig von der Frage nach spezifischem Wissen zur jeweils umstrittenen Technik ist auch der Zusammenhang zwischen Bildungsniveau und Technikeinstellung wenn überhaupt nur schwach ausgeprägt.

Entsprechend einhellig ist die Ablehnung der „Informationsdefizit-These" dann auch durch verschiedene Forscher. Dazu Renn/Hampel:

> „Es ist ein Irrtum zu glauben, zur Lösung der unvermeidlich entstehenden Konflikte und zur Verbesserung des Ansehens der Chemie in einer skeptischen Öffentlichkeit bedürfe es lediglich ausgefeilter Informations- und Aufklärungsaktivitäten im Rahmen von PR-Maßnahmen. [...] De-

> rartige Versuche [...] sind immer noch von der Fehleinschätzung geleitet, Akzeptanz steige mit dem Grad der Informationen" (Renn/Hampel 1998: 3).

Ähnlich argumentieren Wiedemann/Hennen: „Informationsstrategien, die auf Belehrung und Überzeugung aus sind, um die vorgeblich irrationalen Risiko-Einschätzungen zu korrigieren, sind unbrauchbar. Denn Angst und Befürchtungen lassen sich nicht ausreden." (Wiedemann/Hennen 1989: 24) Das klassische Konzept des *„public understanding of science"*, das auf Wissenspopularisierung setzt, kann also zu einer erfolgreichen Risikokommunikation keinen nennenswerten Beitrag leisten.

## 7 Risikoakzeptanz durch Vertrauen?

Wissensvermittlung zur Akzeptanzgewinnung ist also von beschränktem Wert für die industrielle Öffentlichkeitsarbeit. Auch kann die moderne Industriegesellschaft sich dem Dilemma, immer neue Risiken und immer mehr Komplexität zu produzieren, ohne Aufgabe des zentralen Ziels der ökonomischen Effizienz, quasi durch „freiwillige Reduktion von Komplexität", nicht entziehen.

Unternehmenskommunikation, die um Zustimmung zu Technologien bemüht ist, kann also nicht und immer weniger auf Wissen und Vertrautheit bauen, sondern ist, gerade in Risiko- und Krisensituationen, auf ein Substitut angewiesen das nicht *durch* Wissen entsteht, sondern dieses funktional ersetzt, also *statt* Wissen fungiert: *Vertrauen.*

### *7.1 Komplexitätsreduktion durch Vertrauen*

Der Mensch steht in der modernen Industriegesellschaft einer Komplexität gegenüber, die er kognitiv nicht mehr annähernd verarbeiten kann und die ihn überfordert. Komplexitätsreduktion ist also notwendig, da das für eine Entscheidung erforderliche Wissen fehlt, kann aber durch Wissenszuwachs (bzw. Erhöhung der Informationsmenge) nicht bewerkstelligt werden. Als notwendiger sozialer Mechanismus bleibt letztlich das Schenken von Vertrauen. Luhmann bezeichnet Vertrauen als elementaren Bestandteil des sozialen Lebens. Ohne jegliches Vertrauen könnte der Mensch „morgens sein Bett nicht verlassen. Unbestimmte Angst, lähmendes Entsetzen befielen ihn. Nicht einmal ein bestimmtes Misstrauen könnte er formulieren und zur Grundlage defensiver Vorkehrungen machen; denn das würde voraussetzen, dass er in anderen Hinsichten vertraut." (Luhmann 1973: 4)

Vertrauen zu schenken ist nach Luhmann eine „riskante Vorleistung", insofern als es prinzipiell auch enttäuscht werden kann, erweitert aber auch die Handlungsmöglichkeiten des vertrauengebenden Individuums: „Man schließt durch Vertrauen gewisse Entwicklungsmöglichkeiten von der Berücksichtigung aus. Man neutralisiert gewisse Gefahren, die nicht ausgeräumt werden können, die aber das Handeln nicht irritieren sollen." (Luhmann 1973: 26)

## *7.2 Vertrauensfaktoren in der Risikokommunikation*

Öffentliches Vertrauen in die risikoproduzierende Organisation ist als Zielwert für deren Risikokommunikation eine wichtige Größe. Der folgende Abschnitt fragt deshalb nach Faktoren, die einen Vertrauenserwerb bzw. -entzug zur Folge haben können, also den Prozess der Reduktion von Komplexität in einer für das Unternehmen positiven oder negativen Richtung beeinflussen können.

Welche Faktoren sind es nun, die unterschiedlich hohe Vertrauenswerte produzieren oder aber dazu führen, dass Komplexitätsreduktion im negativen Falle durch Misstrauen erfolgt? Es ist eine Reihe von Faktoren feststellbar, die unterschiedlich stark auf den Vertrauensprozess einwirken; die wichtigsten werden nachfolgend vorgestellt und auf ihr Vorkommen in der Risiko- und Krisenkommunikation geprüft.

### 7.2.1 Glaubwürdigkeit

Glaubwürdigkeit und Vertrauen sind eng miteinander zusammenhängende Faktoren. Allerdings hat sich keine einheitliche Meinung herausgebildet, welcher Begriff dem anderen über- oder untergeordnet ist, geschweige denn herrscht Konsens, was eigentlich gemessen wird, wenn von Glaubwürdigkeit und Vertrauen die Rede ist.

Bentele definiert Glaubwürdigkeit „als eine Eigenschaft, die Menschen, Institutionen oder deren kommunikativen Produkten (mündliche oder schriftliche Texte, audiovisuelle Darstellungen) von jemandem (Rezipienten) in bezug auf etwas (Ereignisse, Sachverhalte usw.) zugeschrieben wird. Glaubwürdigkeit wird also nicht als inhärente Eigenschaft von Texten verstanden [...]." (Bentele 1988: 408) In einer späteren Arbeit bezeichnet Bentele dann Glaubwürdigkeit als „*Teilphänomen* von Vertrauen" und Vertrauen als eine „wichtige Beziehungsdimension im Verhältnis zwischen Bevölkerung und politischen (oder wirtschaftlichen) Personen und Institutionen." (ebd.: 305 f.)

Benteles Reihung „Menschen – Institutionen – kommunikative Produkte" in seiner oben zitierten Definition ist es auch, in der die Zuschreibung von Glaubwürdigkeit vorgenommen wird: Von der Glaubwürdigkeit des Kommunikators wird auf diejenige der Institution geschlossen, und von der Glaubwürdigkeit beider auf diejenige der Botschaft. Das bedeutet für Unternehmen, erstens die Priorität personaler Kommunikation vor (eher) anonymen Formen wie schriftlicher Kommunikation zu berücksichtigen, und zweitens, mehr Gewicht auf die Glaubwürdigkeit der *Akteure* als auf die vollkommene inhaltliche Exaktheit der *Botschaft* zu legen. Glaubwürdigkeit von Kommunikatoren ist wiederum keine objektive Eigenschaft, sondern wird – unabhängig vom zu kommunizierenden Inhalt – von Merkmalen wie äußere Erscheinung, nonverbales Verhalten, Sympathie etc. beeinflusst.

### 7.2.2 Kompetenz

Kompetenz wird, in unterschiedlichen Konstellationen zu anderen hier besprochenen Wirkfaktoren, häufig als vertrauensbildendes Merkmal unternehmerischer Tätigkeit genannt. Der in Unternehmen oft anzutreffende Glaube allerdings, hohe Sachkompetenz werde per Bewertungsübertragung automatisch zu hohen Vertrauenswerten führen, es komme also nur darauf an, die Sachkompetenz entsprechend zu propagieren, erweist sich als Trugschluss. Kompetenz- und Vertrauenszuschreibung an Wirtschaftsunternehmen korrelieren nicht positiv miteinander.

### 7.2.3 Konsistenz: Vermeiden von kommunikativen Diskrepanzen

Als zentrale Ursache für die schwachen Vertrauenswerte von Wirtschaftsunternehmen und die beobachtbaren Vertrauensverluste in den vergangenen Jahren sieht Bentele „kommunikative Diskrepanzen“ an, die sowohl von Journalisten als auch von den Rezipienten gut wahrgenommen werden könnten. Kommunikative Diskrepanzen können wie folgt ausgeprägt sein (Bentele 1994: 147 ff.):

1. Diskrepanzen zwischen Informationen und zugrunde liegenden Sachverhalten.
2. Diskrepanzen zwischen verbalen Aussagen einerseits und tatsächlichem Handeln andererseits.
3. Diskrepanzen zwischen verschiedenen Aussagen derselben Akteure zu unterschiedlichen Zeitpunkten.
4. Diskrepanzen zwischen Aussagen unterschiedlicher Akteure innerhalb derselben oder vergleichbarer Institutionen.
5. Diskrepanzen zwischen allgemein anerkannten rechtlichen und/oder moralischen Normen und tatsächlichem Verhalten/Handeln.

Insbesondere in der Risikokommunikation kommt dem Faktor ‘Konsistenz’ eine zusätzliche Bedeutung zu, da die betroffenen Personen vom Unternehmen orientierende, handlungsunterstützende Botschaften erwarten und Widersprüchlichkeit oder Unentschlossenheit insofern besonders negativ wahrgenommen werden.

### 7.2.4 Offenheit und Transparenz

Technologisch orientierte Wirtschaftsunternehmen sind für Außenstehende per se wenig transparent, sowohl hinsichtlich ihrer Strukturen als auch ihrer Prozesse. Dies gilt noch mehr, wenn es um Risiken, Störfälle oder Unfälle geht, da in diesen Fällen die Komplexität weiter ansteigt und noch weniger spezifische Erfahrung aktiviert werden kann. Sind weder das Objekt transparent noch die handelnden Akteure bzw. die Institution offen, d. h. gesprächs- und auskunftsbereit, so sind Misstrauen und Abwehrverhalten die normale, wahrscheinlich archetypische Reaktion. Risikoproduzierende Unternehmen müssen also kommunikative Offenheit beweisen und sich bemühen, angemessene – nicht totale! – Transparenz zu schaffen, um wesentliche Misstrauensfaktoren zu vermeiden.

### 7.2.5 Freiwilligkeit und proaktives Agieren

Es ist eines der Probleme der PR, dass sie oft erst dann aktiviert wird, wenn das Verhältnis zur Öffentlichkeit bereits aus irgendeinem Grund gestört ist, d. h. auch das der Institution bisher möglicherweise entgegengebrachte Vertrauen schon beschädigt ist. Reaktive PR schafft oder verstärkt jedoch gerade in der Risikokommunikation häufig das Misstrauen, das sie zu vermeiden oder reduzieren sucht: Die Intention von PR ist zu klar ersichtlich, wenn sie erst post festum auf den Plan tritt, um zu retten, was zu retten ist.

Erfolgreiche Risiko- und Krisenkommunikation beginnt deshalb zu einem Zeitpunkt, zu dem sie eigentlich noch keine ist. Offene und offensive „Normal-PR“ in der potentiellen Krisenphase alleine hat die Chance, einen Vertrauensvorschuss zu bewirken, von dem ein Unternehmen profitiert, wenn Risikothemen zu diskutieren sind oder Krisen eintreten.

### 7.2.6 Personale Kommunikation

Die hohe Bedeutung interpersonaler Kommunikation für Vertrauensprozesse ist vielfach belegt. Folgt man Luhmanns Unterscheidung in Konfidenz und Vertrauen, so ist Vertrauen ohnehin nur an Personen und Entitäten mit personenähnlichen Charakteristika adressierbar, so dass umgekehrt Vertrauen nur durch personale Kommunikation erworben werden kann.

In der Praxis der Risiko- und Krisenkommunikation gibt es zwei Hauptvarianten personaler Kommunikation:

1. Eine 'echte' interpersonale Kommunikation, die sich aus Gründen der Ressourcen des Unternehmens und der Erreichbarkeit der Teilöffentlichkeiten im Normalfall nur auf Stakeholder aus dem näheren Umfeld des Unternehmens und auf Einzelpersonen aus wichtigen Zielgruppen (Politiker, Behördenvertreter etc.) erstrecken kann. Nicht zu vernachlässigen ist auch der nur bei dieser Kommunikationsform mögliche Effekt der Realitätserfahrung – hilfreich im Übrigen für die Kommunikatoren auf beiden Seiten.
2. Eine medial vermittelte, insofern nicht mehr interpersonale, aber persönlichkeitsorientierte Kommunikation, die zwar keine Interaktion erlaubt, im Falle des Fernsehens aber zumindest die für personales Vertrauen wichtige zusätzliche Vermittlung von extralinguistischem und nonverbalem Verhalten erlaubt.

Werden personale Kommunikationsformen gegenüber den Massenmedien verweigert, so zieht dies nahezu regelmäßig eine Thematisierung dieses Kommunikationsverhaltens nach sich. Personale Kommunikationsformen sollten jedoch nur unter zwei Bedingungen propagiert bzw. eingesetzt werden:

1. Es muss sich, wenn dies versprochen wird, um „echte" personale Kommunikation handeln, also nicht um Pseudo-Dialoge, die unter Beibehaltung aller Merkmale einer asymmetrischen Kommunikation eine Gesprächssituation nur vorspiegeln.
2. Vertrauenserwerb durch personale Kommunikation kann nur funktionieren, wenn die handelnden Personen Kompetenz- und Persönlichkeitsmerkmale haben, die tatsächlich Vertrauensbildung bewirken können.

### 7.2.7 Verständlichkeit und adäquate Sprache

Eines der Felder, auf dem in der Risiko- und Krisenkommunikation viele und gravierende Fehler gemacht werden, ist die vom Unternehmen bzw. seinen Repräsentanten verwendete Sprache. Ein häufig vorzufindendes Problem dabei ist die so genannte *Fachsprachenübertragung*, insbesondere in der Kommunikation zwischen Laien und Experten:

> „Der Mediziner spricht mit seinem Patienten in seinem Jargon, der Versicherungsmanager von Solvabilität, Retrozession, Captives, der Risk-Manager von PML (Probable Maximum Loss), von Ereignis-Ablauf-Analyse, von Fehlerbäumen, von Aussagesicherheit. Und alle sind wir hocherstaunt, wenn der Laie staunt oder – was derzeit viel häufiger vorkommt – dem versierten Gegenüber mit latentem Mißtrauen begegnet." (Siegrist 2001: 7)

Der Fehler liegt also darin, die innerhalb einer Institution als gemeinsamer Ordnungsrahmen durchaus sinnvolle – aber nur dort als Reduktionsmechanismus für

Komplexität dienende – Fachsprache in die Kommunikation mit der Öffentlichkeit zu übertragen.

Die manchmal konfliktentscheidende Bedeutung von Sprache und Sprachsymbolen wird noch dadurch verstärkt, dass sowohl kritische Anspruchsgruppen als auch Journalisten dem Fachsprachenproblem in der Regel gar nicht unterliegen, sprachlich also leichter Zugang zur breiten Öffentlichkeit finden als Expertensysteme.

### 7.2.8 Wahrhaftigkeit und „gute Absicht“

Was für die Massenmedien gilt, gilt auch für die Public Relations: Eine Wiedergabe von Realität ist, insbesondere in der Risikokommunikation, in den seltensten Fällen möglich. Der Anspruch, die „Wahrheit“ darzustellen, stößt in der Regel an die durch notwendige Selektivität, Uneinigkeit selbst innerhalb des Wissenschaftssystems und unterschiedliche Wahrheitsmodelle von Laien und Experten gesteckten Grenzen. Auch wenn wahr/unwahr die Leitdifferenz des Wissenschaftssystems ist und das Finden von Wahrheit oberstes Ziel der Wissenschaft: In öffentlichen Kommunikationsprozessen kann Wahrheit nicht „gefunden“ werden, sie wird definiert oder zugeschrieben.

Während der Anspruch, die Wahrheit zu besitzen und kundzutun, in der persuasiv orientierten PR durchaus vertrauensmindernd wirken kann, ist *Wahrhaftigkeit* ein Anspruch, dem Unternehmenskommunikation wie auch Medienberichterstattung sich zu stellen haben. Wahrhaftigkeit in den Public Relations umfasst mindestens

- das ernsthafte und objektive Bemühen um eine möglichst realitätsgerechte Darstellung
- den Verzicht auf Täuschungen
- den Verzicht auf Auslassungen (Vollständigkeit der Kommunikation)
- das Klarlegen der eigenen Position und Absichten.

### 7.2.9 Sensibler Umgang mit Anspruchsgruppen

Als letzter vertrauensbildender Faktor in der Risiko- und Krisenkommunikation sei der respektvolle und sensible Umgang mit gesellschaftlichen Anspruchsgruppen genannt. Unternehmen treffen im Umgang mit der Öffentlichkeit regelmäßig auf verschiedene Wertorientierungen und dementsprechend auch auf unterschiedliche Typen von Konflikten. Die mitunter völlig unvereinbaren Wertedimensionen zwischen Unternehmen und einzelnen Anspruchsgruppen und mangelnde Kenntnis über die Wertorientierungen der Kommunikationspartner sind es, die das Terrain für Imageverletzungen und Taktlosigkeiten bilden. So ist es für die Art der kommunikativen Auseinandersetzung zum Beispiel ein erheblicher Unterschied, ob der Widerstand gegen eine Technologie auf religiös fundierten Bedenken oder auf politisch-ideologischen Motiven beruht.

Auch wenn Werte schwer identifizierbar und Wertkonflikte schwierig auszutragen sind und sich in der Regel einem rationalen Diskurs entziehen, sind Unternehmen gut beraten, auch in solchen Auseinandersetzungen Kategorien wie Fairness, Respekt oder Wahrhaftigkeit zu beachten. Weniger die direkt erzielte Wirkung bei gegnerischen Anspruchsgruppen und deren mögliches Feedback in Form direkter Sanktionen stellen das Kommunikationsrisiko dar, als vielmehr die Beobachtung des Unternehmens und seines Umgangs mit Anspruchsgruppen durch die Medien und die Öffentlichkeit. Allzu häufig begegnen Unternehmen dem Effekt „David gegen Goliath", der – ohne tiefere Reflexion der Konfliktgründe und -positionen – schnell zu einer Solidarisierung größerer Teile der Öffentlichkeit und der Massenmedien mit dem vermeintlich schwächeren Konfliktgegner führt.

### *7.3 Fazit: Risikokommunikation als Chance*

Nachdem – wie dargelegt – Informationskampagnen zur Wissensvermittlung keinen nennenswerten Einfluss auf die Risikoakzeptanz haben, muss das Schaffen von Vertrauen eines der wichtigsten Ziele in der Risikokommunikation sein. Das bedeutet, dass die Vermittlung technisch-sachrationaler Informationen allenfalls die formale Basis darstellen oder zur Erfüllung rechtlicher Vorschriften im Rahmen von Auskunftspflichten dienen kann, nicht aber als solche eine Einstellungsveränderung zum strittigen Risikogegenstand bewirken kann. Dies lässt den Prozess der Risikokommunikation für die Risikoverursacher noch bedrohlicher erscheinen, denn nicht die ureigene Domäne der wissenschaftlich-technischen Kompetenz, sondern weiche Faktoren wie Werte, Glaubwürdigkeit, Wahrhaftigkeit und nicht zuletzt personale Kommunikation spielen eine bestimmende Rolle.

Nichtsdestoweniger darf Risikokommunikation nicht primär als Kommunikationsrisiko gesehen, sondern sollte vielmehr als Chance zur Erhöhung der Risikoakzeptanz und als wirkungsvolles Mittel zur Krisenprävention genutzt werden. Nicht nur empirische Befunde über die Mechanismen der Gewinnung von Vertrauen und Akzeptanz, sondern auch die zahlreichen Negativbeispiele ganzer Branchen und vieler Unternehmen und Organisationen aus den letzten Jahrzehnten sprechen klar für eine moderne, proaktiv und transparent angelegte Risikokommunikation.

## Literatur


Baumgärtner, Norbert (2005): Risiko- und Krisenkommunikation. Rahmenbedingungen, Herausforderungen und Erfolgsfaktoren, dargestellt am Beispiel der chemischen Industrie, München: Verlag Dr. Hut.

Bechmann, Gotthard (Hrsg.) (1997):Risiko und Gesellschaft. Grundlagen und Ergebnisse interdisziplinärer Risikoforschung. Opladen.

Bentele, Günter (1988): Der Faktor Glaubwürdigkeit. Forschungsergebnisse und Fragen für die Sozialisationsperspektive. In: Publizistik, 33. Jahrgang, Nr. 2-3, 406-426.

Bentele, Günter (1994): Öffentliches Vertrauen. In: Armbrecht, Wolfgang/Zabel, Ulf (Hrsg.): Normative Aspekte der PR. Opladen, 131-158.

Hampel, Jürgen (1999): Die europäische Öffentlichkeit und die Gentechnik. Einstellungen zur Gentechnik im internationalen Vergleich. Arbeitsbericht Nr. 111 der Akademie für Technikfolgenabschätzung. Stuttgart.

Luhmann, Niklas (1973): Vertrauen. Ein Mechanismus der Reduktion sozialer Komplexität. Stuttgart.

Luhmann, Niklas (1996a): Gefahr oder Risiko, Solidarität oder Konflikt. In: Königswieser, Roswita u. a. (Hrsg.): Risiko-Dialog. Zukunft ohne Harmonieformel. Köln, 38-46.

Luhmann, Niklas (1996b): Die Realität der Massenmedien. Opladen.

Peters, Hans Peter (1991): Durch Risikokommunikation zur Technikakzeptanz? Die Konstruktion von Risiko„wirklichkeiten" durch Experten, Gegenexperten und Öffentlichkeit. In: Krüger, Jens/Ruß-Mohl, Stephan (Hrsg.): Risikokommunikation. Technikakzeptanz, Medien und Kommunikationsrisiken. Berlin, 11-66.

Peters, Hans Peter (1994): Risikokommunikation in den Medien. In: Merten, Klaus/Schmidt, Siegfried J./Weischenberg, Siegfried (Hrsg.): Die Wirklichkeit der Medien. Eine Einführung in die Kommunikationswissenschaft. Opladen, 329-351.

Renn, Ortwin/Hampel, Jürgen (Hrsg.) (1998): Kommunikation und Konflikt. Fallbeispiele aus der Chemie. Würzburg.

Renn, Ortwin/Zwick, Michael (1997): Risiko- und Technikakzeptanz. Berlin u. a.

Ruhrmann, Georg (1992): Risikokommunikation. In: Publizistik, 37. Jahrgang, Nr, 1, 5-25.

Siegrist, Michael (2001): Die Bedeutung von Vertrauen bei der Wahrnehmung und Bewertung von Risiken. Arbeitsbericht der Akademie für Technikfolgenabschätzung. Stuttgart.

Töpfer, Armin (1999): Plötzliche Unternehmenskrisen: Gefahr oder Chance? Neuwied/Kriftel.

Tversky, Amos/Kahnemann, Daniel (1974): Judgement under uncertainty. Heuristics and biases. In: Science, Vol. 185, 1124-1131.

Wiedemann, Peter M./Hennen, Leonhard (1989): Schwierigkeiten bei der Kommunikation über technische Risiken. Arbeiten zur Risiko-Kommunikation, Heft 9. Jülich.

# Krisen sind auch nicht mehr das, was sie einmal waren. Über die Differenz funktionaler und individueller Kommunikation.

*Hans-Jürgen Arlt*

Die Krise und die Kampagne haben unter Kommunikationsaspekten manches gemeinsam. Die eine wie die andere setzen die Organisation verschärfter Beobachtung aus – mit dem großen Unterschied, dass die Krise unerwünschte Aufmerksamkeit forciert, während die Kampagne möglichst viel Aufmerksamkeit wecken will. Für die Organisationskommunikation stellen beide Ereignisse eine Bewährungsprobe dar. Dabei gilt die Krise als die größere Herausforderung. Aber die Krise ist auch nicht mehr das, was sie einmal war.

Prinzipiell haben Organisationen ein instrumentelles Interesse an ihrem Kommunikationsverhalten. Kommuniziert wird, damit „es funktioniert". Wie der korrekte Umgang mit der Benutzeroberfläche des Autos oder des Computers in aller Regel zu den gewünschten Ergebnissen führt, so sollen die passenden Worte zur rechten Zeit die erwarteten Resultate bringen.

> „Wie ein erster Blick in die organisationswissenschaftliche Literatur zeigt, wird eine funktionierende Kommunikation durchweg als wichtig erachtet. Fast keines der einschlägigen Text- oder Handbücher entbehrt eines Hinweises auf die zentrale Bedeutung von Kommunikation. Die Selbstverständlichkeit, mit der Kommunikation diese Bedeutung zugeschrieben wird, hat gerade *nicht* zur Thematisierung dieses Phänomens geführt, was auch daran liegen mag, dass im Rahmen eines Verständnisses von Organisationen als zweckgerichteten, rationalen Gebilden eine sehr allgemeine Definition im Sinne eines Informationsaustauschs oder Bedeutungstransfers als ausreichend empfunden wurde." (Theis 1994: 120)

Doch auch wenn aus der Organisationsperspektive zunächst ein gegenteiliger Eindruck entsteht: Kommunikation – hier im Weiteren mit dem Begriff „Verständigung" synonym gebraucht – ist kein technischer Prozess, der sich in beliebig wiederholbare Kausalketten auflösen lässt. Kommunikation birgt ein Potential des Unerwarteten, sie ist nicht gefeit vor Überraschungen und zwar desto weniger, je mehr es auf sie ankommt.

Kommt es in Krisen auf Verständigung an? Jedenfalls steigt im Krisenfall in Organisationen die Aufmerksamkeit für Kommunikation sprunghaft – sowohl für Mitteilungen als auch für deren Ausbleiben. Krisensituationen minimieren Gleichgültigkeit auf der Seite der Absender ebenso wie auf der Seite der Adressaten. Deshalb sind Krisen ein augenfälliges Beispiel dafür, dass das Verständnis von Kommunikation sich nicht nur auf Absender, Adressaten und die benutzten Kanäle (Medien) konzentrieren darf, sondern den Kontext mit berücksichtigen muss.

Typisch für die Verständigung in Organisationen ist, dass sie in einen doppelten Kontext, in zwei Referenzrahmen gleichzeitig eingebettet ist, in den funktionalen Organisations- und in den individuellen Interaktionszusammenhang (In der Literatur wird dafür häufig die Unterscheidung zwischen formeller und informeller Kommunikation benutzt). Aus der Akteursperspektive gesprochen: Die Personen kommunizieren sowohl als Funktionsträger als auch als Individuen und sie „spielen“ mit dieser Differenz.

Die Literatur geht mit der Unterscheidung zwischen funktionaler und individueller Verständigung nicht einheitlich um. Manchmal wird die Bezeichnung Organisationskommunikation für die funktionale Dimension reserviert. In diesem Text wird unter Organisationskommunikation die „Einheit der Differenz“ von funktionaler und individueller Verständigung verstanden. Das entspricht einem systemischen Organisationsverständnis, wenngleich auch systemtheoretisch geleitete Analysen sich gerne auf die funktionale Dimension konzentrieren.

Ist der Kontext der Verständigungsprozesse stabil – und Organisationen versuchen solche Stabilität auf der Funktionsebene herzustellen –, erscheint auch die Kommunikation berechenbar. Mitteilungen dienen dann oft nur dazu, die erforderlichen Koordinationen und Kooperationen zu erleichtern, vergleichbar vielleicht mit der Funktion des Bestecks bei der Einnahme von Mahlzeiten. Solange die Routine regiert, kann im Alltagsgeschehen in den Hintergrund treten, dass die Organisation als soziales System „operativ aus (der Kommunikation von) Entscheidungen besteht“ (Luhmann 2000: 123). In der Krise hingegen wird der Entscheidungscharakter der Kommunikationen augenfällig. Wann, wenn nicht unter Krisenbedingungen werden Reden und Schweigen sorgfältig dosiert, Veröffentlichungen und Verheimlichungen gründlich bedacht, Medien und Adressaten gezielt gewählt, Formulierungen überprüft, Zeitpunkte für Mitteilungen ausgesucht... Mit ihrem offensichtlichen Entscheidungsdruck lässt die Krise die Kommunikation – wie das Licht die Konturen eines Gegenstandes – markanter hervortreten.

Um diese drei Aspekte, (I) das Potential an Überraschungen, (II) die Differenz von funktionaler und individueller Verständigung und (III) die Form der Entscheidung, drehen sich die folgenden Überlegungen zur – internen – Krisenkommunikation. Der Text verzichtet dabei auf die an vielen Stellen nachlesbaren Beschreibungen eines typischen Krisenverlaufs (z. B. Möhrle 2004; Konken 2002; Herbst 1999). Er leistet auch nichts zur Klärung des Krisenbegriffs, sondern übernimmt eine gängige Definition, wie sie z. B. ein Soziologie-Lexikon (Fuchs-Heinritz u. a. 1995: 377) anbietet: Die Krise als „'Entscheidung', Wendepunkt, allgemeine Bezeichnung für die plötzliche Zuspitzung oder das plötzliche Auftreten einer Problemsituation, die mit den herkömmlichen Problemlösungstechniken nicht bewältigt werden kann.“ Eine Krise ist keine Katastrophe, die Krise wird verstanden als die Zeitspanne, in der sich entscheidet, ob Besserung in Gang kommt oder Verschlechterung unaufhaltsam ist: Lösung oder Auflösung aus der Organisations-, Lösung oder Ablösung aus der Führungsperspektive.

Die moderne Organisation ist ein Kind der funktional differenzierten Gesellschaft und bleibt von deren Veränderungsprozessen nicht unberührt. Die „Organisationen von gestern" waren andere als es die „Organisationen für morgen" gerade werden. Die Soziologie kennt unterschiedliche Vorschläge den gesellschaftlichen Wandel ‚auf den Begriff zu bringen'. Abgesehen von Traditionsmarxisten, die sich einbilden mit „Kapitalismus" alles gesagt zu haben, und einem theoriemüden Empirismus, der dazu am liebsten nichts sagt, herrscht immerhin Einigkeit, dass sich die Gesellschaft des 19. von der des 21. Jahrhunderts nennenswert unterscheidet. Diese Unterschiede werden beispielsweise mit Eigenschaftswörtern wie „einfach" im Vergleich zu „reflexiv", „trivial" im Vergleich zu „intelligent" oder mit „erster" im Vergleich zu „zweiter" Moderne gefasst. (vgl. Beck/Giddens/Lash 1996)

Vor dem Hintergrund des Wandels der modernen Gesellschaft geht der folgende Text von dieser These aus: Die Organisation von gestern ist ausgerichtet auf die Statik der Stabilität, die Organisation für morgen auf die Dynamik der Veränderung. Deshalb wird diese im Weiteren *„innovationsorientiert"* genannt, jene *„stabilitätszentriert"*. Es handelt sich um eine folgenreiche Akzentverschiebung, die auch Konsequenzen hat für das Verständnis von und den Umgang mit Krisen. Unterschiede heraus zu arbeiten und zu beschreiben, führt leicht dazu, das Gewicht des Alten im Neuen unter zu bewerten. Überflüssig zu sagen, dass auch Organisationen von übermorgen Stabilität benötigen werden. Wieviel Neues im Alten schon Platz gegriffen hat, darüber darf gestritten werden.

Entwickelt und benutzt wird in diesem Aufsatz ein Verständnis von Organisationskommunikation, dessen wichtigste Unterscheidungen hier in einer Übersicht gezeigt werden.

In der Person als Mitglied einer Organisation „treffen" sich einerseits die Funktion (Stelle, Position), z. B. Pförtner, mit ihrer fachlichen und hierarchischen Zuordnung, andererseits das Individuum, z. B. Monika Mustermann, das dieser Person Körper und Geist gibt. Als Individuum hat die Person sowohl interne auf die Organisation bezogene Interessen wie Einkommen und Karriere, als auch externe Interessen, vielleicht politische und kulturelle. Je nachdem, ob sie als Stelle mit einer anderen Stelle oder als Individuum mit einem anderen Individuum kommuniziert, bewegt sich die Person in zwei verschiedenen Kommunikationsnetzen, dem funktionalen – wo in der Form der Entscheidung kommuniziert wird – und dem individuellen, in welchem die Vielfalt sozialer Interaktion praktiziert werden kann. Mit der Differenz von funktionaler und individueller Verständigung umzugehen, sie auszuhalten, vielleicht sogar zu gestalten, ist die große Herausforderung für die Personen. Die Einheit der Differenz funktionaler und individueller Kommunikation wird in diesem Text als Organisationskommunikation bezeichnet. Argumentiert wird dafür, dass die funktionale Kommunikation in der „Organisation von gestern“ *gefesselte Verständigung* ist, und dass in der „Organisation für morgen“ *verantwortliche Verständigung* wichtiger wird – mit interessanten Konsequenzen für die Krisenkommunikation.

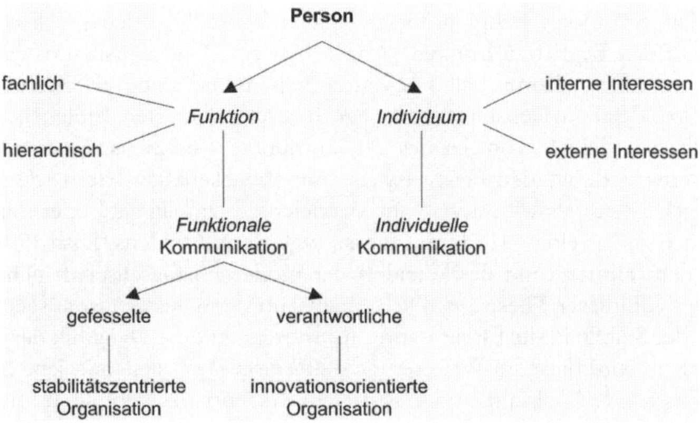


*Abbildung 1*: Die begriffliche Struktur des Textes (eigene Darstellung)

## 1 Kommunikation als Beziehungsspiel – Überraschungen inbegriffen

Lässt man die Ratschläge Revue passieren, die Wissenschaft, Beraterprofession und Organisationsverantwortliche zur kommunikativen Bewältigung von Krisen parat halten, kann eine gewisse Widersprüchlichkeit nicht übersehen werden. Wissenschaft und Beratung sehen in der Krise vor allem die Unumgänglichkeit der Kommunikation, wenn die Situation verbessert werden soll. Organisationsverantwortliche registrieren mehr die Risiken der Kommunikation, die zu einer Verschlimmerung ihrer eigenen Situation beitragen können. Ob so schnell, so breit und so umfassend wie möglich informiert oder doch besser defensiv mit dem Ziel weitestgehender Geheimhaltung reagiert werden soll – hier scheiden sich die Geister. Als Trend ist zu registrieren, dass wissenschaftlich fundierte und von Beratern bevorzugte Empfehlungen stark auf Transparenz und Dialogbereitschaft setzen. In der Organisationspraxis sind dagegen häufig zurückhaltendere Einschätzungen anzutreffen; offensive Kommunikationsangebote werden hier eher für riskant gehalten. Das Vertrauen in die Erklärungs- und Überzeugungskraft von Verständigungsversuchen scheint bei Organisationsverantwortlichen weniger ausgeprägt zu sein als bei Wissenschaft und Beratung. Die Übersicht „Das kleine Krisen-Knowhow" vermittelt davon einen Eindruck.

**Das kleine Krisen-Knowhow**

Lehrbücher und Lebenserfahrungen summieren sich in der Krisenkommunikation zu Ratschlägen, die auch ihr jeweiliges Gegenteil als Erfolg versprechend anpreisen.[1]

*Vor der Krise*

„Eine Krise kann jeder Idiot haben. Was uns zu schaffen macht, ist der Alltag." (Anton Tschechow)

| | |
|---|---|
| Die öffentliche und interne Kommunikation auf kritische Themen hin beobachten (Issuesmanagement). | Es wird so viel Folgenloses gesagt, geschrieben und gesendet, wenn der Tag lang ist. Lassen Sie es vorbeirauschen. |
| Konflikt- und Krisenherde ermitteln. | Beschmutzen Sie nicht das eigene Nest. |
| Frühwarnsysteme einrichten. | Sorgen Sie nicht für unnötige Aufregungen, die unvermeidlichen sind mehr als genug. |
| Krisenhandbuch bereithalten, Krisenstab bilden, Krisentraining durchführen. | Die Standardkrise gibt es nicht und Patentrezepte helfen nicht. |

*In der Krise*

„...ein produktiver Zustand. Man muss ihm nur den Beigeschmack der Katastrophe nehmen." (Max Frisch)

| | |
|---|---|
| „Professionelles Krisenmanagement heißt, mit Weitblick nach vorne zu schauen, Gelassenheit zu wahren und die eigenen Grenzen zu erkennen." | „Das größte Problem ist die Angst. Gegen Angst hilft, Sündenböcke präsentieren, alles für den Machterhalt tun, kurzfristige Beruhigungspillen verabreichen, Informationen monopolisieren, hastige Entscheidungen treffen." |

1 Die Zitate sind entnommen aus:
Trauboth, Jörg H. (2002): Krisenmanagement in der Unternehmenskrise: Krisen werden von Menschen gemacht und gemanagt. In: Kirf, Bodo/Rolke, Lothar (Hrsg.): Der Stakeholder-Kompass. Frankfurt/M.: Frankfurter Allgemeine Buch, S. 281 ff..
Herbst, Dieter (2006): Krisen-PR für Non-Profit-Organisationen. Online unter: www.ideereich.de (18.6.2006)
Herbst, Dieter (2006): Zehn Thesen zur Zukunft der Krisen-PR. Online unter: www.ideereich.de (18.6.2006)
Schulz, Jürgen (2001): Management von Risiko- und Krisenkommunikation – zur Bestandserhaltung und Anschlussfähigkeit von Kommunikationssystemen. Berlin: Diss. Humboldt-Universität.

| | |
|---|---|
| „Eigentlich sind die Erfolgsfaktoren der Krisenkommunikation klar: Aktive, offene, umfangreiche Informationen." | „Ziel der Krisenkommunikation ist: durch eine frühzeitige Kernbotschaft das erste Interesse abzudecken, den Ball dann möglichst flach zu halten und auf ein schnelles Ende des öffentlichen Interesses hinzuarbeiten." |
| „Die Organisation soll zu jedem Zeitpunkt vermitteln, was sie weiß, aber auch, was sie nicht weiß und wann sie dies wissen wird." | „Durch eine überzogene Informationspolitik oder durch ein Zuviel an Informationen besteht die Gefahr, fortwährend Öl ins Feuer zu gießen." |
| „Der Dialog wird an Bedeutung zunehmen... weg vom Monolog hin zu stärkerem Austausch." | „Es bestehen berechtigte Zweifel, ob Dialogkommunikation ein sinnvolles Konzept sein kann. Eher ist zu vermuten, dass uns dieses traditionelle, auf Konsens ausgerichtete Denken in die Irre führt." |
| „In Zukunft wird die argumentative, überzeugende Krisen-PR entscheidend." | „Wo Emotionen herrschen, lässt sich nicht mehr argumentieren." |

*Nach der Krise...*

„Bedeutende Erfolge sind auch die Ergebnisse überwundener Krisen" (Hans Arndt)

*... ist vor der Krise*

*Abbildung 2:* Krisen-Knowhow (eigene Darstellung)

Steckt dahinter einfach der „Gemeinspruch, das mag in der Theorie richtig sein, taugt aber nicht für die Praxis" (Immanuel Kant)? Nein, das Missverständnis liegt darin, dass die theoretisch versprochene und praktisch erwartete Lösung nicht zu bekommen ist, nämlich die durch Kommunikation zuverlässig steuerbare Krise. Wissenschaft und Beratung schüren die Illusionen der Organisationspraktiker, z. B. so: „Die Kommunikation muss so vonstatten gehen, dass es seitens der Mitarbeiter nicht nur zu keinem Widerstand kommt, sondern noch ein freiwilliges und engagiertes Mitmachen an dessen Stelle tritt." (Steinau 2006: 79) Weil Kommunikation solche Versprechen nicht halten kann, ziehen Praktiker nicht selten den Schluss, sie sei nur zu wenig zu gebrauchen und unterschätzen so ihre Bedeutung gerade im Krisenfall. Ohne erfolgreiche Verständigung ist eine Krisenlösung nicht zu bekommen, aber Berechenbarkeit und Gewissheit kann Kommunikation nicht bieten.

Zwar schreiben systemisch aufgeklärte Publikationen mit elaborierten Argumentationen gegen die Trivialisierung des Kommunikationsbegriffs an (z. B. Merten 1999; Baecker 2005). Zwar lässt die ununterbrochene Flut offline und online verbreiteter Nachrichten vor allem Eines steigen, die Abwehrkraft des Publikums, das mit Unberechenbarkeit reagiert und sich mit Selektion durch Ignoranz rettet. Trotzdem erweist sich besonders in Organisationen die Alltagserwartung als schwer erschütterlich, dass Meinungen, Entscheidungen, Verhalten mit Mitteilungen direkt gesteuert werden könnten.

Krisenkommunikation, soll sie die Krise nicht vertiefen und verlängern, sondern zu ihrer Lösung beitragen, braucht ein angemessenes Verständnis von der Leistungsfähigkeit kommunikativen Handelns. Das Problem beginnt schon beim Begriff des kommunikativen Handelns selbst, wissenschaftlich von Jürgen Habermas prominent gemacht (Habermas 1981). Er bestärkt die gewohnte Vorstellung, Verständigung finde statt, sobald jemand eine Mitteilung macht, sei sie verbal oder nonverbal. Demgegenüber geht ein systemisches Kommunikationsverständnis davon aus, dass Verständigung als Handlung nur unzutreffend bezeichnet, also auch nicht als Einzelleistung erbracht werden kann. „Er kommuniziert nicht gut" ist eine schlechte Formulierung, weil einer alleine überhaupt nicht kommunizieren kann. Im lateinischen Verbum „communicare: teilen, gemeinschaftlich machen" wird diese Bedeutungsdimension erfasst. „Er schreibt unverständlich", „er redet schlecht" macht Sinn, aber wer etwas schreibt oder etwas sagt, hat damit noch nicht kommuniziert. Will man aus Gründen der Anschlussfähigkeit am gewohnten Sprachgebrauch festhalten, dann müsste Kommunikation als Beziehung zwischen zwei verschiedenen Handlungen beschrieben werden, zwischen dem Mitteilungshandeln eines Absenders und dem Verstehenshandeln (mindestens) eines Adressaten. „Kein Individuum kann das Verstehen eines anderen Individuums selber leisten, und kein Individuum kann bestimmen, welchen Informationswert die von ihm erzeugten Beiträge in der Kommunikation selbst haben." (Luhmann 2000: 120) Kommunikation kann sich nur als Beziehung realisieren, nicht als Einzelakt. Zu einer Verständigung gehören mindestens zwei. Somit kann über den Erfolg von Kommunikation niemals eine(r) alleine entscheiden. Allerdings gibt es Beziehungen, die diese Möglichkeit suggerieren. Hierarchie ist der klassische Fall. Richtig bleibt, weil Verständigung immer in einer Beziehung erfolgt, können ihre Erfolgschancen ohne Kenntnis dieser Beziehung nicht eingeschätzt werden.

Kommunikation – deshalb sagt Luhmann, sie sei die Basisoperation jeder Gesellschaftlichkeit: „alles, was Kommunikation ist, ist Gesellschaft" (Luhmann 1984: 555) – bildet die ursprüngliche soziale Beziehung. Wann und wo Menschen etwas von einem anderen wollen, „etwas miteinander zu tun haben", kommunizieren sie. Wenn in der gegebenen Situation keine *Erwartung* existiert (außer der in Ruhe gelassen zu werden wie etwa zwischen Großstadtbewohnern, die sich in der U-Bahn gegenüber sitzen), bedarf es keiner Mitteilung. Ist in der gegebenen Situation die wechselseitige Erwartung so klar definiert, dass alle Beteiligten wissen, was sie zu tun und zu lassen haben, sind Mitteilungen ebenfalls überflüssig. Geld-, Macht-, Rechts-, Liebesbeziehungen können so eindeutig sein, dass es keiner oder jedenfalls nur weniger Worte bedarf. Feststehende, dem individuellen Zugriff entzogene Erwartungen nennt die Soziologie Strukturen. Sowohl keine Erwartungen als auch zweifelsfreie und selbstverständlich erfüllte Erwartungen machen Kommunikation überflüssig. Umgekehrt sind irgendeine Erwartung die eine und ein Stück Offenheit das andere, was Verständigung notwendig und sinnvoll macht. Erwartung und

Offenheit – das sind die beiden Treiber von Kommunikation. Wenn die Erwartung von Kunz und die Wahlmöglichkeit von Hinz zusammentreffen, wird höchstwahrscheinlich kommuniziert. Der Markt, der Waren- ebenso wie der Meinungsmarkt, ist das beste Beispiel. Bereits auf dieser abstrakten Ebene zeigt sich, wie sehr die Krisensituation zur Kommunikation drängt, denn was zeichnet sie mehr aus als Erwartungen und Unklarheiten. Von daher: Je hartnäckiger Organisationsverantwortliche in der Krise Mitteilungen verweigern, desto heißer wird es in der Gerüchteküche hergehen. Oder analytischer formuliert: Je weniger die funktionale Kommunikation leistet, desto mehr wird die individuelle mobilisiert (obwohl in der Krise auch deren Hemmschwelle für Mitteilungen steigen kann).

Systematisch gilt es festzuhalten: Wie der Fisch das Wasser so hat die Kommunikation als Lebenselixier eine Ungewissheits- und Unsicherheitszone. Wo alles klar ist, endet Kommunikation oder beginnt sie gar nicht erst. Der in unserem Argumentationszusammenhang entscheidende Punkt ist erreicht, wenn wir die beiden Gedanken verknüpfen, dass Kommunikation auf Offenheit, Ungewissheit reagiert und dass eine Mitteilung noch keine Kommunikation ist. Das bedeutet nämlich, dass kein Mitteilender die Situation alleine klären kann. Ohne die Verstehensleistung der Adressaten bleibt die Situation ungeklärt. Gewissheit, die über Verständigung hergestellt wird, ist nur als gemeinsame möglich. Das heißt zu Ende gedacht, gesellschaftlich können Gewissheiten einzig und allein über Verständigung gewonnen werden – was die Aussage nachvollziehbar macht, Kommunikation konstruiere soziale Wirklichkeit.

Üblicherweise wird das notwendige Beziehungsmoment erst auf der nächsten Verständigungsstufe berücksichtigt, also dann, wenn es um die Frage der Zustimmung zu der Information geht, die der Adressat durch das Verstehen der Mitteilung gewonnen hat. Jede Mitteilung setzt sich der Alternative aus, Zustimmung zu ernten oder auf Ablehnung zu stoßen.

> „Kommunikation führt zur Zuspitzung der Frage, ob die mitgeteilte und verstandene Information angenommen oder abgelehnt werden wird. Man glaubt eine Nachricht oder nicht: die Kommunikation schafft zunächst nur diese Alternative und damit das Risiko einer Ablehnung. Sie forciert eine Entscheidungslage, wie sie ohne Kommunikation gar nicht bestehen würde. Insofern ist alle Kommunikation riskant." (Luhmann 2001: 103)

Dieses Risiko möglichst auszuschalten, gehört zum Sinn der Organisation.

Fassen wir zusammen: Sich auf Kommunikation einzulassen, bedeutet sich abhängig zu machen; es kommt dem Versuch gleich, eine Ungewissheits- und Unsicherheitszone zu bewältigen – ohne Erfolgsgarantie, denn die Fähigkeit und die Bereitschaft zu verstehen müssen auf Seiten der Adressaten ebenso gegeben sein wie – etwa im Falle kollektiven Handelns – der Wille zuzustimmen. Die Organisation macht den Versuch, Beziehungen herzustellen, die Verstehen und Zustimmung zuverlässig garantieren; insoweit ist die Organisation „kommunikationsfeindlich".

## 2 Gefesselte Verständigung oder die missachtete Welt der Adressaten

Über Organisationen weiß man etwas Wichtiges, wenn man festgestellt hat, dass sie auch den Sinn haben, den Kommunikationsbedarf für kollektives Handeln zu minimieren. Verständigung kostet Zeit und Verständigungsbedarf ist ein Indikator für Unklarheit und Unberechenbarkeit. Beides wirkt für sich genommen negativ auf die Organisationsleistung. Die historisch nie da gewesene Leistungsfähigkeit der modernen Gesellschaft beruht nicht zuletzt auf dem Funktionieren von Organisationen, von Verwaltungen, Unternehmen, Verbänden, Vereinen, Anstalten. In aller Regel „von oben" gegründete Arbeitsorganisationen und „von unten" sich formierende Interessenorganisationen stellen die beiden Grundmuster dar. Die weiteren Überlegungen dieses Textes beziehen sich auf die Arbeitsorganisationen, die sich ihrerseits unterscheiden in solche, die auf Geldvermehrung fixiert sind wie die meisten Wirtschaftsunternehmen, und andere, nennen wir sie Sozialunternehmen, die maximal ihre Kosten decken oder externe Ressourcen (Geld, ehrenamtliche Arbeitskraft) in Anspruch nehmen wie viele Bildungs-, Gesundheits-, und Kulturorganisationen.

Einerseits haben die Mitglieder von Arbeitsorganisationen „etwas miteinander zu tun", denn sie teilen sich die Arbeit. Daraus erwachsen Kommunikationsnotwendigkeiten. Es bedarf der Verständigung und Entscheidung, wer, was, wann, wie macht. Es müssen Aufbau-, Ablauf-, Programm-, Sach- und Personalentscheidungen getroffen werden. In Erinnerung an unser bisher entwickeltes Kommunikationsverständnis hätten wir davon auszugehen, dass sich hier ein permanentes Risikopotenzial mit ungewissem Ausgang auftut. Was hindert die Beteiligten – politische Gruppierungen in der Bewegungsphase liefern reiches Anschauungsmaterial –, es sich immer wieder neu und anders zu überlegen? Der organisationstypische Umstand, dass wir es mit „funktionaler", mit formal geregelter Kommunikation zu tun haben! Andererseits nämlich bildet die geteilte, organisierte Arbeit einen Funktionszusammenhang, in dem die Einzelaufgaben und die Art ihrer Erledigung definiert sind. In der „Funktion" (Stelle, Position) nimmt die Arbeit, ihr ganzer sachlicher, zeitlicher, örtlicher und sozialer Zuschnitt, Gestalt an: Im Prinzip unabhängig von der Person, die sie ausübt, wird an der selben Stelle regelmäßig die selbe Tätigkeit verrichtet (bis es anders entschieden wird). „Wo immer es um die Reproduktion angestrebter Resultate geht, empfiehlt sich die Etablierung eines Wiederholungszwangs. Berechenbarkeit und Kreativität (oder gar Beliebigkeit) schließen sich gegenseitig aus." (Simon 2004: 82)

Die Funktion, oft als Stelle beschrieben, fungiert in der Organisation als eine Adresse, an die sich – so sie nicht gerade unbesetzt ist – Mitteilungen richten und von der Mitteilungen ausgehen können. Sowohl als Adressat wie als Absender kommuniziert die Person funktional im Rahmen ihrer Zuständigkeit, ihrer fachlich und hierarchisch definierten Kompetenz. Auf diese Weise wird erfolgreiche Kommunikation höchstwahrscheinlich, denn die Fachlichkeit sichert das Verstehen und die Hierarchie die Zustimmung. Sich organisieren bedeutet einen Kontext zu etablieren, der erfolgreiche Kommunikation dadurch zum Normalfall macht, dass sie nur „auf Dienstwegen", in funktionaler, sich zudem häufig wiederholender Form zugelassen wird.

Mehr als hundert Jahre lang hatte die funktionale Kommunikation der Arbeitsorganisationen die Qualität, welche die stabilitätszentrierte Organisation benötigt – sie war gefesselte Verständigung. Es ist diese funktional-gefesselte Kommunikation, auf der „das übliche Selbstbild der Organisation als eines hierarchisch strukturierten und von der Spitze her lenkbaren Systems der Verfolgung von Zwecken" (Kieserling 2005: 82) basiert. Der Effizienzgewinn gefesselter Kommunikation basiert auf reibungslosen Routinen, durchstellbaren Anweisungen und zentraler Steuerung.

Gefesselte Kommunikation, deren ausgeprägteste rhetorische Form der Befehl ist, geht einher mit Wirklichkeitsverlusten. Das ist kommunikationstheoretisch gut nachvollziehbar. Die Mitteilung kommt aus dem Wahrnehmungs- und Wissenshorizont des Absenders, weshalb eine Mitteilung zuallererst etwas über den Absender verrät. Was Herr Müller über Frau Meier sagt, das sagt auf jeden Fall etwas über Herrn Müller. Gefesselte Kommunikation bedeutet den Versuch, den Erfahrungshorizont des Adressaten – in welchen die Mitteilung eintaucht und in dem sie sich in eine Information für diesen Adressaten verwandelt – zu ignorieren. „Die Welt" des Adressaten verschwindet dadurch natürlich nicht, sie wird „nur" missachtet. Er denkt sich seinen Teil und spricht darüber, wenn er darüber spricht, im Kontext der individuellen Kommunikation – und dann vermutlich nicht freundlich. Die Ratgeberliteratur für Führungskräfte quillt über vor Tipps, wie sich mit Fingerspitzengefühl in einem Wechselspiel zwischen funktionaler und individueller Verständigung Mitarbeiter/innen zur Akzeptanz negativer Entscheidungen vielleicht doch bewegen lassen. Ob Mitarbeiter/innen solche Bemühungen honorieren oder als verlogen und zynisch kritisieren, hängt von der „Beziehungsgeschichte" und der konkreten Situation ab.

An diesem Punkt analytisch sauber auseinander zu halten, was sich ereignet, ist für das Verständnis des Organisationsalltags von herausragender Bedeutung. Die Mitteilung der Chefin verwandelt der Mitarbeiter in seiner Erfahrungswelt (eine andere hat er nicht) in eine Information. Erscheint ihm diese Information problematisch, hat er drei Möglichkeiten:

Erstens seine Sicht darzustellen und damit „seine Welt“ in den funktionalen Kontext einzubringen. Das setzt auf Seiten der Chefin sowohl Zeit voraus als auch die Bereitschaft, eine andere Sicht zur Kenntnis zu nehmen inklusive der Möglichkeit, die eigene zu korrigieren. In diesem Falle werden Deutungen abgeglichen und wechselseitige Einsichten in die Erfahrungswelten eröffnet bis hin zu der Chance eine neue gemeinsame Sicht zu gewinnen; großspuriger, aber dennoch nicht falsch formuliert: ein Stück neuer Wirklichkeit in die funktionale Verständigung hineinzuweben. Aber:

> „Wenn ein Mitarbeiter in einer solchen klassischen Organisationsform Informationen wahrnimmt, für die keine Routinen existieren, und aus diesen Informationen auch noch Schlussfolgerungen zieht, geht er ein erhebliches Risiko ein. Detaillierte Arbeitsplatzbeschreibungen, Qualitätshandbücher, Geschäftsprozesse, Pläne und Arbeitsanweisungen definieren klar, was von jedem Mitarbeiter erwartet wird. Sie vermitteln aber auch, was nicht von ihm erwartet wird. Wer gegen die existierenden, allgemein akzeptierten Routinen verstößt, stört erst einmal den in der Organisationen herrschenden Konsens. Er verdirbt das sorgfältig etablierte Spiel und riskiert, als Störenfried vom Spiel ausgeschlossen zu werden.“ (Kühl 2000: 43 f.)

Als zweite Möglichkeit bleibt dem Mitarbeiter mitzuteilen, dass er nicht verstanden habe, und Erläuterungen einzuholen. Oft kann er das nicht machen, sonst setzt er sich dem Vorwurf aus, zu wenig zu verstehen. Hierarchische Absender machen für Verstehensdefizite gewöhnlich die Adressaten alleine verantwortlich. Auch in diesem Fall wird Zeit beansprucht. Der Mitarbeiter bekommt immerhin zusätzlichen Einblick in die Erfahrungswelt der Chefin. Seine eigene Sicht bleibt ausgeklammert.

Drittens – der typische Fall gefesselter Kommunikation – kann der Mitarbeiter sein Problem verschweigen und die Information einfach annehmen, d. h. sich nach ihr richten. Das ist der problemlose Weg, der aber als Nebenwirkung das Nebeneinander zweier Wirklichkeitsauffassungen verfestigt. Berechenbarkeit, Reibungslosigkeit verursachen Nebenkosten: Der Erfahrungshorizont, der den Dienstweg, die funktionale Kommunikation, bestimmt, und das „Weltwissen“ der Mitarbeiter fallen potentiell und tatsächlich auseinander.

Die funktionale Kommunikation stabilitätszentrierter Organisationen ist gefesselte Verständigung. Die große Frage ist, ob die eindeutige Dominanz dieser Art sich zu verständigen auch in Zukunft ein gutes Funktionieren der Organisation ermöglicht, ob sie auch in der Organisation für morgen funktional ist. Im dritten Abschnitt wird dafür argumentiert, dass die Differenz zwischen funktionaler und individueller Kommunikation anders austariert werden muss, dass verantwortliche statt gefesselter Kommunikation im Netz der funktionalen Verständigung Platz greifen muss. Um unterschiedliches Kommunikationsverhalten und seine Implikationen anschaulich zu machen, kann es hilfreich sein, Merkmale verschiedener Verständigungsqualitäten in einer Tabelle vergleichbar dazustellen. Von gestörter, über verantwortliche bis zu idealer Verständigung tut sich auf Absender- wie auf

Adressaten-Seite eine große Spannweite auf. Wie sehr die gefesselte der gestörten Verständigung ähnelt, wird auf der Absender-Seite deutlich.

## Gestörte, verantwortliche, ideale, gefesselte Kommunikation

anhand der Kriterien (1) Informationsbasis, (2) Erreichbarkeit, (3) Aufmerksamkeit, (4) Verstehen, (5) Zustimmung

*Gestörte Kommunikation*

| | **Absender** | **Adressaten** |
|---|---|---|
| 1 | Haben einen unverrückbaren Standpunkt, halten Lernen für Verrat am Gewussten | Halten Unterschiede zu ihrem Bild der Wirklichkeit für selbstverständlich falsch, unwahr |
| 2 | Nehmen das nächst beste Medium , machen ihre Adressaten für deren Erreichbarkeit verantwortlich | Sind nur sehr schwer zu erreichen, machen ihre Erreichbarkeit zum Problem der Absender |
| 3 | Bemühen sich nicht um Aufmerksamkeit, langweilen | Sind unaufmerksam, hörten nicht richtig zu, lesen nicht genau |
| 4 | Machen schwer bis unverständliche Mitteilungen, haben keine Zeit für Rückfragen<br>Reden und schreiben wie immer – ohne Rücksicht auf unterschiedliche Adressaten | Verstehen wenig bis nichts von der Sache, haben keine Zeit für Nachfragen<br>Machen ihre erstbeste Wahrnehmung zum einzigen Maßstab ihres Verstehens |
| 5 | Setzen ihre Werte, Interessen und Ziele absolut, wollen das und nur das so und nur so durchsetzen | Lehnen automatisch ab, was nicht hundertprozentig ihren Werten, Interessen und Zielen entspricht |

*Tabelle 1*: Gestörte Kommunikation (eigene Darstellung)

*Verantwortliche Kommunikation*

| | **Absender** | **Adressaten** |
|---|---|---|
| 1 | Schließen nicht aus, dass ihre Informationen unvollständig, eventuell sogar unzutreffend sind | Respektieren unterschiedliche Perspektiven, haben ein plurales Wahrheitsverständnis |
| 2 | Versuchen die Medien auszuwählen, welche ihre Adressaten benutzen | Sind (nicht ohne Aufwand) erreichbar, besorgen sich teilweise selbst Mitteilungen |
| 3 | Überlegen, wie ihre Mitteilungen nach Inhalt und Darstellung interessant sein könnte | Sind prinzipiell interessiert, meist aufgeschlossen, hin und wieder neugierig |
| 4 | Informieren sich über Erfahrungen, Neigungen, Wissensstand ihrer Adressaten, versuchen verständlich zu sein | Bemühen sich zu verstehen, wollen andere Meinungen, andere Erfahrungen kennen lernen |

| | | |
|---|---|---|
| 5 | Haben Werte, Interessen und Ziele, die sie durchsetzen wollen, sind aber zugleich offen für Kompromisse | Gleichen mit ihren Werten, Interessen und Zielen ab, halten sich offen für Kompromisse |

*Tabelle 2*: Verantwortliche Kommunikation (eigene Darstellung)

*Ideale Kommunikation*

| | **Absender** | **Adressaten** |
|---|---|---|
| 1 | Suchen die Kritik ihrer Adressaten, streben nach mehr und besseren Informationen | Setzen sich konstruktiv-kritisch mit Mitteilungen auseinander, sehen darin eine Chance dazu zu lernen |
| 2 | Gehen auf ihre Adressaten zu, wählen die am besten geeigneten Medien, laden zum Dialog ein | Suchen den Meinungs-und Informationsaustausch |
| 3 | Bemühen sich um lebendige, klare, interessante Mitteilungen | Sind mit hoher Aufmerksamkeit bei der Sache |
| 4 | Versuchen intensiv sich in den Erlebnis- und Wissenshorizont ihrer Adressaten zu versetzen, suchen ein rationales Einverständnis | Versuchen Mitteilungen und Begründungen möglichst präzise nachzuvollziehen, suchen ein rationales Einverständnis |
| 5 | Haben Werte, Interessen und Ziele, die sie dem Streben nach dem gemeinsamen Besten unterordnen | Haben Werte, Interessen und Ziele, die sie dem Streben nach dem gemeinsamen Besten unterordnen |

*Tabelle 3*: Ideale Kommunikation (eigene Darstellung)

*Gefesselte Kommunikation*

| | **Absender (vorgesetzte)** | **Adressaten (nachgeordnete)** |
|---|---|---|
| 1 | Haben einen schwer verrückbaren Standpunkt, halten Lernen für ein Risiko | Sollen keinen eigenen Standpunkt haben, sollen lernen und verlernen nach Maßgabe der Absender |
| 2 | Bestimmen die ihnen genehmen Medien – machen die Adressaten für deren Erreichbarkeit verantwortlich | Sollen sich verfügbar halten, bei Bedarf ansprechbar sein |
| 3 | Halten Aufmerksamkeit für eine Bringschuld der Adressaten | Sollen Mitteilungen konzentriert mit höchster Aufmerksamkeit entgegen nehmen |
| 4 | Versuchen verständlich zu sein, haben wenig Zeit für Rückfragen | Werden dafür verantwortlich gemacht, die Mitteilung richtig und eindeutig im Sinne der Absender zu verstehen |
| 5 | Wollen das und nur das so und nur so durchsetzen | Sollen einfach Ja sagen und ohne schuldhafte Verzögerung an die Umsetzung gehen |

*Tabelle 4*: Gefesselte Kommunikation (eigene Darstellung)

Das Auf- und Anregende an Organisationen ist der Umgang der Personen mit der Differenz zwischen funktionaler und individueller Kommunikation. Diese Unterschiede zwischen der offiziellen Wirklichkeit der Organisation wie sie durch die funktionale Kommunikation geschaffen und bestätigt wird auf der einen Seite und den individuellen Vorstellungen der Organisationsmitglieder auf der anderen Seite werden – nicht immer und nicht alle – mit großer Selbstverständlichkeit zu Themen der individuellen Kommunikation. Diese Unterschiede können auch Thema der funktionalen Verständigung werden, was in der Organisation von gestern allerdings stets ein Moment der Bedrohung enthält, entweder gegen die Kritiker, die sich individuell artikulieren, oder für die kritisierten Funktionsträger. Ein früher Versuch, die Bedrohung heraus zu nehmen und das produktive Potential abzuschöpfen, das in diesen Unterschieden liegt, war der Human-Relations-Ansatz (Roehtlisberger/Dickson 1939), spätere Methoden waren Mind Mapping, Brainstorming oder die Qualitätszirkel. Hinter solchen Versuchen, die Differenz zu funktionalisieren, steht das Bestreben, Anpassungen der Organisation an deren Umwelt zu erreichen und so die Organisation erfolgreich zu halten oder wieder erfolgreich zu machen.

Das Netz der individuellen Verständigung hat im Klatsch und im Gerücht seine alltäglichen Ausdrucksformen. Sie machen das Organisationsleben leichter, sie erlauben Distanzierung bei gleichzeitigem Weitermachen, sie pflegen das Selbstwertgefühl angesichts der erfahrenen Funktionalisierung. Aber in diesem Netzwerk bilden sich auch Macht- und Gegenmacht-Knoten. Noch einmal: Alle Akteure einer Organisation, also alle Personen sind sowohl in die funktionale als auch in die individuelle Kommunikation eingebunden. Formulierungen wie „einmal außerhalb des Protokolls", „sprechen wir von Mensch zu Mensch", „jetzt vergessen wir mal die Rangunterschiede" verdeutlichen, wie gleitend (aber nicht nahtlos) Übergänge praktiziert werden können. Die Dramatik der Differenz funktionaler und individueller Kommunikation – niemand hat sie bezogen auf die Industriebetriebe des 19. Jahrhunderts besser analysiert als Karl Marx – tritt in ihrer historischen Dimension hervor, wenn man sich klar macht, dass sie eine Anschlussstelle für Entstehen und Entwicklung der Arbeiter-, besonders der Gewerkschaftsbewegung bildet. Im individuellen Kommunikationsnetz der Wirtschaftsorganisation haben sich Personen darüber und darauf verständigt, Widerstand gegen Resultate der funktionalen Kommunikation zu organisieren. Doch das ist hier nicht unser Thema. Gerade mit Blick auf Krisenkommunikation gilt es jedoch festzuhalten, dass sich in der individuellen Kommunikation einerseits Kritik, Abwehr und Widerstand gegen, andererseits auch Beifall und Unterstützung für das Funktionieren der Organisation entwickeln können. „Seilschaften", „Reformkoalitionen", „Cliquenwirtschaft", „Mobbing", das alles spielt sich hier ab.

In der Organisationssoziologie wird für die Unterscheidung zwischen funktionaler und individueller Verständigung, wie erwähnt, die Bezeichnung formelle und informelle Kommunikation benutzt. Die Wechselspiele zwischen beiden Kommunikationsnetzen werden unter dem Begriff „Mikropolitik" erörtert (z. B. Küpper/Ortmann 1992). Diese mikropolitische Perspektive macht hellsichtig dafür, wie sehr die Hierarchie noch von ihrer untersten Stufenleiter aus unter Beobachtung, Bewertung und Kommentierung steht. Und wie naiv ein Organisationsbild ist, das Führung und Steuerung als externe Interventionen ober- und außerhalb agierender Strategen darstellt. Noch in den 80er Jahren haben die meisten Konzepte für strategische Kommunikation so getan, als brauchten Manager nicht mit intelligenten, eigensinnigen Steuerungsobjekten zu rechnen, als sei der Manager der Regisseur hinter den Kulissen, obwohl er in Wirklichkeit auch nur ein Teil der Aufführung ist (vgl. Aretin 2003).

Überlassen wir die Zusammenfassung und Zuspitzung dieses Abschnitts Niklas Luhmann:

> „Das offizielle Bild der Organisation erzeugt den Eindruck, als ob die Reflexivität der Operationen, das Entscheiden über Entscheidungen, an die Hierarchie gebunden sei... Tatsächlich gibt es aber eine Dauerreflexivität in der Frage, welche Informationen, welches Wissen, welche Entscheidungen in das formale (und damit abgreifbare) Netzwerk eingespeist werden können, sollen, müssen – und welche nicht. Und gegen diese Art von Kontrollreflexion ist die Hierarchie machtlos, weil sie selbst auf diese Weise kontrolliert wird." (Luhmann 2000: 327)

## 3 Die Krise der Normalität und die Normalität der Krise

Dass der Wandel von der stabilitätszentrierten hin zur innovationsorientierten Organisation in vollem Gange ist, dafür nehmen die Indizien über Hand. „Organisationsentwicklung", „lernende Organisation", „Organisationsreform", „Change Management" sind nur einige Stichwörter; weitere Hinweise bilden das steigende Coaching- und Beratungsangebot, Debatten über Fehlerkultur, die steilen Karrieren des Netzwerk-, des Flexibilitäts-, des Innovationsbegriffs selbst und nicht zuletzt die Selbstverständlichkeit, mit der wir von der „Krise als Chance" sprechen.

Bezugspunkt der weiteren Überlegungen bleibt die Annahme, dass der Funktionszusammenhang einer Organisation aus der Kommunikation von Entscheidungen besteht. Dabei hat die Organisation von gestern eine strikte Trennung durchzusetzen versucht zwischen Personen, die Entscheidungen treffen, und den anderen, die deren Entscheidungen ausführen. Taylorismus lautet das einschlägige Reizwort. Damit ist zugleich eine Trennungslinie gezogen zwischen den Personen, welche an der funktionalen Kommunikation sowohl als Absender als auch als Adressaten beteiligt sind – im weitesten Sinne das Management –, und denjenigen, die an diesen Verständigungsprozessen nur als Adressaten mitgeteilter Entscheidungen, als weisungsgebundene Personen beteiligt sind. Aber als solche, die verstehen und zustimmen müssen, sind sie eben involviert, wie sehr sich das Management auch einbilden mag, alleine zu entscheiden.

Was wir über Kommunikation im Abschnitt 1 festgehalten haben, trifft alles auch für die Entscheidung zu, denn sie ist, wie die Nachricht, die Meinung oder der Wunsch, nur eine besondere Form der Mitteilung. Es ist also wesentlich „sich zu vergegenwärtigen, dass Entscheiden in dem Modell des Organisierens heißt, irgendeine Interpretation der Welt und irgendeine Reihe von Schlüssen aus dieser Interpretation auszuwählen und dann diese Zusammenfassungen für nachfolgendes Handeln verbindlich zu machen." (Weick 1985: 250) Um „unnötige Diskussionen zu vermeiden", verbergen Entscheider gerne, dass es ernst zu nehmende Alternativen gibt, dass die Entscheidung überhaupt nur deshalb eine Entscheidung ist, weil sie auch anders hätte ausfallen können. Diesen bequemen Weg, die Entscheidung bis zu ihrer Unkenntlichkeit klein zu reden, „niedrig zu hängen", versperrt die Krise, was einen beachtlichen Teil ihrer Brisanz ausmacht. Aber die Krise aktualisiert nur, was die Entscheidung als grundsätzliches Paradoxon auszeichnet: „Die Entscheidung muss über sich selbst, aber dann auch noch über die Alternative informieren, also über das Paradox, dass die Alternative eine ist (denn sonst wäre die Entscheidung keine Entscheidung) und zugleich keine ist (denn sonst wäre die Entscheidung keine Entscheidung)." (Luhmann 2000: 142)

Im Horizont der stabilitätszentrierten Organisation stellen sich Wirtschaft und Gesellschaft des 21. Jahrhunderts als chronische Krisenherde dar. Die in die Funktionssysteme der modernen Gesellschaft ohnehin eingebaute Steigerungslogik (Schulze 2003) – man denke nur an den Wachstumszwang des Wirtschaftssystems – erfährt durch die Prozesse der Digitalisierung und Globalisierung einen enormen Schub. In der „beschleunigten Gesellschaft" (Glotz 1999) werden praktisch in allen Branchen die Lebenszyklen von Produkten kürzer.

> „Forschung und Entwicklung werden, so Eric Schmidt, der Cheftechniker von Sun Microsystems, heute in ‚Webwochen' gezählt. Nach seiner Schätzung sind 20 Prozent des Wissens, das innerhalb seines Unternehmens generiert wird, in weniger als einem Jahr überholt. Der größte Teil der Konzerneinnahmen, so Wim Roelands, Chef für die Planung von Computersystemen bei Hewlett-Packard, wir mit Produkten erzielt, die es vor einem Jahr noch nicht gab. Selbst Konsumgüter, die bisher eine langfristige Kundentreue garantierten, bleiben auf der Strecke. Mehr als 90 Prozent ihrer Einkünfte erwirtschaftet die Miller Brewing Company mit Biersorten, die zwei Jahre zuvor noch nicht auf dem Markt waren." (Riffkin 2000: 34)

Die Veränderungsdynamik der Produktökonomie selbst und erst recht die inzwischen dominierende Dienstleistungsökonomie haben eines gemeinsam: Die Arbeitsorganisationen, sowohl die Wirtschaftsunternehmen als auch die Sozialunternehmen, müssen ihre Umwelt genauer beobachten und in ihren Entscheidungen stärker berücksichtigen als jemals zuvor.

Veränderungen der Umwelt beobachten und die dabei gewonnenen Informationen in den Entscheidungsprozess, also den funktionalen Kommunikationsprozess, einzuspeisen, das kann niemand anderer als die Organisationsmitglieder selbst, als die Personen, welche die Organisation bilden. Typischerweise werden solche Beobachtungen, die als folgenreich für die Organisation eingeschätzt werden, zunächst in der individuellen Kommunikation thematisiert. Das gilt auch für Krisenphänomene. Hervorstechendes Merkmal der stabilitätszentrierten Organisation ist, dass sie solche „Störungen" möglichst lange aus der funktionalen Verständigung herauszuhalten versucht. Solange die Beobachtungen einer Veränderung die individuelle Verständigung nicht verlassen dürfen, können sie nur als Vermutungen, Spekulationen, Verdachtsmomente mitgeteilt werden. Die Personen können allerdings bereits beginnen, ihr individuelles Verhalten an der Veränderung zu orientieren, während die Organisation weiter so funktioniert, als gäbe es diese Information nicht. Im Nachhinein muss sich das Führungspersonal dann die üblichen Fragen gefallen lassen, ob es diese Information „individuell" bereits hatte und keine Konsequenzen daraus zog; oder wie es komme, dass ihm diese Information entgehen konnte, obwohl doch so viele schon so lange davon wussten. Weiterhin bezeichnend für die stabilitätszentrierte Organisation ist, dass sie die Trennungslinie zwischen funktionaler und individueller Verständigung so undurchlässig zu ziehen versucht, dass Informationen über relevante Umweltveränderungen, etwa auch Krisenphänomene, erst vom Mediensystem aufgegriffen und veröffentlicht werden müssen, bevor sie in die funktionale Kommunikation Eingang finden.

Von einer einsamen Spitze aus, die mit gefilterten Mitteilungen versorgt wird, und mit Mitarbeitern, die ihre eigenen Lebens- und Arbeitserfahrungen an der Garderobe abgeben müssen, sind die permanent notwendigen Anpassungsleistungen nicht zu erbringen. Wie im Kleinen der Fehler so kann im Großen die Krise in der Organisation von gestern nur als negativ wahrgenommen werden. In der Organisation für morgen werden diese Wertungen tendenziell auf den Kopf gestellt.

> „'Wir müssten eine permanente Krise im Unternehmen erzeugen, um so schnell und flexibel zu werden, dass wir in der Zukunft erfolgreich arbeiten können', dies ist eine beliebte Klage von Unternehmensführern, die zwar die Probleme in ihren Unternehmen erkennen, aber keine Ansätze für deren Lösung sehen. In der Krise werden nämlich Mitarbeiter aus allen Funktionen in Projektgruppen zusammengezogen. Die im Unternehmen üblichen Strukturen, Abläufe und bürokratischen Vorschriften werden außer Kraft gesetzt..." (Mentzel 2003: 13)

Zugespitzt: Für stabilitätszentrierte Organisationen wird die Normalität zur Krise, für innovationsorientierte die Krise zur Normalität, weil die Dynamik der Veränderungen kontinuierlich Entscheidungsnotwendigkeiten provoziert, welche die Sicherheitszone des Weiter so verlassen und sich der Ungewissheit des Wie weiter stellen müssen. Sollen die Veränderungsprozesse im Kontext funktionaler Verständigung zum Thema werden, müssen Personen sie „einbringen". Wenn sich diese Aufgabe als Dauerproblem stellt, hilft nur eine andere Organisationskultur, aus gefesselter muss verantwortliche Kommunikation werden. Solange funktionale und individuelle Verständigung sich als fremde, misstrauisch beäugte Welten gegenüber stehen, können Mitteilungen aus dem individuellen Zusammenhang im funktionalen nicht zur willkommenen Bereicherung des Informationspools werden. Die Individualisierung funktionaler Verständigung führt zu einem anderen Kommunikationsstil. „Die Sitzungen sind informell im Umgang, von Vertrauen, Emotionen, Humor und hitzigen Diskussionen geprägt." (Welch 2001: 178) Aber das ist sozusagen nur das innovative Minimum. Die Entscheidungen selbst zu dezentralisieren, die monologische Struktur des Entscheidens aufzuheben, mehr Personen zu Absendern von Entscheidungen zu machen, dürfte der relevante Schritt sein. „Fast alle vorteilhaften Entwicklungen im Unternehmen haben ihren Ursprung darin, dass eine Betriebseinheit, ein Team oder ein einzelner Mitarbeiter autonom entscheiden durfte." (Welch 2001: 198) Beide Tendenzen zusammen verwandeln die funktionale Kommunikation aus einer gefesselten in eine verantwortungsvolle. „Mehr Beteiligung", „mehr Selbstverantwortung" sind dort, wo sie nicht als bloße Floskeln des Zeitgeistes eingesetzt werden, organisationale Entwicklungen von großer Tragweite, die in Governance-Konzepten und den CSR-Debatten über gesellschaftlich verantwortliche Unternehmensführung eine Entsprechung finden. Ob (wie im Fall von Jack Welch) funktional-verantwortliche Kommunikation nur ein Schritt zu weiter gehender Funktionalisierung der Individuen ist, wie viele befürchten, oder die Erweiterung individueller Gestaltungschancen und damit einen Beitrag zur Humanisierung der Organisation bedeutet, wie einige hoffen, soll als offene Frage stehen bleiben.

Wie verträgt sich die Kultur einer innovationsorientierten Organisation mit klassischen Empfehlungen der Krisenberatung für die – in diesem Text nicht behandelte – externe Kommunikation wie „Nur einer spricht: eine Botschaft, keine Widersprüche" und „In Krisenzeiten übernimmt der Chef persönlich die Information" (Steinau 2006: 40)? Auf den ersten Blick überhaupt nicht, auf den zweiten sehr gut. Gefesselte Kommunikation wird in der Krise immer auch die Gelegenheit nutzen zur entfesselten zu werden, indem sie erzwungenes Schweigen bricht; das kommunikative Chaos ist programmiert. Für verantwortliche Verständigung bildet das Schweigen zur rechten Zeit ein konstruktives Element jeder Kommunikation. Aber die Grundfarben der Organisationswirklichkeit sind nicht schwarz und weiß, sondern unendlich viele Grauschattierungen.

> „Die Organisationskultur, die eine Balance zwischen Routine und Risiko, Anarchie und Reglementierung, Chaos und Ordnung gefunden hat, ist noch in Arbeit. Es ist eine wichtige Arbeit, gegenwärtig für Organisationen wahrscheinlich die wichtigste. Das bloße Vorhandensein regelungsarmer Räume alleine schafft noch keinen Möglichkeitsrahmen für die Entwicklung origineller Ideen und deren Umsetzung in erfolgreiche Praxis. Was schützt davor, isoliert und desorientiert in den Möglichkeitsräumen herum zu taumeln? Auch für Innovation und Kreativität ist ein konsequentes und geplantes ‚Nichtplanen' nötig. Absichtslosigkeit, scheinbares Nichtstun und sich Fließen lassen als Elemente eines geordneten Systems – das wär's wohl." (Arlt/Prange 2005: 151)

## Literatur


Aretin, Kerstin von (2003): Von der strategischen zur systemischen Kommunikation. Am Beispiel von Aventis Deutschland. In: Deekeling, Egbert/Barghop, Dirk (Hrsg.): Kommunikation im Corporate Change. Wiesbaden: Gabler, 191-208.

Arlt, Hans-Jürgen (1998): Kommunikation, Öffentlichkeit, Öffentlichkeitsarbeit. Opladen/Wiesbaden: Westdeutscher Verlag.

Arlt, Hans-Jürgen (2003): Das Politische an Kommunikation und das Kommunikative an Politik. In: Kurz-Scherf, Ingrid/Arlt, Hans-Jürgen (Hrsg.): Arbeit, Bildung und Geschlecht. Prüfsteine der Demokratie. Frankfurt/New York: Campus, 241-264.

Arlt Hans-Jürgen/Prange, Christiane (2005): Innovation und Kommunikation. In: Bsirske, Frank u. a. (Hrsg.): Menschen machen Innovationen. Hamburg: VSA, 143-152.

Baecker, Dirk (2005): Form und Formen der Kommunikation. Frankfurt: Suhrkamp.

Birker, Klaus/Pepels, Werner (2000): Handbuch Krisenbewusstes Management. Berlin: Cornelsen.

Beck, Ulrich/Giddens, Anthony/Lash, Scott (1996): Reflexive Modernisierung. Frankfurt: Suhrkamp.

Fuchs-Heinritz, Werner/Lautmann, Rüdiger/Rammstedt, Otthein/Wienold, Hans (Hrsg.) (1995) Lexikon zur Soziologie. Opladen: Westdeutscher Verlag.

Jäger, Wieland/Schimank, Uwe (Hrsg.) (2005): Organisationsgesellschaft. Wiesbaden: VS Verlag für Sozialwissenschaften.

Glotz, Peter (1999): Die beschleunigte Gesellschaft. München: Kindler.

Habermas, Jürgen (1981): Theorie des kommunikativen Handelns, 2 Bände. Frankfurt: Suhrkamp.

Habermas, Jürgen (1984): Vorstudien und Ergänzungen zur Theorie des kommunikativen Handelns. Frankfurt: Suhrkamp.

Herbst, Dieter (1999): Interne Kommunikation. Berlin: Cornelsen.

Herbst, Dieter (1999): Krisen meistern durch PR: Ein Leitfaden für Kommunikationspraktiker. Neuwied: Luchterhand.

Horst, Michael von der (2000): Bewertung von Unternehmenskrisen. Berlin: Logos.

Kieserling, André (1999): Kommunikation unter Anwesenden. Frankfurt: Suhrkamp.

Kieserling André (2005): Selbstbeschreibung von Organisationen: Zur Transformation ihrer Semantik. In: Jäger, Wieland/Schimank, Uwe (Hrsg.): Organisationsgesellschaft. Wiesbaden: VS Verlag für Sozialwissenschaften, 51-88.

Königswieser, Roswita/Hillebrand, Martin (2005): Einführung in die systemische Organsiationsberatung. Heidelberg: Auer Verlag.

Konken, Michael (2002): Krisenkommunikation. Kommunikation als Mittel der Krisenbewältigung. Limburgerhof: FBV-Medien.

Kühl, Stefan (2000): Das Regenmacher-Phänomen. Widersprüche und Aberglaube im Konzept der lernenden Organisation. Frankfurt/New York: Campus.

Küpper, Willi/Ortmann, Günther (Hrsg.) (1992): Mikropolitik. Opladen: Westdeutscher Verlag.

Luhmann Niklas (2001): Reden und Aufsätze. Stuttgart: Reclam.

Luhmann, Niklas (2000): Organisation und Entscheidung. Opladen/Wiesbaden: Westdeutscher Verlag.

Luhmann, Niklas (1984): Soziale Systeme. Frankfurt/M.: Suhrkamp.

Mentzel, Klaus (2003): Die permanente Krise. München und Mering: Hampp.

Merten, Klaus (1999): Einführung in die Kommunikationswissenschaft. Münster: Lit Verlag.

Michalski (Hrsg.) (1985): Über die Krise. Stuttgart: Klett-Cotta.

Möhrle, Hartwin (Hrsg.) (2004): Krisen-PR. Frankfurt/M.: Frankfurter Allgemeine Buch.

Riffkin, Jeremy (2000): Access. Das Verschwinden des Eigentums. Frankfurt/New York: Campus.

Roethlisberger, Fritz J./Dickson, William J. (1939): Management and the worker. Cambridge: Harvard University Press.

Schimank, Uwe (2005): Die Entscheidungsgesellschaft. Wiesbaden: VS Verlag für Sozialwissenschaften.

Schultz von Thun, Friedemann (2005 Sonderausgabe): Miteinander reden: 1. Störungen und Klärungen. Reinbek: Rowohlt.

Schulze, Gerhard (2003): Die beste aller Welten. München/Wien: Hanser.
Simon, Fritz B. (2004): Gemeinsam sind wir blöd?! Heidelberg: Carl Auer.
Steinau, Daniela (2006): Interne Kommunikation in Unternehmenskrisen. Saarbrücken: VDM Verlag.
Theis, Anna Maria (1994): Organisationskommunikation. Opladen: Westdeutscher Verlag.
Watzlawick, Paul/Beavin, Janet H. (1969): Menschliche Kommunikation. Bern/Stuttgart: Huber.
Weick, Karl E. (1985): Der Prozeß des Organisierens. Frankfurt: Suhrkamp.
Welch, Jack (mit Byrne, John A.) (2001): Was zählt. Die Autobiographie des besten Managers der Welt. München: Econ.
Zowislo, Heike/Schwab, Natascha (2003): Interne Kommunikation im Veränderungsprozess – Mitarbeiter gezielt informieren und erfolgreich einbeziehen. Wiesbaden: Gabler.

# Krise und Krisenkommunikation: Von der Ausnahme zur Regel?

*Klaus Merten*

## 1 Zum Begriff der Krise

Das Wort Krise hat Hochkonjunktur. Es wird mittlerweile wahlweise auf medizinisch-krankhafte Zustände (der klassische Zugriff), personale Probleme (etwa: midlife-crisis), riskante Entwicklungen in funktionalen Teilsystemen (Wirtschaftskrise, Regierungskrise), Regionen Krisenregion), Epochen („Krise des gegenwärtigen Zeitalters") und philosophische Probleme (Sinnkrise) angewandt. Dazu bereits kritisch Jaspers (1979: 73 f.): „Krise wird wirklich als der Mangel *an Vertrauen* [...] Alles ist in die Krise gekommen, die weder übersehbar noch aus einem Grunde zu begreifen und wieder gut zu machen, sondern als unser Schicksal zu ergreifen, zu ertragen und zu überwinden ist." Angesichts solcher Varianz gewinnt man Eindruck, dass der Begriff „Krise" sich längst zu einem zeitgenössischen semantischen Etikett gemausert hat, hinter dem sich Ungeklärtes elegant invisibilisieren lässt: Spaßgesellschaft, Postmoderne und nun auch Krise – von was auch immer.

Bei näherer Hinsicht zeigt sich, dass der Begriff der *Krise* (griechisch: κϱιση) das erste historisch bekannte säkularisierte Konzept zur Markierung temporaler Diskontinuität darstellt, das nicht nur mit menschlicher Anteilnahme verfolgt, sondern auch mit menschlicher Hilfe gelöst werden kann. Begreift man Krise als eine prozessartige Struktur, so erkennt man, dass das Grundmuster dieser Struktur aus einer Entscheidung besteht, die nicht abgeschlossen ist und auf die eine zweite Entscheidung antwortet – ein Hinweis auf ein differenztheoretisches Konzept also (vgl. Bateson 1981: 25). Vom Typus her ist eine Krise ein Prozess, der durch folgende Eigenschaften ausgezeichnet ist (vgl. Abb. 1):

1. Die Krise beginnt mehr oder minder unerwartet (unvorhersehbar) als Veränderung einer Prozessstruktur bzw. einer Gewohnheit, die tendenziell negative Folgen hat.
2. Es bleibt offen, wodurch diese Veränderung bewirkt wurde, so dass Unsicherheit entsteht: Wir wissen nur, dass wir nicht wissen, wann und warum sich eine Veränderung ereignet.
3. Es bleibt für die Dauer der Krise ebenfalls offen, ob und wann der Krisenzustand beendet sein wird und
4. wenn ja, ob
    a) der alte Zustand wieder erreicht wird (Status quo ante) oder

b) ein besserer Zustand erreicht wird (positive Lösung) oder ob
c) ein schlechterer Zustand erreicht wird, der im Zweifelsfall
d) die Krise zur Katastrophe werden lässt, also Anschluss liefert für weitere Krisen größeren Ausmaßes.

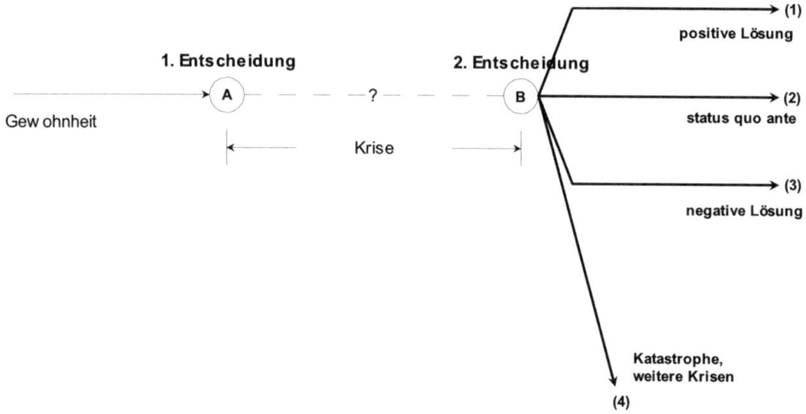


*Abbildung 1*: Zur Struktur einer Krise (eigene Darstellung)

In einer weiteren Näherung könnte man daher Krise definieren als unerwartete Störung (Veränderung eines Gleichgewichts resp. einer Gewohnheit), die anhält bis zu einer weiteren Störung, die – mit ungewissem Ausgang – auf ein neues, stabileres Gleichgewicht zielt.

Diese Verknüpfung von zwei Entscheidungen besitzt darüber hinaus die Eigenheit, dass die jeweils erste, krisenauslösende Entscheidung resp. das entsprechende Ereignis, das in der Regel eine Zeitdimension (Wann?) und eine Sachdimension (Was?) besitzt, ergänzt wird um eine weitere Zeitdimension, die sich als Gegensatzpaar erwartet/nicht erwartet artikuliert. Zur Verdeutlichung ist in Abbildung 2 der einfachste Fall einer (binären) Entscheidung in Form eines Ereignisses skizziert, etwa: Morgen regnet es (-) oder es regnet nicht (+). Hier ist der Sachaspekt (regnen versus nicht regnen) untrennbar mit dem Zeitaspekt (morgen) verbunden, der Zeitpunkt „morgen“ hat keine Latenz.

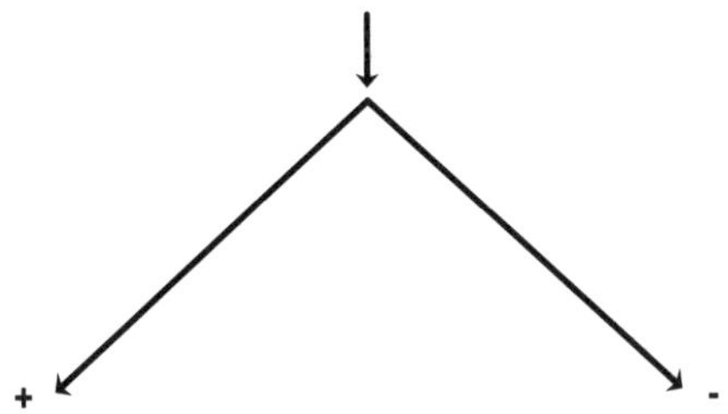


*Abbildung 2*: Einfache binäre Entscheidung

Die Krise hingegen beginnt nicht nur zu einem bestimmten Zeitpunkt (Wann?) mit einem bestimmten Ereignis (Was?), sondern sie eröffnet im Anschluss daran eine Latenzphase, bei der sowohl deren Ende als auch deren inhaltlicher Ausgang offen (ungewiss) sind, sie erfordert mithin zwei weitere Entscheidungen resp. Ereigniswerte: Den Endpunkt der Unsicherheit (temporale Dimension) und den spezifischen Ausgang (sachliche Dimension) der Krise. Eine Krise ist also ein Ereignis mit einer Zeitstrecke (a-b), deren Beginn durch dieses Ereignis markiert wird und deren Ende zunächst offen bleibt. In Abgrenzung zu anderen Typen von Ereignissen ist für die Krise daher typisch, dass der Zeitpunkt des Eintritts (a) unerwartet und dessen Ursache (zunächst) unbekannt sind: Man weiß vorher weder *wann* das Ereignis eintritt noch *warum* das Ereignis eintritt (was die Ursache ist) und erzeugt damit eine Situation der Ungewissheit, die andauert, daher als negativ empfunden wird (intolerance for ambiguity) und erst nach Eintritt einer weiteren Entscheidung geklärt werden kann.

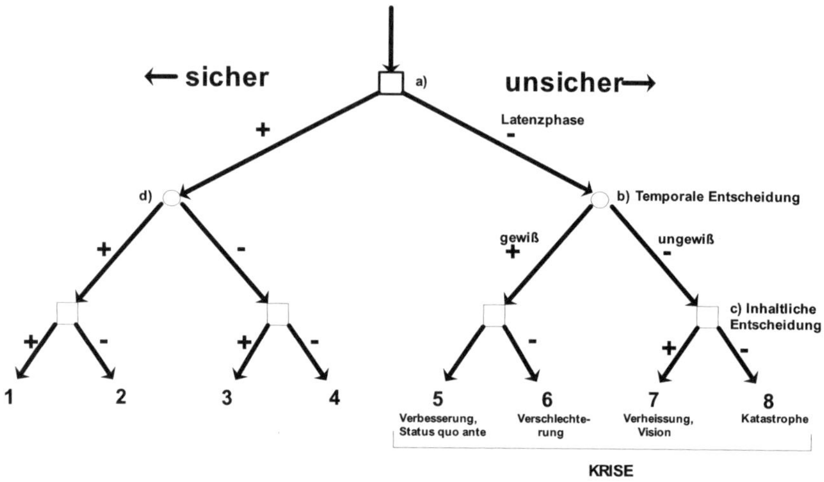


*Abbildung 3*: Krise als negative Latenz von Entscheidung (eigene Darstellung)

Diese zweite Entscheidung lässt sich analytisch auseinander ziehen in eine temporale Entscheidung (b, wann endet die Ungewissheit?) und in die dazugehörige inhaltliche Entscheidung (c), die im einfachsten Fall wieder binär (positiv versus negativ) ausfällt[1]. Die in Abb.1 skizzierten vier möglichen Lösungen einer Krise finden sich jetzt in Abbildung 3 modifiziert als vier Ereignisrealisationen aus drei Entscheidungen, deren erste notwendig einen Negativwert (Unsicherheit) besitzt. Typen von Ereignissen mit Latenzphase sind im übrigen unter anderem Namen bekannt, z. B. als Ereignisfolge mit der Struktur Aktion-Reaktion oder Thesis-Antithesis oder auch Typen des Controlling (Abweichung und Regelung). Typisch ist, dass die Krise nur auf der Negativseite auftreten kann.

Krisen besitzen charakteristischer Weise eine vierfache Ungewissheit: 1) wann treten sie auf, 2) was ist die Ursache, 3) wann enden sie und 4) auf welchem Niveau enden sie? Das klassische Beispiel für die Krise ist die Krankheit, die eines Tages plötzlich beginnt (1), aus Gründen, die unbekannt sind (2), wo ungewiss ist, wie lange sie dauern wird (3) und ob sie zur Genesung führen oder aber in der Katastrophe (tödlich) enden wird (4). Krisen können sich auf Personen, auf Organisatio-

1 Es ist gut vorstellbar, dass hier statt zwei sogar drei Alternativen notwendig sind (in Abbildung 3 also die Positionen a) Verbesserung, b) Status quo und c) Verschlechterung) und damit eine in der Systemtheorie geforderte mehrwertige Logik, wie sie auch für ganz andere Phänomene, etwa die Befragung (ja, nein, weiß nicht) diskutiert wird (vgl. dazu statt anderer Knebel 1970: 8 ff.). Die klassische zweiwertige Logik wäre dann nur die seit Aristoteles eingeführte Vereinfachung, die die dritte Alternative kategorisch eliminiert („Tertium non datur").

nen und auf gesellschaftliche Teilsysteme beziehen und sie haben neben der zeitlichen Komponente eine sachliche und/oder soziale Komponente. In der *sachlichen* Dimension wird eine Krise durch Begriffe wie *Störung* oder *Problem* beschrieben und die Unvorhersehbarkeit kann im besten Fall durch vage Anzeichen entschärft werden.

Die sachliche Dimension erzwingt in der Regel die Einführung einer *sozialen* Dimension, die Schuldfrage wird, analog zur Zuschreibung von Erfolg, stets einer verantwortlichen Person, im Zweifelsfall aber einer willkürlich verantwortlich gemachten Person (Sündenbock) angehängt. Daneben ist es auch denkbar, dass die Krise direkt von einer Person ausgeht, deren verfehltes Handeln oder Entscheiden zur Krise führt, die dann irgendwann sichtbar wird. Dieser Typ wird gern mit Begriffen wie *Skandal* oder *menschliches Versagen* belegt. Der Beginn einer Krise kann durch einen *Konflikt* ausgelöst werden, dessen Beilegung misslingt und dann unmittelbar die Krise einleitet – weil man nicht weiß, ob die Beilegung gelingt.

In beiden Fällen spiegelt sich der Beginn der Krise in der temporalen Dimension auch darin, dass Ungewissheit teuer ist (weil sie ein geordnetes Handeln unmöglich macht), in eine Verknappung von Zeit einmündet – was die Kosten nochmals erhöht – und daher strikt negativ bewertet wird: Alles fürchtet um den Ausgang der Krise, jeder wünscht deren Ende so schnell wie möglich herbei.

Wir können daher abschließend definieren: Eine Krise ist eine Unterbrechung eines geordnet verlaufenden Prozesses resp. einer Gewohnheit, deren 1) Zeitpunkt des Eintretens, 2) deren Ursache, 3) deren Dauer und 4) deren Verlauf ungewiss ist und daher eine reale *Gefahr* darstellt. Zu deren Bewältigung ist ein Handeln und Entscheiden unter Ungewissheit erforderlich, deren Effektivität in der Krise nicht sicher abschätzbar sind (vgl. Merten 2005b).

Während aber ein *Risiko* die Wahrscheinlichkeit des Eintretens einer Gefahr darstellt, ist bei einer *Krise* diese Gefahr bereits eingetreten und bleibt bis zur Beendigung der Krise präsent. Daher handelt es sich bei einer Krise nicht um Risikokommunikation (Kommunikation *möglicher* Gefahr), sondern um Krisenkommunikation (Kommunikation bei *eingetretener* Gefahr). Die Krise ist daher eine gefährliche Zeitstrecke und die Gefahr ist, anders als beim Risiko, *real* vorhanden, so dass Krisen generell negativ auffällig sind.

Man könnte daher auch anders definieren: Eine Krise ist eine Latenzphase mit negativem Besatz, die durch zwei Entscheidungen begrenzt wird, deren jede hinsichtlich des Zeitpunktes ihres Eintritts und ihres Inhalts ungewiss ist. Abstrakter gesprochen handelt es sich bei der Krise um die Kopplung zweier Veränderungen: Das auslösende Ereignis (die erste Veränderung) ist in der Regel weder vorhersehbar noch steuerbar, es erreicht die Öffentlichkeit, wird auf Grund eben dieser Veränderung berichtenswert und dies umso mehr, als diese Veränderung stets mehr oder minder stark negativ konnotiert ist: Die Krise etabliert sich als Problemfall, von dem man hofft, dass er irgendwann und irgendwie so oder auch anders gelöst wird und dies am besten schnell, ohne fremdes Zutun, ohne viel Aufhebens und möglichst störende Öffentlichkeit.

Veränderung bedeutet dabei aber auch die Verletzung einer Gewohnheit und eine Krise ist zudem eine initiale Differenz, die ungefragt und ungeplant die Öffentlichkeit erreicht und dort weitere Veränderungen einfordert. Sie folgt damit exakt dem von Bateson (1981: 25 u. 408) formulierten differenztheoretischen Prinzip, wonach Differenzen Differenzen erzeugen.

Die zweite Veränderung ist im ursprünglichen, klassischen Verständnis ebenfalls unsicher, weil sie so oder auch anders ausfallen kann. Im Gegensatz zur ersten Veränderung aber erlaubt sie wegen der Latenzphase in begrenztem Umfang proaktive, bewusste und planbare Eingriffe und dies vor allem durch Kommunikation.

## 2 Krise und Kommunikation

Viele Krisen regeln sich von selbst und vertragen keinerlei Eingriff von außen. Andere, vor allem globale Krisen, erfordern ein weit vorausschauendes Handeln mit hohem materiellen Aufwand. Von den meisten Krisen aber wird angenommen, dass sie durch Kommunikation wenn nicht gelöst so doch minimiert werden können.

Krisen als Ereignisse mit Latenzphase erzeugen Unsicherheit und damit Information. Sie machen auf den kommenden Ausgang des Ereignisses aufmerksam und denselben dadurch berichtenswert und dies umso mehr, je unsicherer und je relevanter der Ausgang des Ereignisses in der Öffentlichkeit angesehen wird. Dimensionen dafür sind vor allem der mögliche Schaden, die Größe und Bedeutung der davon betroffenen Zielgruppe sowie die zu vermutende Wahrscheinlichkeit, dass ein Schaden eintreten wird. Der Krisenfall zeichnet sich ferner dadurch aus, dass der erste Schaden bereits eingetreten ist und dass die Geschwindigkeit, mit der die Krise vorwärts schreitet, groß[2] oder aber unbekannt – in beiden Fällen also bedrohlich – ist. Schließlich kann man die Etikettierung einer Ereignisfolge mit Latenzphase als „Krise“ selbst als Krisenverstärker deuten, weil sie unter angebbaren Randbedingungen die Qualität einer self-fullfilling prophecy entfalten kann.

### *2.1 Zum Nachrichtenwert von Krisen*

Eine Krise ist stets ein *aktueller* Vorgang, der die unmittelbare Aufmerksamkeit der Medien auf sich zieht. Das erkennt man sehr deutlich schon an den ersten Zeitun-

2 Typisch für Ungewissheiten ist ja, dass das Individuum aus anthropologischen Gründen stets den schlimmsten Fall annimmt und die Medien die Negativität dieser Ungewissheit aus guten Gründen überhöhen.

gen, die wegen ihres begrenzten Umfangs nur die aktuellsten Geschehnisse annotieren konnten. Berichtet wurde bevorzugt über Kriege, Hungersnöte, Pest und den Antichrist: „Ritter, Tod und Teufel" waren die personifizierten Krisenbringer.

Genauer: *Aktualität* erfordert sowohl Information (Überraschung, Veränderung) als auch Relevanz, wobei letztere etwa über die Zahl der von einem Ereignis betroffenen Menschen, das Ausmaß des dadurch erzeugten Schadens oder der Bedrohung und die Unmittelbarkeit bzw. die Fristigkeit der erwartbaren negativen Folgen zu messen ist (vgl. Merten 1973). Beide Variablen sind zentrale Krisenvariablen. Krisen passen daher hervorragend in das Aktualitätsraster der Medien hinein, weil sie a) unvorhersehbar (hochinformativ) sind und weil sie b) eine garantierte Relevanz (in der sachlichen Dimension) besitzen.

Zum anderen erzeugt die Ungewissheit der Krise und die stets mitgeführte Frage nach der persönlichen Zurechenbarkeit (der Skandalfaktor) ein anhaltend starkes öffentliches Interesse, das gemeinhin als „Neugier" gehandelt wird und garantiert, dass eine weitere Berichterstattung über die jeweilige Krise öffentlich stets honoriert wird – und deshalb auch stattfindet (vgl. Kepplinger 2005).

## 2.2 *Krisen in der Mediengesellschaft*

Zu Beginn des dritten Jahrtausends künden sich rigide Entwicklungen von globalem Ausmaß an, die die Zukunft massiv verändern werden: Nichts wird mehr sein, wie es einmal war. Insbesondere gilt:

1. Zwar beschleunigt der technologische Fortschritt auch im dritten Jahrtausend noch immer. Doch das bisherige lineare Muster des „Mehr, größer, schneller" weicht einem neuen Muster vielfältiger Differenzierung und weitaus höherer Komplexität, denn gesellschaftliche Differenzierung ist längst selbst Gegenstand von Differenzierung und erlaubt nun geradezu paradox erscheinende Prozesse, etwa Entwicklungen in eine bestimmte Richtung hin und simultan Entwicklungen in deren exakte Gegenrichtung: Ein ‚Mehr' kann nun unverfänglich neben einem ‚Weniger' stehen. Abgrenzung und Vernetzung oder die Aufweichung und gleichzeitige Verschärfung des Wahrheitsbegriffs sind dafür bekannte Beispiele.
2. Am Horizont globaler Entwicklung zeigen sich unbarmherzig die Menetekel der Endlichkeit: Rohstoffe und Energien, aber auch immaterielle Güter wie Aufmerksamkeit, Zeit und Kommunikation werden knapp. Dagegen prosperieren die Risiken, die sich vor allem in der zunehmenden Instabilität politischer und wirtschaftlicher Struktur manifestieren: Symptome erwartbarer Krisen nehmen unübersehbar zu. Den fetten zweitausend Jahren abendländischen Wohlstands folgen nun magere Jahre riskanten Daseins und allfälliger

Krisen: Kulturkrisen, Staatskrisen, Ölkrisen, Ökologische Krisen, Vertrauenskrisen und Glaubenskrisen haben Konjunktur, Gewissheiten lösen sich auf. Auf der anderen Seite zeigen sich erstmals in der Geschichte der Menschheit Zäsuren: Grenzen ökologischer Gunst, Grenzen wirtschaftlicher Prosperität und sozialer Sicherheit, die durch die mittlerweile eingetretene globale Verknappung von Ressourcen aller Art markiert sind. Die Überflussgesellschaft ist zur Risikogesellschaft mutiert (vgl. Beck 1986) und diese Zäsur wird offenbar durch eine weitere Zäsur, nämlich die Entwicklung der Mediengesellschaft verdeckt.

3. Der im 20. Jahrhundert – spät und überraschend, aber dann geradezu unaufhaltsam – einsetzende Bedarf für mehr Kommunikation hat das Kommunikationssystem nicht nur zum führenden Teilsystem erklärt, sondern die gesamte Gesellschaft in einem Ausmaß verändert, das den Begriff „Mediengesellschaft" allemal rechtfertigt. Gleichwohl stößt auch die Kommunikation mittlerweile an Grenzen, die durch den zu treibenden hohen Aufwand und die Knappheit an Aufmerksamkeit definiert sind.

Das Auftreten von Krisen wird mithin gerade in der *Mediengesellschaft* zunehmen, also in einer Gesellschaft, die neben der ‚realen' Wirklichkeit (deren Radius durch das persönliche Erleben des Rezipienten definiert ist) eine durch die Beobachtung der Medien entstehende fiktionale Wirklichkeit besitzt (deren Radius auf ‚Welt' eingestellt ist), derart, dass beide in ihrem Zusammenwirken eine dritte, aktuelle Wirklichkeit erzeugen (vgl. Abb. 4).

Alles Handeln von gesellschaftlichen Teilsystemen, Organisationen und Personen kann nun als kommunikatives Handeln abgebildet bzw. in kommunikatives Handeln transponiert werden. Und weil diese Transposition ins Fiktionale grundsätzlich einfacher, schneller und wirksamer zu bewerkstelligen ist, kann sie das eigentliche Handeln tendenziell substituieren, kann die Funktion einer generalisierten *Stellvertretung* für alle Relevanz erfüllen und gewinnt dadurch eine bis dato unbekannte sekundäre Relevanz. Oder umgekehrt: *Was nicht in den Medien ist, kann nicht relevant sein.* Bedeutsam dabei ist, dass die mediale Kommunikation von Relevanz fiktional bleibt und nur im Ausnahmefall eine valide, überprüfbare Referenz auf real erlebbare Wirklichkeit besitzt.

Auch vermögen fiktionale Ereignisse nun reale Ereignisse außer Kraft zu setzen, so dass die Feststellung von Wahrheit latent zur Disposition steht. Dies tangiert soziale Gewissheiten und vergrößert kollektive Ängste aller Art: Ungewissheiten in der Mediengesellschaft nehmen – trotz des erklärten Anspruchs auf Aufklärung – rapide zu, so dass auch Zahl und Art von Krisen zunehmen werden. Hinzu kommt die erwartbare Vermehrung von Krisen auf Grund wachsender globaler Risiken.

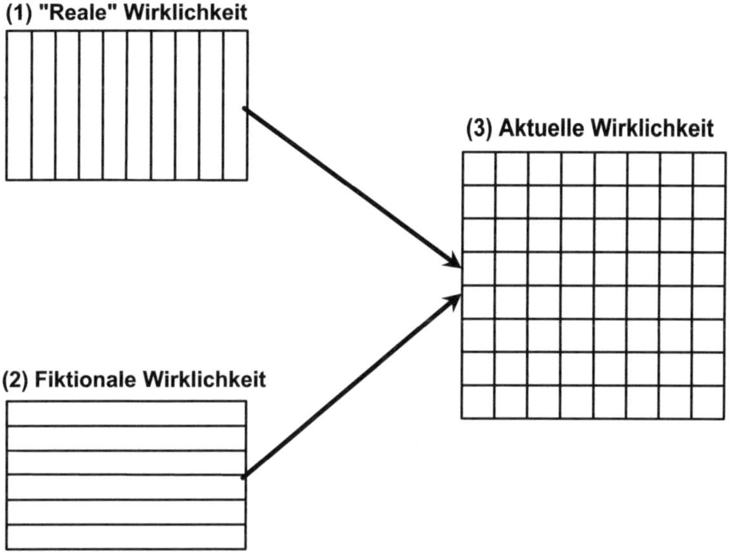


*Abbildung 4*: Drei Wirklichkeiten (eigene Darstellung)

## 2.3 *Krisenkommunikation*

Krisen haben einen hohen Aktualitätswert und sind daher für die Medien allemal berichtenswerte Ereignisse. Von daher gilt für die Krisenkommunikation die zentrale Regel, berichtenswerte negative Information, also Ungewissheiten aller Art und die daran anknüpfende spekulative Berichterstattung, unter allen Umständen zu minimieren – vor allem durch wahrheitsbasierte Kommunikation mit den relevanten Öffentlichkeiten (vgl. instruktiv Laumer/Pütz 2006: 65 ff.).

Für die Krisenkommunikation hat sich ein Arsenal von Regeln und Erfahrungen ausgebildet, das Eingang in die Vielfalt der Krisenpläne gefunden hat und das in der einfachen Faustformel gipfelt, im Krisenfall schnell, eindeutig und wahrhaftig zu kommunizieren und an der Mutter aller Krisenkommunikation, am Fall Brent Spar, fast schon rituell durchdekliniert wird (vgl. vor allem Baerns 1996; Deutsche Shell 1995; Hecker 1997; Johanssen 1998 und Scherler 1996). Das mag im Regelfall durchaus richtig sein; doch gerade deshalb genügt diese Regel paradoxerweise im Krisenfall nicht, denn gerade die Krise ist ex definitionem eine Situation höchster Ungewissheit, die kategorisch ausschließt, dass vorab ein Regelfall überhaupt erkennbar ist. Zudem mehren sich die Hinweise, dass angesichts der zunehmenden Zahl und Schwere von Krisen solche Vereinfachungen heute immer weniger zureichen und tendenziell durch einen differenzierteren Umgang mit Krisen zu ersetzen sind – und dies in dreierlei Hinsicht/aus drei Gründen:

### 2.3.1 Anpassung an höhere situationale Komplexitäten

Die Vorstellung von der Wahrhaftigkeit aller Kommunikation im Krisenfall orientiert sich deutlich an der journalistischen Perspektive. Diese fordert Klarheit und Wahrheit, aber sie zögert im Zweifelsfall nicht, kommunizierte Klarheit und Wahrheit als Eingeständnis für Schuld zu werten oder als Einfallstor für weitere unangenehme Berichterstattung zu nutzen. Doch alle Kommunikation zwischen Organisationen (Unternehmen) und dem Mediensystem hat *zwei* Seiten: Die unbedingte Perspektive der Unternehmenskommunikation ist es, den Nutzen des Unternehmens zu mehren und Schaden von ihm abzuwenden. Uneingeschränkte Wahrheit kann also für ein Unternehmen extrem teuer werden. Das bedeutet, dass die Unternehmenskommunikation auch in einer Krise nicht einfach ihre Prinzipien der Vertraulichkeit und Verschwiegenheit fluten kann, sondern situationsadäquat agieren muss. Zu diesen Prinzipien gehört die Rollenschottung zwischen Journalisten und den Vertretern der Unternehmenskommunikation und die Aufrechterhaltung einer geordneten Kommunikationsstruktur, die Kocks (1998) als „Dramaturgie" bezeichnet.

Genauer: Rollenschottung zwischen Journalismus und PR heißt nicht Freund-Feind-Denken, sondern den erklärten Konsens zur Akzeptanz dissenter Interessen auf beiden Seiten zu bejahen und zu bekräftigen. Journalisten wissen in der Regel sehr gut, dass die Unternehmenskommunikation nicht die Interessen der Journalisten verfolgen darf – und sie respektieren dies, wenn sie sicher sein können, dass sie in der Sache adäquat informiert werden. Auf dieser Ebene kann sich ein wechselseitiges Vertrauen einstellen, das beileibe nicht zu verwechseln ist mit einem kommunikativen Offenbarungseid und das der Unternehmenskommunikation genügend Spielraum für ihre Zwecke belässt: So ist das von Kocks (1998: 134 ff.) berichtete Beispiel der gezielten Kommunikation einer Rückrufaktion von VW-Golf Sondermodellen ein Kabinettstück listiger, aber eben nicht hinterlistiger Unternehmenskommunikation: Wie sage ich den Medien, dass ich (noch) nichts zu sagen habe und verhindere gleichwohl, dass die Medien anfangen, auf meine Kosten zu spekulieren? Antwort: Durch eine rechtzeitige „Definition der Situation", indem ich z. B. sage „Anfängliche Vermutungen zur Fehlerursache [haben sich] nicht bestätigt" (Kocks 1998: 134) und damit allfälligen journalistischen Deutungen erst einmal den Boden entziehe.

Leider gibt es bislang keine Sammlung und Aufarbeitung solcher und anderer Argumente, die in eine Theorie zur „definition of the situation" (Thomas 1965: 29) unter der Bedingung fehlender Information einmünden und eine komplexe und praxisnahe Krisenkommunikation begründen könnten.

### 2.3.2 Die Eigendynamik von Kommunikation

Aus der systemischen Kommunikationstheorie lässt sich bindend ableiten, dass Kommunikation eben nicht das macht, was wir wollen, sondern das, was die Kommunikation will. Kommunikation ist zudem, entgegen einem liebgewordenen Verständnis, gerade nicht das probate gesellschaftliche Allheilmittel für Probleme aller Art, sondern entfaltet stets ein auf Fortsetzung angelegtes Eigenleben, das bei mangelnder Kontrolle durchaus kontraproduktiv agiert und dadurch Krisen allergrößten Ausmaßes selbst hervorbringen kann: „Lassen Sie Ihre Kommunikation niemals unbeaufsichtigt!" wäre daher längst eine weitaus bessere Maxime für Krisenkommunikation (vgl. Merten 2006).

Verstärkt wird dieser Effekt durch die von den Medien permanent erzeugten fiktionalen Wirklichkeitsentwürfe, die längst das Potenzial besitzen, Krisen herbei zu kommunizieren. Den frappierenden Beweis dafür lieferte bereits die Ölkrise des Jahres 1973:

> „Die Ölkrise […] war weniger eine Krise im Wirtschaftssystem als eine Krise im Kommunikationssystem, die sich auf das Wirtschaftssystem auswirkte. Sie bestand nicht in einem Mangel an Energie, sondern in einem Mangel an sachgerechten Informationen, der durch negative Spekulationen kompensiert wurde und dadurch genau jenen Zustand provozierte, den man vermeiden wollte" (Kepplinger 1978: 351).

Der Fall Brent Spar hat genau diese Möglichkeit in großem Stil und in aller Öffentlichkeit bestätigt und wird seitdem als eherner Kronzeuge misslungener Krisenkommunikation vielfach zitiert (vgl. statt anderer etwa Baerns 1996; Deutsche Shell 1995; Hecker 1997; Johanssen 1998 und Scherler 1996).

Die konfliktlösende Rolle von Kommunikation wird zudem gern beschworen mit gutgemeinten Weisheiten wie „Solange man miteinander redet, muss man nicht aufeinander schießen". Das klingt gut. Aber es verdeckt die Tatsache, dass allen größeren und großen Konflikten stets der gleiche, entscheidende Konflikt vorausgeht: misslingende Kommunikation.

### 2.3.3 Die Veränderung von Regeln und Erfahrungen

Wir wissen weiterhin, dass die Medien nicht nur einen wichtigen Agenten des sozialen Wandels stellen, sondern an vorderer Stelle selbst Gegenstand sozialen Wandels geworden sind. Auch diese Struktur verweist, wenn auch in ganz anderer Hinsicht, auf das gleiche Phänomen: Agenten sozialen Wandels unterliegen dem sozialen Wandel selbst, das Mediensystem nimmt auf das Mediensystem Einfluss, indem es sich autologisch verhält und seine Beobachtungen auch auf sich selbst ausdehnt. Und es gilt: Alles, was wir wissen, wissen wir aus den Medien (vgl. Luhmann 1995: 9).

Mit anderen Worten: Die sprunghafte Vergrößerung allen Wissens – Tendenz: ungebrochen steigend – bedingt notwendig auch die simultane Entwertung bisherigen Wissens und bisheriger Erfahrungen im großen Stil. Wir wissen längst, dass die soziale Halbwertzeit von Wissen – dies gleichsam als konstanter Indikator für Veränderung – unwiderruflich abnimmt und auch dies offenbar in einem akzelerierenden Modus. Das gilt insbesondere für unser Wissen über die *Wirkungen* von Kommunikation. Denn Wirkungen von Kommunikation sind selbst als Typ von Veränderung definiert und beginnen, gleichsam unter unseren Augen, sich stetig beschleunigend zu verändern (vgl. Merten 1999: 392 ff.).[3]

Die vergleichsweise junge Disziplin der Krisenkommunikation hat also nicht einmal mehr Zeit, einen Kumulus von Regeln und Erfahrungen für den Umgang mit Krisen auszubilden, sondern muss sogleich versuchen, deren mutmaßliche Veränderungen nach Umfang und Richtung mitzubilanzieren. Im Resumee heißt das für alle Krisenkommunikation, die ja schon durch die in der Krise stets fehlende Zeit unter ungewöhnlichen Entscheidungsdruck gerät, dass sie vor allen anderen Typen von Kommunikation mit Abstand die größten Anforderungen stellt und dass diese unbarmherzig zunehmen werden.

## 2.4 *Change Management als Krisenmanagement*

Es ist aus heuristischen Gründen stets erhellend, nach den kleinsten Einheiten von komplexen Gebilden zu fragen.[4] Stellt man diese Frage in Bezug auf Krisen, so wird man überrascht feststellen, dass dann jede Veränderung eine Krise bedeuten kann und dies selbst dann, wenn die Negativität der Latenzphase nicht, wie in der obigen Definition verankert, betont wird. Denn allein die Ungewissheit, die mit jeder Veränderung verbunden ist, wird – schon aus anthropologischen Gründen –

3 Die Folgen lassen sich derzeit schon bei der Medienpädagogik beobachten: Die Ausarbeitung sinnvoller Konzepte und deren Erprobung für den Umgang mit dem Fernsehen benötigt eine längere Zeit. Wenn das jeweilige Konzept dann vorliegt, ist es tendenziell bereits überholt, weil neue Medien (etwa: Video, Internet) das gesamte Medienverhalten – gerade von Jugendlichen – völlig neu strukturieren und ein neues Konzept verlangen.

4 Für die Physik hatte diese Frage die Entstehung der Atomphysik zur Folge, für die Biologie führte dies auf die Entstehung der Gentechnik, für die Theorie sozialer Systeme führte dies auf die Erkenntnis, dass alle sozialen Gebilde bis hin zur Weltgesellschaft auf Kommunikationsprozesse gegründet sind: Was das Gen für den Organismus ist, das ist die Kommunikation für Organisationen. Vgl. dazu instruktiv Luhmann 2003: 78 ff.

vorbeugend mit einem Negativwert belegt. Die klassische interne Kommunikation ist, verkürzt gesagt, der Prozess, mit dem alle Identität gebildet, alle Philosophie eines Unternehmens gelebt, alle „Corporates" ins Leben gerufen werden. Jede Veränderung oder gar Bedrohung dieser Corporates ruft folgerichtig eine Krise auf den Plan: Bei mergers & aquisitions, bei unternehmensbedingtem Strukturwandel, bei Entlassungen von Mitarbeitern, Absatzflauten und Skandalen. Von dieser Perspektive aus ist es nur noch ein Schritt bis zum permanenten Change Management, das von der o.a. Akzeleration des sozialen Wandels – wie hätte es denn auch anders sein können? – ebenfalls in Mitleidenschaft gezogen wird. Nicht mehr die Konstanz ist konstant, sondern der Wandel; der Gegensatz von „Permanence and Change" (Burke 1961) mutiert zur dialektischen Symbiose des „permanent change".

Oder anders: Was hier zuvor theoretisch avisiert wurde, das ist für das Change Management längst Realität: Die Krise wird zum Normalfall. Galt sie bislang als dynamischer Ausnahmefall, der die statische Regel bestätigt, so tut man längst gut daran, Krisen als Regelfall zu betrachten und sich auf ein komplexeres und radikaleres Denken einzustellen. Liebgewordene Konzepte erweisen unter dieser Perspektive als hoffnungslos veraltet. So haben Deekeling/Börsch (2003) im Rahmen des Change Management das Konzept der Corporate Identity längst mit einem Verfallsdatum versehen: Es ist sozusagen bereits veraltet, wenn es implementiert wird und dürfte möglicherweise sehr bald von einem Identitätsbegriff abgelöst werden, der auf Identity Change basiert ist und ein Identity Management fordert, also einen Typus von permanenter Krisenkommunikation.

Das aber heißt: Change Communication kann aus den Erfahrungen der Krisenkommunikation lernen wie umgekehrt die Krisenkommunikation möglicherweise aus dem Erfahrungsbestand von Change Communication lernen kann.

## 3 Resümee

In dem Maß, wie Medien sich zu prominenten Agenten des sozialen Wandels mausern, nimmt die Akzeleration des sozialen Wandels zu. Krisen verlieren ihren Ausnahmezustand und werden zur Regel, sie ersetzen den Bestand durch die Veränderung des Bestandes. Konnte noch 1932 der „Mangel an Vertrauen" von Karl Jaspers (1979: 73) als Ursache für die Zunahme von Krisen verantwortlich gemacht werden, so wissen wir heute, dass es die schlichte Beschleunigung des sozialen Wandels ist, die hier wirksam wird. Genauer: Der soziale Wandel ist selbst Gegenstand des sozialen Wandels geworden. Was das heißt und was daraus folgt, kann an dieser Stelle nicht ausreichend gewürdigt werden.

Doch schon eine Generation später, 1965, beschreibt der Sozialpsychologe William I. Thomas den Begriff der Krise nicht mehr moralisierend als Vertrauensschwund, sondern sehr viel moderner als ein Ereignis, das sich täglich ereignen kann und daher auch alltäglich wird:

> „Eine Krise ist eine Drohung, eine Herausforderung, eine Beanspruchung der Aufmerksamkeit, ein Ruf nach neuem Handeln. Sie braucht aber nicht immer akut oder extrem zu sein: ‚Selbstverständlich kann eine Krise so ernst sein, dass sie den Organismus tötet oder die Gruppe zerstört; sie mag auch zu Fehlschlägen oder Verschlechterungen führen. Aber so wie ich den Begriff verwende, braucht sie nicht unbedingt heftig und gewaltsam zu sein. Sie ist einfach eine Störung der Gewohnheit und unter Umständen nicht mehr als ein Zwischenfall, eine Erregung, eine Anregung" (Thomas 1965: 27).

Die Krisenkommunikation von Unternehmen muss dieser Entwicklung Rechnung tragen. Sie muss situationsspezifischer und variationsreicher gestaltet werden. Zudem ist Kommunikation keinesfalls das viel beschworene Allheilmittel oder der Freund, der stets hilft, sondern eher ein störrisches und eigensinniges Instrument, das niemals unbeaufsichtigt bleiben darf. Darüber hinaus signalisieren die hier zusammengetragenen Überlegungen, über die Praxis des Krisenfalls hinaus, den Bedarf für eine anspruchsvollere Theorie der Krisenkommunikation: Die Differenztheorie wirft ihre Schatten voraus.

## Literatur

Baerns, Barbara/Klewes, Joachim (1996): Fehlfunktion im Mediensystem. Brent Spar und die Medien. In: Sage & Schreibe, Nr. 2, 20–21.

Bateson, Gregory (1981): Ökologie des Geistes. Frankfurt: Suhrkamp.

Beck, Ulrich (1986): Risikogesellschaft. Auf dem Weg in eine andere Moderne. Frankfurt am Main: Suhrkamp.

Burke, Kenneth (1961): The Rhetoric of Religion. New York: Beacon.

Deekeling, Egbert/Fiebig, Norbert (1999): Interne Kommunikation. Erfolgsfaktor im Corporate Change. Wiesbaden: Gabler.

Deekeling, Egbert/Börsch, Oliver (2003): Identity Management – Die große Herausforderung im Corporate Change. In: Bentele, Günter/Piwinger, Manfred/Schönborn, Gregor (Hrsg.): Kommunikationsmanagement (Loseblattsammlung). Neuwied: Luchterhand, Kap. 1.18, 1-16.

Deutsche Shell (1995): Die Ereignisse um Brent Spar in Deutschland. Hamburg: Als Man. verv. Deutsche Shell.

Hecker, Silke (1997): Kommunikation in ökologischen Unternehmenskrisen. Der Fall Shell und Brent Spar. Wiesbaden: Deutscher Universitäts-Verlag.

Jaspers, Karl (1979): Die geistige Situation der Zeit. Berlin, New York: De Gruyter (11932).

Johanssen, Klaus-Peter (1998): Betrachtungen zu einem Krisenfall [„Brent Spar"]. In: Public Relations Forum, 4. Jahrgang, Nr. 3, 169–172.

Kepplinger, Hans Mathias (1978): Kommunikation in der Ölkrise des Winters 1973. Ein Paradigma für Wirkungsstudien. In: Publizistik, 23. Jahrgang, 337-356.

Kepplinger, Hans Mathias (2005): Die Mechanismen der Skandalisierung. München: Olzog.

Knebel, Hans-Joachim (1970): Ansätze zu einer soziologischen Metatheorie subjektiver und sozialer Systeme. Stuttgart: Enke.

Kocks, Klaus (1998): PR-Krisen durch Krisen-PR? In: Merten, Klaus/Zimmermann, Rainer (Hrsg.): Das Handbuch der Unternehmenskommunikation. Köln u. a.: Verlag Deutscher Wirtschaftsdienst, Luchterhand, 134–140.

Laumer, Ralf/Pütz, Jürgen (Hrsg.) (2006): Krisen-PR in der Praxis. Wie Kommunikations-Profis mit Krisen umgehen. Münster: Daedalus.

Luhmann, Niklas (1975): Soziologische Aufklärung II. Opladen: Westdeutscher Verlag.

Luhmann, Niklas (1995): Die Realität der Massenmedien. Opladen: Westdeutscher Verlag.

Luhmann, Niklas (2003): Einführung in die Systemtheorie. Darmstadt: Wissenschaftliche Buchgesellschaft.

Merten, Klaus (1973): Aktualität und Publizität. In: Publizistik, 18. Jahrgang, 216-235.

Merten, Klaus (1999): Einführung in die Kommunikationswissenschaft. Bd. I: Grundlagen. Münster/Berlin/London: Lit Verlag.

Merten, Klaus (2004): Zur Ausdifferenzierung des Mediensystems am Beispiel von Journalismus und PR. In: Raupp, Juliana/Klewes, Joachim (Hrsg): Quo Vadis Public Relations? Wiesbaden: VS Verlag für Sozialwissenschaften, 17-29.

Merten, Klaus (2005a): Zur Ausdifferenzierung der Mediengesellschaft: Wirklichkeitsmanagement als Suche nach Wahrheit. in: Arnold, Klaus/Neuberger, Christoph (Hrsg.): Alte Medien – Neue Medien. Festschrift für Jan Tonnemacher. Wiesbaden: VS Verlag für Sozialwissenschaften, 21-39.

Merten, Klaus (2005b): Begriff, Struktur und Funktion von Krisen. In: Neujahr, Elke (Hrsg.): SOS-Krise – souverän – orientiert – sicher: PR in schwierigen Zeiten. München: Meidenbauer, 17-34.

Merten, Klaus (2006): Nur wer lügt kann kommunizieren. In: Pressesprecher, 1/2006, 22-25.

Neujahr, Elke (2005) (Hrsg.): PR in schwierigen Zeiten: SOS-Krise: souverän – orientiert – sicher. München: Meidenbauer.

Pfannenberg, Jörg (2003): Veränderungskommunikation. Frankfurt: F.A.Z.-Institut.

Scherler, Patrik (1996): Kommunikation mit externen Anspruchsgruppen als Erfolgsfaktor im Krisenmanagement eines Konzerns. Erfahrungen aus dem Fall Brent Spar (Greenpeace vs. Shell). Basel: Helbing & Lichtenhahn.

Thomas, William I. (1965): Person und Sozialverhalten. Neuwied: Luchterhand.

# Nach der Krise ist vor der Krise – Beschleunigung der Krisenkommunikation

*Claudia Mast*

Eigentlich ist es schon erstaunlich: über kaum ein Thema ist in Theorie und PR-Praxis so viel geschrieben und geredet worden wie über das Kommunikationsmanagement in außergewöhnlichen Situationen (vgl. Stocker 1997; Fagerli/Johansen 2002). Anhand konkreter Fälle wurde dokumentiert, welche Handlungen in Krisensituationen erfolgreich oder weniger empfehlenswert sind (vgl. Fearn-Banks 2001; Töpfer 2006). Aber dennoch sind heute (immer noch) viele Organisationen nicht professionell auf mögliche Krisen vorbereitet. Auch in der PR-Theorie fehlen bislang überzeugende Theorieansätze, die die empirische Forschung stimulieren und der Praxis Denkanstöße liefern können.

Die Praxisliteratur ist meist deskriptiv und von individuellen Erfahrungen der jeweiligen Autoren geprägt. Dennoch sind auch in ihr vielfältige Hinweise auf Vorgehensweisen mit guten und schlechten Konsequenzen von Kommunikationsmaßnahmen zu finden (vgl. Wilmes 2006). Theoretische Überlegungen konzentrieren sich vor allem auf Versuche der Früherkennung von Risiken durch Issues Management (vgl. Liebl 2000) und die Analyse von Krisenverläufen, z. B. Themenkarrieren in der Berichterstattung, Krisenmanagement oder rechtliche Erwägungen. Die Autoren versuchen situative, krisentheoretische Ansätze zu entwickeln (vgl. Coombs 2006).

## 1 Welche Situation wird als Krise empfunden?

Definitionsprobleme, was denn eine Krise ist, bilden die Ouvertüre zu den theoretischen Problemen. Denn ob ein Ereignis oder eine Entwicklung als Krise definiert wird, hängt sowohl von den objektiven Gegebenheiten als auch von den subjektiven Interpretationen der Betroffenen – der Kommunikationsabteilung einer Organisation wie auch des Top-Managements – ab. Krisen sind auf jeden Fall unvorhergesehene und unklare Situationen, die die Reputation oder gar den Fortbestand einer Organisation in ihrer bisherigen Form in Frage stellen können. Krisen sind also sehr bedeutsame und schwierige Konstellationen, die die zukünftige Entwicklung einer Organisation beeinflussen und häufig sogar Wendepunkte darstellen können.

Kann sich eine vermeintlich harmlose Meldung in der Wirtschaftspresse zu einer Krise entwickeln? Hat ein kritischer Artikel oder Kommentar eines Journalisten die Kraft, auch andere Redaktionen zu überzeugen, das Thema aufzugreifen? Subjektive Einschätzungen der Organisationsvertreter spielen bei der Einschätzung eine wichtige Rolle, ob ein Ereignis oder eine Entwicklung „Stoff" für eine Krise enthalten bzw. ab wann eine Krise nicht mehr ignoriert werden kann. Zielkonflikte zwischen den Meinungen einzelner Personen (z. B. zwischen einem ehrgeizigen, Karriere bewussten oder einem erfahrenen, vor dem Ruhestand stehenden Verantwortlichen in der Kommunikationsabteilung), zwischen Verantwortungsbereichen (z. B. Public Relations versus Marketing, Kommunikationsbereich versus Juristen) und Hierarchieebenen (Kommunikationsabteilung und Top-Management) sind daher angelegt. Wie diese Entscheidungsprozesse ablaufen und welches Ergebnis sie produzieren, stellt letztlich einen wichtigen Einflussfaktor auf den Verlauf und die Auswirkungen einer Krise dar sowie auf die Möglichkeiten, verlorenes Vertrauen wieder zu gewinnen.

Letztlich stehen zwei Grundhaltungen zur Debatte: Die *offensive Kommunikationspolitik*, die sofort umgesetzt wird. Häufig wählen Organisationen aber erst nach einer Zeitperiode des Zögerns oder der Inaktivität diesen Weg. Zwar sind die Grundgesetze einer effizienten Krisenkommunikation in Theorie und Praxis gleichermaßen bekannt: *schnell* sein, *konsistent* und ohne Widersprüche mit einer Stimme sprechen und möglichst *offen*. Dennoch sieht die Kommunikationspraxis in vielen Fällen noch anders aus. Durch Zögern oder Schweigen baut sich ein Informationsvakuum auf, das andere Akteure füllen und Widersprüche in der Öffentlichkeit kosten Glaubwürdigkeit. Wenn sich Kommunikationsverantwortliche nicht gegenüber ihrem Top-Management durchsetzen, das für Schweigen oder Abwiegeln plädiert, übernehmen eben diese Geschäftsführungen ungewollt die Rolle des Eskalationstreibers in Krisensituationen.

Offensives Handling einer Krise geht von der Grundentscheidung aus, dass auch eine höchst unangenehme Situation emotional akzeptiert wird und die beteiligten Akteure Verantwortung für diesen Prozess übernehmen. Stocker (1997: 199) hat diese Haltung in ein einprägsames Wortspiel gefasst: „regret" (z. B. Bedauern über den Vorfall artikulieren), „resolution" (z. B. entschlossen Maßnahmen zur Lösung des Problems ergreifen), „reform" (z. B. Vorkehrungen zu treffen, um Wiederholungen zu vermeiden) und „restitution" (z. B. Wiederherstellung der guten Reputation oder Wiedergutmachungsaktionen).

Eine offensive Einstellung zum Umgang mit Krisen bedeutet, dass die Organisation möglichst rückhaltlos *über die Krise, ihre Ursachen und Folgen informiert*, d. h. es sollte deutlich werden, dass alle Verantwortlichen aktiv einen Beitrag zur Aufklärung der Krise leisten. Hinzu kommt, dass die Organisation deutlich machen sollte, dass alles Mögliche unternommen wird, um den Schaden von den Betroffenen abzuwenden und die negativen Auswirkungen einzudämmen. Dass eine Organisation und ihre Leitung auch Verantwortung für die nun kritische Situation übernimmt und Verantwortlichkeiten nicht verschiebt, sollte auch in angemessener

Weise für die Öffentlichkeit sichtbar werden. Das ist z. B. nicht der Fall, wenn die Geschäftsleitung erst Tage oder gar Wochen nach einem Unfall am Unglücksort eintrifft. Außerdem muss die Organisation deutlich machen, dass sie die Krise nicht als „Peanuts" oder ärgerlichen Zwischenfall einstuft, sondern als Chance für Verhaltensänderungen begreift. Was ändert sich im alltäglichen Verhalten – weil man aus dem Krisenfall lernt?

Wann ist bereits im Vorfeld einer Krise eine völlige Offenheit gegenüber der (Medien-)Öffentlichkeit unabdingbar? Dies sind vor allem Situationen,

- wenn Menschen in Gefahr sind und durch die Informationen rechtzeitig reagieren können (z. B. bei schwerwiegenden Produktfehlern),
- wenn die Gerüchte, die im Umlauf kommen oder sind, mehr Schaden anrichten als die offene Information, auch wenn sie Unangenehmes und Kritisches über eine Organisation offenbart,
- wenn eine Firma Fehler, die sie gemacht hat, oder defizitäre Leistungen, die sie erkannt hat, verbessern kann oder gar aus rechtlichen Erwägungen verbessern muss,
- wenn das Zurückhalten von Informationen (z. B. bei Investor Relations) gesetzlichen Regelungen oder eingeführten Gewohnheiten widerspricht.

Auch eine *defensive Kommunikationsstrategie* birgt Chancen und Risiken, die je nach Einzelfall sorgfältig gegeneinander abgewogen werden müssen. In den meisten Fällen werden jedoch die Nachteile überwiegen, da die Organisationen anderen Akteuren das Feld der Medienberichterstattung überlassen. Gerüchte, Kritiker oder selbst-berufene Experten sorgen für spektakuläre „Enthüllungen", Interpretationen und Stories, die den Schaden einer Krise vergrößern. Diese Kommunikationshaltung ist daher höchst riskant, da Imageverluste drohen und die Glaubwürdigkeit auf dem Spiel steht. Eine zurückhaltende Informationspolitik kann dann empfehlenswert sein, wenn Leben von Menschen zu schützen sind, die öffentlich erhobenen Vorwürfe nicht erklärt oder beseitigt werden können oder man sicher davon ausgehen kann, dass das Thema in den Medien keine Karriere machen wird – z. B. aufgrund von mehreren, gleichzeitig stattfindenden Berichtserstattungsthemen, die die Aufmerksamkeit der Redaktionen und des Publikums binden.

Allerdings – es gibt selten gute Gründe für eine defensive Kommunikationsstrategie in der Mediengesellschaft. Diese Strategie ist aber bei vielen Akteuren in den Organisationen sehr beliebt und wird daher häufig – mit fatalen Ergebnissen – ergriffen.

## 2 Die vielen Gesichter der Krisen

Jede Krise ist anders. Ob Schmiergeldaffären, Produktfehler, Terroranschläge oder Unglücksfälle – Krisen haben viele Gesichter und sind variabler geworden. Auch wenn eine hundertprozentige Vorbereitung für alle denkbaren Krisensituationen seitens der Organisation nicht möglich ist, heißt das noch lange nicht, dass nicht potenzielle Situationen (vom Best Case bis zum Worst Case) durchdacht und vorbereitet werden können. Krisenhandbücher und -abläufe sollten vorhanden und aktualisiert sein. Im Zeitalter des schnellen, grenzüberschreitenden Mediums Internet ist die Vorbereitung von Dark Sites und Medienbausteinen nützlich (vgl. den Beitrag von Köhler in diesem Band). Dies sind nur einige, beispielhafte Maßnahmen zur Krisenvorbereitung, die auch die mentale Einstellung aller Akteure in einer Organisation beeinflussen können. Wer sich im Vorfeld mit Krisenprävention beschäftigt, steht aktuellen Situationen weit aufgeschlossener gegenüber als derjenige, der Krisen als Seltenheit empfindet und hofft, dass sie ihn nicht betreffen. Es ist nicht die Frage, *ob* eine Krise eintritt, sondern nur *wann* und *welche.*

**Typen einer Krise**

- *Naturereignisse*
  Waldbrände, Stürme, Hochwasser u. a.
- *Intentionale Handlungen*
  Entführungen, Terroranschläge, Produktsabotagen u. a.
- *Ereignisse/Unfälle*
  Flugzeugabstürze, Autounfälle, Störfälle u. a.
- *Medienkrisen*
  Investigative Medienberichte, Medienkampagnen, Berichterstattung über Kritik, Probleme u. a.
- *Fehler, Mängel*
  Defizitäre Leistungen (z. B. Produkte), kritikwürdiges Handeln u. a.
- *Regelverstöße*
  Verstöße gegen Gesetze, kriminelles Handeln, Bruch von Verträgen und Abmachungen u. a.

*Abbildung 1*: Typen einer Krise (eigene Darstellung)

Unterscheiden kann man eine Vielfalt von Krisen, die entweder unmittelbare Folgen für Menschen und Organisationen haben können, oder auch sehr langfristige Auswirkungen. (vgl. Abb. 1). Naturereignisse treten meist sehr überraschend auf und betreffen inzwischen auch Unternehmen, die wenig vorbereitet sind (z. B. Hotels, Seilbahnen). *Intentionale Handlungen* einzelner Akteure fächern ein breites Spektrum von Situationen auf und können im Einzelfall eine völlige Informationssperre legitimieren. *Ereignisse/Unfälle* können jederzeit passieren und gehören zum

Pflicht-Bestandteil der Krisenvorbereitung durch Best-Case- und Worst-Case-Szenarien. *Medienkrisen* entstehen aus Recherchen von Journalisten, Veröffentlichungen von Kritik, Testberichten, Studien u. a. und beschränken sich keinesfalls nur auf Presse und Rundfunk, sondern werden immer häufiger über das Internet (Weblogs, Foren u. a.) verursacht. Natürlich führen *Fehler*, *Mängel*, Vergehen oder nicht akzeptiertes Handeln einer Organisation zu öffentlichen Wellen der Empörung. Eine wirklich ernste Krise für die Reputation eines Unternehmens produzieren *Regel- bzw. Gesetzesverstöße*.

Krisen können *plötzlich auftreten* oder sich *schleichend* entwickeln. Bei einer so genannten „Überraschungskrise" ist der Druck der Stakeholder und vor allem der Medien auf die Öffentlichkeitsarbeit innerhalb kürzester Zeit so extrem hoch (z. B. beim Unfall des Transrapid auf der Teststrecke), dass präventives Handeln meist nicht mehr möglich ist. Dadurch schlagen derartige Krisen meist mit voller Wucht auf das Image durch – vor allem, wenn sie auf unvorbereitete Kommunikationsabteilungen oder defensiv eingestellte Top-Manager treffen. Bei sich langsam entwickelnden Krisen nimmt die Intensität der öffentlichen Aufmerksamkeit im Laufe der Zeit hingegen bis zu einem Kulminationspunkt zu und ebbt erst dann – meist jedoch langsamer – ab. Deshalb gibt es einen – wenn auch kurzen – Handlungsspielraum vor und während der Krisenentwicklung. In diesem Zeitraum besteht noch die Chance, durch engagierte Kommunikation den Imageschaden abzufedern.

Allerdings verführen langsam anwachsende Krisen die Beteiligten, erst einmal abzuwarten. Je später sie dann in die öffentliche Diskussion einsteigen, desto höher wird die Barriere, die es zu überwinden gilt. Das Thema ist bereits vorstrukturiert, erste Akteure haben sich positioniert und Kritik wird meist schon laut. Angesichts dieser Konstellation entfaltet dann auch noch die defensive Kommunikationspolitik ihre volle Anziehungskraft auf die Akteure in der Organisation. Verursacht durch den Schock, dass sich eine Situation nun doch krisenhaft zuspitzt, aus Arroganz oder Unsicherheit wird zu lange geschwiegen und schlimmstenfalls sogar geleugnet, dass die Entwicklung kritikwürdig ist. Danach folgt die Rechtfertigung oder Erklärung aus der Defensive heraus. Meinungspositionen müssen aufgegeben werden und Sympathiewerte zerrinnen, wie Schnee in der Sonne. Zum Schluss bleiben nur noch die Entschuldigung und die Reparatur des Schadens übrig. Die Dynamik der Krise wird unterschätzt. Dabei kann – so die Lehrbeispiele – eine Krise auch als Chance für einen Neubeginn begriffen werden. Dies erfordert aber eine offensive Kommunikationspolitik, die Schritt für Schritt vorgeht:

1. Was ist das Problem? Schnelle Informationen über den Stand der bisherigen Erkenntnisse sind wichtiger als vollständige Aussagen.
2. Worte müssen Taten folgen. Maßnahmen zur Aufklärung des Problems, zur Problemlösung und Hilfen für die Betroffenen stehen im Mittelpunkt.

3. Was wird sich ändern? Nun geht es darum, der Öffentlichkeit und den Stakeholdern zu vermitteln, was getan wird, um derartige Krisen künftig zu vermeiden.
4. Welche Themen müssen besonders offensiv kommuniziert und „besetzt" werden? Konflikt- und Krisenpunkte werden aufgegriffen und neue Themen in die öffentliche Diskussion eingeführt. Schließlich müssen Images verbessert, Glaubwürdigkeit wiederhergestellt und ggf. Vertrauen zurück gewonnen werden.

Eigentlich ist es erstaunlich, dass viele, vor allem kleine und mittelständische Unternehmen sowie Organisationen in der Praxis (immer noch) nicht einmal in den Grundzügen professionell (aktuelle Krisenhandbücher, Task Force, Dark Sites, Medienbausteine u. a.) auf Krisen vorbereitet sind und auch aus vorangegangenen Situationen wenig lernen. Schließlich finden Krisen oder Skandale – so meinen sie – ja nur bei „Anderen" statt... Solche Kommunikationsbereiche fungieren im Ernstfall selbst als Eskalationstreiber und forcieren die Beschleunigung der Krisendiskussion, die sie selbst aber beklagen.

## 3 Eskalation durch Medienberichterstattung

Alle Krisensituationen sind auf ihre Weise einzigartig, meist höchst komplex und dynamischer Natur, d. h. sie verändern sich im Laufe der Zeit. Dennoch haben sie einige Charakteristika, die besonders offensichtlich werden, wenn eine Organisation nach einer Krise Bilanz zieht. Das Merkmal der *Überraschung bzw. Unerwartetheit*, d. h. eine Krise bricht meist plötzlich und unvermutet aus, wirft die Frage auf: Hat die Organisation Frühwarnsysteme installiert, die ihr Hinweise auf potentielle Risiken und Chancen im Vorfeld geben? Wie sensibel und aufgeschlossen sind die Akteure, um sich auf mögliche Krisensituationen vorzubereiten?

Das zweite Charakteristikum ist die *Unsicherheit bzw. ungenügende Information*, d. h. die jeweiligen Personen oder Organisationen müssen handeln, obwohl sie noch wenig über den konkreten Fall wissen bzw. manchmal auch im frühen Stadium einer öffentlichen Diskussion noch wenig tun können.

Das dritte Merkmal ist die *intensive, öffentliche Überprüfung* dessen, was in Krisensituationen gesagt und getan wird. Medien wirken hier wie Vergrößerungsgläser. Unsicherheiten von unvorbereiteten Geschäftsleitungen, Unsauberkeiten in der Wortwahl oder Ungereimtheiten werden von Journalisten besonders gewertet, wenn z. B. der Siemens Vorstandsvorsitzende eine 30-Prozent-Gehaltserhöhung für die Konzernvorstände verkündet und gleichzeitig Tausende von Arbeitsplätze der ehemaligen Handysparte des Unternehmens durch Insolvenz bedroht sind.

Das vierte Merkmal ist der schnelle Lauf der Ereignisse bzw. die *Beschleunigung der Krisenkommunikation*, d. h. die Situationen ändern sich schnell und neigen dazu, zu eskalieren. Vor allem die Medien fungieren hier als Eskalationstreiber. Aggressive, unter Wettbewerbsdruck stehende Redaktionen, anspruchsvolle Stakeholder und schnelle, neue Medien wie Internet, Mobiltelefone oder E-Mails produzieren jederzeit situative Konstellationen, mit denen sich die Kommunikationsverantwortlichen in den Organisationen und ihre Chefs auseinander setzen müssen, ob sie wollen oder nicht. Je schneller sie sich die Einstellung zu Eigen machen, dass Krisen normale, wenngleich schwierige und unangenehme Kommunikationssituationen sind, desto erfolgreicher wird ihre Kommunikationsarbeit. Krisen sind – kurz gesagt – nicht ein Notfall (von dem man glaubt, er würde hoffentlich nie Realität oder nur bei „Anderen“ eintreten), sondern ein Regelfall für potentiell jede Organisation in der Mediengesellschaft.

Medien sind meist die Auslöser und nicht die Verursacher von Krisen. Sie sorgen aber für eine Dramatisierung der Berichterstattung und Beschleunigung des Krisenverlaufs. Der Wettbewerbsdruck unter den Redaktionen hat zu einer Emotionalisierung, Personalisierung und Skandalisierung der Berichterstattungsthemen (vgl. Mast 2003; Mast 2004) geführt. Immer neue Themen- und Integrationsmuster (frames) werden geschaffen und verschwinden wieder. Die Themenkarrieren sind schnelllebig geworden. Die schnell verfasste Geschichte tritt häufig an die Stelle von tiefer und aufwendiger recherchierten Themen.

Medien wirken sowohl als Katalysatoren wie auch als Durchlauferhitzer für diese Themenkarrieren. Zusätzlich zum Konkurrenzdruck erhöhen neue Redaktionsstrukturen („Newsroom“-Prinzip, Aufhebung von Ressortstrukturen u. a.) die Sensibilität der Redaktionen für die Wahrnehmung „kritischer“ Themen und fördern somit die Framingprozesse im Journalismus. Sie haben ein arbeitsteiliges System geschaffen, das als Maschinerie zur Generierung von farbigen, exklusiven Geschichten fungiert, die die konkurrierende Redaktion – zumindest in dieser Form – nicht hat. Dies führt auch zur Kurzatmigkeit von Berichterstattungsthemen, die häufig ohne tiefgreifende Recherchetätigkeiten publiziert werden. Wie die Studie „Journalisten in Deutschland 2005“ nachweist, ist der Zeitaufwand für Recherchen eines Journalisten im täglichen Mittelwert von 1993 bis 2005 enorm gesunken (140 zu 117 Min.) (vgl. Weischenberg u. a. 2006: 354).

Etwa ein Drittel der im DAX gelisteten Unternehmen (31%) sehen die schwierigste Herausforderung für die nächsten zwei bis drei Jahre in der Schnelllebigkeit und Kurzatmigkeit der Medienberichterstattung sowie in der Tendenz zur Personalisierung und Boulevardisierung (Mast 2006b). Durch das grenzüberschreitende Medium Internet, vor allem Weblogs und Foren, können kritische Themen rasch eine nationale und internationale Aufmerksamkeit erregen. Ein Drittel der DAX-Unternehmen (31%) haben daher die Beschleunigung der Krisenkommunikation erkannt und die Internationalisierung ihrer Kommunikationsarbeit und

-strukturen ganz oben auf die Agenda der wichtigsten Projekte gesetzt (Mast 2006c). Es geht vor allem um die Schaffung globaler Strukturen und Abläufe, die Umsetzung globaler Kommunikationspläne und Integration der Kommunikation im Sinne einer globalen „One Voice Policy".

## 4 Nach der Krise: Chance zur Neubesinnung

Nach der Krise ist vor der Krise. Was haben die Kommunikationsabteilungen und Geschäftsleitungen gelernt? Die Zeitperiode nach der hitzigen, öffentlichen Diskussion und emotionalisierenden Medienberichterstattung bildet ideale Voraussetzungen, ohne Handlungsdruck oder Rechtfertigungszwang Überlegungen anzustellen und Maßnahmen zu ergreifen, um auf die nächste krisenhafte Situation besser vorbereitet zu sein. Es ist Zeit für Reparaturen (z. B. an der Reputation), Verbesserungen (z. B. Kommunikationsinfrastruktur der Krisenkommunikationskonzepte) oder Positionsveränderungen (z. B. Änderung der Positionierung einer Organisation im Meinungsmarkt).

Zur Systematik einer Krisennachbereitung empfiehlt es sich, drei Phasen zu unterscheiden: das Vorfeld der Krise (präkommunikative Phase), die öffentliche Diskussion und Meinungsbildung (kommunikative Phase) und die Zeit danach (postkommunikative Phase).

### *4.1 Überprüfung der präkommunikativen Phase*

Der Ausgang der meisten Krisen wird im Vorfeld entschieden (vgl. Abb. 2). In der *präkommunikativen Phase* baut sich die Krise auf, ist aber noch nicht in den öffentlichen Raum vorgedrungen. Die Medien konzentrieren sich noch auf andere Themen und wichtige Stakeholder haben das Thema (noch) nicht auf ihre Agenda gesetzt. Es ist ruhig – aus der Perspektive der Organisation – und daher sind noch keine Handlungsnotwendigkeiten spürbar. Diese Phase verführt die Verantwortlichen in den Organisationen, auch (noch) nichts zu tun.

Der Arbeitsaufwand und die Aufmerksamkeit für die Phasen vor, während und nach der Krise sind bei den meisten Organisationen im Unlot. Ungeheure Energien werden investiert, um die heiße Phase der Krise zu bewältigen und ggf. die negativen Auswirkungen zu beheben. Wenig bis keine Arbeit wird jedoch in die Vermeidung von Krisen, die Prävention und das Ausloten des Vorfeldes gesteckt.

Schließlich sind Krisen aber meist Risiken, die eintreffen (vgl. den Beitrag von Baumgärtner in diesem Band). Krisen werden vorangetrieben von Stakeholdern, die in der Regel bekannt sind. Sie gewinnen an Schwungkraft durch Medien, die sich mit Energie im Wettbewerb um die Aufmerksamkeit des Publikums behaupten wollen und selbst immer wirtschaftlicher agieren müssen. Und Krisen werden häufiger erst richtig zu einem Thema der Medien, wenn Kommunikationsbereiche und das Top-Management Fehler machen. Die Reparatur der eingetretenen Image- und Reputationsschäden kostet ein Vielfaches von den Investitionen, die in der präkommunikativen Phase besser angelegt wären.

| **Krisenkommunikation – aber wann?** |
| --- |
| Präkommunikative Phase – Investitionen mit größter Rendite |
| ⇨ Die wichtigsten Stakeholder kennen lernen und Beziehungen überprüfen |
| ⇨ „Weak signals" und Issues aufspüren |
| ⇨ Bewusstsein für Chancen, Risiken und Probleme schaffen |

*Abbildung 2*: Krisenkommunikation – aber wann? (eigene Darstellung)

Deswegen haben Investitionen der Organisationen in der präkommunikativen Phase die größte „Rendite". Dazu gehören vor allem:

- *Analyse der wichtigsten Stakeholder und Überprüfung des Beziehungsnetzwerkes*: Wenn es immer schwerer wird, Themen vorauszusagen, wird es umso wichtiger, die Akteure zu kennen und gegebenenfalls Beziehungen zu pflegen.
- *„Weak signals" und Issues/Themen aufspüren:* Das ist die Domäne des Issues Managements (vgl. den Beitrag von Röttger/Preusse in diesem Band), das aber in der Praxis noch wenig praktiziert wird. Auch das relativ aufwändige Instrument der Medienresonanzanalyse hat – bei all seinen verdienstvollen Leistungen – Probleme im Aufspüren von neuen Themen bzw. Erfassen von Halbsätzen und Zwischentönen, die den Beginn einer Themenkarriere signalisieren können. Gleiches gilt für das Internet, das Softwareprogramme nur grob durchsuchen können. Die eigenhändige Lektüre von Artikeln als höchst individuelles Instrument einer qualitativen Medienanalyse wird durch diese Instrumente nicht ersetzt. Hinzu kommt, dass das Fernsehen durch den Transport von Bildern häufig Krisen erst richtig boulevardisiert (z. B. bei Streiks) und über das Internet Aussagen von völlig neuen, oft unbekannten Stakeholdern in die Medienberichterstattung einfließen. Diese Mechanismen treffen meist in der Praxis auf „Pressestellen" mit hoher Printlastigkeit der Mitarbeiter (z. B. berufliche Herkunft, Einstellung).
- *Sensibilisierung für Risiken und Probleme:* Von Krisen zu sprechen, hat den Beigeschmack des Unangenehmen, des Außergewöhnlichen, letztlich der Katastro-

phe. Daher liegt die emotionale Hürde bei der „Krisen"-Prävention besonders hoch. Im Vorfeld existieren jedoch nicht nur Risiken und Probleme, sondern auch Chancen, die bei der Themensuche berücksichtigt werden können. Bei Changeprozessen beginnt in dieser Phase bereits meist schon die öffentliche Kommunikation mit dem Ziel, Bewusstsein für Probleme (z. B. wirtschaftliche Schwierigkeiten) zu schaffen, deren Lösungen (z. B. Restrukturierungen) eventuell erst später kommuniziert werden. Über Schwierigkeiten wird also zu einem Zeitpunkt informiert, wenn die Lösungswege noch offen sind.

### *4.2 Die heiße Phase: der erbarmungslose Professionalitätstest*

In der *kommunikativen Phase* (vgl. Abb. 3) hingegen ist die Krisensituation öffentlich geworden, der Marktplatz der Medien verwandelt sich häufig in eine Arena, in der Personen und Organisationen zum Spielball redaktioneller Aktivitäten werden. Journalisten recherchieren und kommentieren, Interviewpartner werden gesucht, Statements von Experten eingeholt, Geschichten zugespitzt und Themen überarbeitet. In dieser Phase der Themensuche wirken Medien wie Vergrößerungsgläser. Die Professionalität aller Akteure wird einem unerbittlichen Qualitätstest unterworfen. Handeln steht unter enormen Legitimations- und Zeitdruck. Die Berichterstattungsmaschinerie läuft auf Hochtouren. Themen machen Karriere. Je länger sie in der Öffentlichkeit diskutiert werden, desto geringer ist das Einflusspotenzial der einzelnen Akteure und umso höher der Aufwand, um im Themenfeld auch gehört zu werden.

**Krisenkommunikation – aber wie?**

Kommunikative Phase – Qualität für Professionalität

⇨ *Inhalte*:
Themen, Aussagen und Botschaften festlegen

⇨ *Akteure und Stakeholder*:
Wer spricht mit wem?

⇨ *Organisation und Abläufe*:
Wer übernimmt welche Aufgaben?

*Abbildung 3*: Krisenkommunikation – aber wie? (eigene Darstellung)

Die Handlungsfelder sind klar:

- *Inhalte: Themen, Aussagen und Botschaften müssen festgelegt werden.* Was kann/muss wann und wie gesagt werden? Die Grundgesetze der Krisenkommunikation sind klar: nämlich konsistent und offen zu informieren und darauf zu achten, dass Botschaften Sympathie schaffen oder zumindest die emotionale Fürsorge den Betroffenen oder gar Opfern gegenüber öffentlich erkennbar wird.
- *Akteure und Stakeholder: Wer spricht mit wem?* Von Einsatzplänen und Sprachregelungen für Kommunikatoren – vom CEO, den Pressesprechern bis zu den Experten für Talkrunden oder das Frühstücksfernsehen – bis hin zu Medien- bzw. Kommunikationstrainings für die Sprecher reicht dieses Aktionsfeld.
- *Organisationen und Abläufe: Wer übernimmt welche Aufgaben?* Handbücher werden erstellt und aktualisiert, Task Forces zusammengesetzt, Expertengremien etabliert, Ombudsmänner etabliert u. a.

**Krisenstrategien in Abhängigkeit der Verantwortungsübernahme**

| | | |
|---|---|---|
| 1 | Full Apology: the organization takes full reponsibility for the crises and requests forgiveness from stakeholders. It can also include some form of compensation. | Very High Acceptance |
| 2 | Corrective Action: the organization takes steps to repair the crisis damage and/or prevent a recurrence of the crisis. | High Acceptance |
| 3 | Ingratiation: the organization reminds stakeholders of past good works by the organization or praises the stakeholders in some fashion. | Mild Acceptance |
| 4 | Justification: the organization tries to minimize the perceived damage related to the crisis. Includes claiming that the damage was minimal or that the victim deserved it. | Mild Acceptance |
| 5 | Excuse: the organization tries to minimize its responsibility for the crisis. Includes denying intent or control over the crisis event. | Mild Acceptance |
| 6 | Denial: the organization maintains that no crisis occurred. The response may include efforts to explain why there was no crisis. | No Acceptance |
| 7 | Attack the Accuser: the organization confronts the people or group who say that a crisis exists. The response may include a threat such as lawsuit. | No Acceptance |

*Abbildung 4*: Krisenstrategien in Abhängigkeit der Verantwortungsübernahme (Coombs 2006: 182)

All diese Entscheidungen und Aussagen hängen jedoch ab, ob sich die Organisation für einen offensiven oder defensiven Weg des Krisenmanagements entscheidet und welche Strategie eingeschlagen wird (vgl. Abb. 4). Diese kann – je nach Einzelfall – von einer klaren Entschuldigung und Übernahme der Verantwortung für die Krise über aktive Korrekturmaßnahmen, Besänftigungsstrategien gegenüber Stakeholdern, Rechtfertigungsversuchen, Ausreden bis hin zur Umgehung der Krise oder gar Angriffe auf Kritiker und Gegner reichen. Einige Strategien (vgl. Coombs 1999: 182) sind jedoch wenig aussichtsreich. Allerdings sind Strategieänderungen in der Praxis nur sehr langfristig zu erreichen, d. h. meist nur Überlegungen in der Krisennachbereitung können einen Wandel einleiten.

Ob die kommunikative Phase gelingt, hängt von der Kommunikationsstrategie und der Professionalität der Akteure ab. Wie gehen die Verantwortlichen mit der Krise um? Welche Einstellung haben sie zu dem jeweiligen Ereignis oder zu der Entwicklung? Jetzt gilt es zu überprüfen, ob die Entscheidungen in dieser Phase – aus der Retroperspektive – richtig waren, ob Abläufe schneller und effizienter sein können und welche Themen ankommen.

### *4.3 Lessons learnt?*

Ist die öffentliche Resonanz erst einmal vorbei und das Krisenthema von der Agenda der Stakeholder und Medien verschwunden, ist Zeit für die dritte *postkommunikative Phase* der Krisenkommunikation: die Nachbereitung und Vorbereitung für künftige Aufgaben sowie die Behebung von „Schäden", die die Krise hinterlassen hat. Reparaturarbeiten sind nicht nur teuer, aufwendig, sondern häufig auch wenig erfolgreich. Wäre nur ein Teil der Energien der postkommunikativen Phase im Vorfeld der Krise investiert, wären sie besser angelegt.

**Krisenkommunikation – und danach?**

Postkommunikative Phase – Zeit für Reparaturen, Verbesserungen und Positionsveränderungen

⇨ *Image/Reputation:*
Nachwirkungen der Krise beheben

⇨ *Stakeholder und Kommunikatoren:*
Beziehungen und Netzwerke evaluieren

⇨ *Lernen:*
Über eigene Position und Kompetenz nachdenken

*Abbildung 5*: Krisenkommunikation – und danach? (eigene Darstellung)

In der postkommunikativen Phase ist Zeit vorhanden für Grundsatzüberlegungen (z. B. über die Strategie), aber auch, um die Nachwirkungen einer Krise festzustel-

len. Diese können meist nur – wenn überhaupt – mit großem Aufwand an Personal und Kosten behoben werden.
Die wichtigsten Handlungsfelder sind (vgl. Abb. 5):

- *Image/Reputation: Welche Auswirkungen hatte diese Krise?* Effekte der Krisenkommunikation für das Image von Personen, Organisationen oder Produkten werden festgestellt. Das Themen- und Stakeholdermanagement wird entsprechend verändert, um den „Schaden" von Krisen zu beheben bzw. die Positionierung des Unternehmens gegebenenfalls anzupassen.
- *Evaluation der Kommunikationsbeziehungen zu Stakeholdern und Kommunikatoren:* Ein typisches Defizit von Krisenkommunikation ist z. B., dass Expertennetzwerke zu spät aufgebaut werden. In Krisenzeiten haben Medien einen unstillbaren Hunger nach Gesprächspartnern (u. a. für das Frühstücksfernsehen), die dann nicht zur Verfügung stehen. Fungierte das Internet z. B. als Katalysator für Krisen, ist ein kontinuierliches Monitoring ausgewählter Weblogs oder Foren angebracht. Frühzeitige Investitionen in Kommunikationsnetze bzw. -beziehungen und die Kenntnis von Stakeholdern zahlen sich aus. In Krisenzeiten können sie – zumal unter Zeitdruck – meist nicht mehr nachgeholt werden. Nach der Krise ist vor der Krise.
- *Nachdenken über die Position und Kompetenz des Bereichs Kommunikation:* Gab es Akzelerationseffekte durch das Handeln des Unternehmens selbst? Gab es Meinungsverschiedenheiten zwischen dem Top-Management und den Kommunikationsverantwortlichen? Krisenkommunikation ist immer auch ein Lackmus-Test für die Kompetenz der Akteure und ihr Selbstverständnis im Umgang mit Stakeholdern und Themen. Ein knappes Fünftel (16%) der DAX-Unternehmen bekennt, dass die größten Herausforderungen für die Zukunft in ihrer „Position im Unternehmen" (d. h. die Frage ihres Einflusses) sowie ihrer eigenen „Kompetenz und Selbstverständnis" (d. h. die Frage der Qualifizierung und des Selbstverständnisses) liegen (Mast 2006b).

Die Beschleunigungsprozesse der Krisenverläufe begleitet von kurzatmiger Medienberichterstattung und schnellen Themenkarrieren werden also nicht nur von Medien angetrieben, die die Kommunikation komplexer Themen verkürzen, vereinfachen, boulevardisieren und skandalisieren. Auch die Organisationen tragen häufig selbst zu einer Beschleunigung und emotionalen Aufheizung der Skandale bei, die sie selbst beklagen – durch mangelnde Vorbereitung und Professionalität.

## Literatur

Coombs, William Timothy (2006): Crisis Management. A Communicative Approach. In: Botan, Carl H./Hazleton, Vincent (Hrsg.): Public Relations Theory II. Mahwah, New Jersey: Lawrence Erlbaum Ass.

Fagerli, Hans-Peter/Johansen, Bjørn Richard (2002): Crisis Management. In: Brønn, Peggy Simcic/Wiig, Roberta (Hrsg.): Corporate Communication. A Strategic Approach to Building Reputation. Oslo: Gyldenal Norsk Forlag AS., 233-248.

Fearn-Banks, Kathleen (2001): Crisis Communication. A Review of Some Best Practices. In: Heath, Robert L. (Hrsg.): Handbook of Public Relations. London: Sage Publications, 479-488.

Hearit, Keith Michael (2006): Crisis Management by Apology. Corporate Response to Allegations of Wrongdoing. Mahwah, New Jersey: Lawrence Erlbaum Ass.

Liebl, Franz (2000): Der Schock des Neuen. Entstehung und Management von Issues und Trends. München: Gerling Akademischer Verlag.

Mast, Claudia (2003): Wirtschaftsjournalismus. Grundlagen und neue Konzepte für die Presse, 2. völlig überarbeitete und aktualisierte Auflage. Opladen: Westdeutscher Verlag.

Mast, Clausdia (2004) (Hrsg.): ABC des Journalismus. Ein Leitfaden für die Redaktionsarbeit, 10. Auflage. Konstanz: Universitätsverlag.

Mast, Claudia (2006a): Unternehmenskommunikation, 2. Auflage. Stuttgart: Lucius & Lucius Verlagsgesellschaft.

Mast, Claudia (2006b): Sache des Chefs. Die DAX-KOM 2006. In: Pressesprecher, 4/2006, 34.

Mast, Claudia (2006c): Die PR-Pläne der DAX-Unternehmen. In: Pressesprecher, 3/2006, 8.

Stocker, Kurt P. (1997): A Strategie Approach to Crisis Management. In: Caywood, Clarke L. (Hrsg.): The Handbook of Strategic Public Relations and Integrated Communications. New York: McGraw-Hill, 189-203.

Töpfer, Armin (2006): Krisenkommunikation. Anforderungen an den Dialog mit Stakeholdern in Ausnahmesituationen. In: Schmid, Beat F./Lyczek, Boris (Hrsg.): Unternehmenskommunikation Kommunikationsmanagement aus der Sicht der Unternehmensführung. Wiesbaden: Gabler, 351-398.

Weischenberg, Siegfried/Malik, Maja/Scholl, Armin (2006): Journalismus in Deutschland 2005. Zentrale Befunde der aktuellen Repräsentativbefragung deutscher Journalisten. In: Media Perspektiven, 7/2006, 346-361.

Wilmes, Frank (2006): Krisen-PR. Alles eine Frage der Taktik. Göttingen, Business Village.

# Krisenkommunikation als Vertrauensfrage? Überlegungen zur krisenbezogenen Kommunikation mit verschiedenen Stakeholdern

*Günter Bentele und Katharina Janke*

## 1 Einleitung

Krisen-PR boomt, wird deutlich wichtiger. Bereits 1992/1993 ergab eine Umfrage unter den Kommunikationsverantwortlichen der 400 größten deutschen Unternehmen, dass 73 Prozent schon eine Krise hinter sich hatten (Kunczik et.al. 1995: 184). In einer Agenturstudie aus dem Jahr 2003 gaben 90 Prozent der befragten Unternehmen, Verbände und Institutionen an, schon einmal eine Krise erlebt zu haben, 42 Prozent sagen sich zum Befragungszeitpunkt in einer Krise (Breuß u. a. 2003: 9). Die meisten Krisen gehen dabei auf Gerüchte, Verbreitung falscher Tatsachen, öffentlich wirksame Unfälle oder negative Auseinandersetzungen mit Stakeholdern (z. B. Bürgerinititativen) sowie Angriffe der Medien zurück, d. h. die meisten Krisen sind primär *Kommunikationskrisen* (vgl. Breuß u. a. 2003: 12 ff.). Diese Entwicklung muss im Spannungsfeld der gegenwärtigen Entwicklungen auf Ebene der Märkte, der Unternehmen, der Medien und der Gesellschaft insgesamt gesehen werden (vgl. dazu auch Herbst 2004). *Vertrauen* wird dabei zum Schlüsselbegriff im Austausch der Organisation mit ihren Anspruchgruppen[1]. Krisen können durch ein Unternehmen – soweit sie kommunikativ lösbar sind – nur auf der Basis der kommunikativen Beziehungen gelöst werden, die die Organisation vorab etabliert und gelebt hat. Wie Organisationen Krisen kommunikativ bewältigen und ob sie solche Situationen überhaupt bewältigen *können* ist auch eine Frage des Vertrauens, das sie in unterschiedlichem Maß – vor der Krise – erarbeitet haben.

Faktoren, die helfen, das Vertrauen in Organisationen zu stabilisieren, zu vergrößern oder wieder herzustellen, überlappen sich in großen Teilen mit Ansätzen von dialogorientierte Kommunikation.[2] Die in der „Theorie des öffentlichen Vertrauens" (Bentele 1994) erstmals skizzierten *Vertrauensfaktoren* (vgl. Abschnitt 3.4) harmonieren und sind gut kompatibel mit den Basisaussagen und Auffassungen des Stakeholder-Konzepts der PR. Auch Kommunikation, die sich an den Ansätzen des Stakeholder-Ansatzes orientiert, fußt teilweise auf dem Prinzip des *Dialogs*.

---

1 Zur Relevanz von Vertrauen für die Gesellschaft grundsätzlich und spezifisch für die PR vgl. Bentele (1994) und Bentele/Seidenglanz (2005).

2 Zum Thema „Dialogorientierter Unternehmenskommunikation" vgl. grundlegend: Bentele/Steinmann/Zerfaß (1996).

Im Fokus steht deshalb im Folgenden die Frage, ob und inwiefern Organisationen kommunikative – und damit auch Handlungs-Vorteile dadurch besitzen, dass sie bereits vor einer Krisensituation eine vertrauensbezogene Art und Weise der Kommunikation umsetzen und ob diese erarbeiteten kommunikativen Vorteile darüber hinaus auch in der Krisensituation selbst zu Vorteilen für die Organisation führen kann. Stakeholder-Dialog in Rahmen eines „Kommunikationsmanagements neuer Prägung" (Bentele/Nothhaft 2007) wird als essentiell für die Überlebensfähigkeit von Organisation in der globalisierten und vernetzten Welt des 21.Jahrhunderts betrachtet. Im folgenden wollen wir nach einer begrifflichen Abgrenzung von Missständen, Skandalen und Krisen das Konzept des Stakeholder-Dialogs und dessen Relevanz im Rahmen eines Kommunikationsmanagements *neuer* Prägung vorstellen, danach auf einer allgemeinen Ebene die Rolle von *Vertrauensfaktoren* im Hinblick auf verschiedene Perspektiven von Stakeholdern reflektieren und schließlich die entsprechenden kommunikativen Beziehungen von Organisationen zu den ausgewählten Stakeholdergruppen der Mitarbeiter, der NGOs und zu den professionellen Beobachter, den Medien, betrachten.

## 2 Missstände, Skandale und Krisen – begriffliche Abgrenzungen

In der begrifflich-theoretischen Abgrenzung der Begriffe *Missstand*, *Skandal* und *Krise* ist ein Faktor zentral: die *Wahrnehmung* des spezifischen Zustandes durch die Beteiligten am Zustand und – vor allem – durch die Journalisten, weil diese mit ihrer Berichterstattung die Wahrnehmung der Gesellschaft steuern. Ob etwas, ein bestimmter Zustand als Missstand, als Skandal oder als eine Krise bestimmt werden kann, hängt von der Wahrnehmung und Bewertung der entsprechenden Sachverhalte durch die Beteiligten, vor allem auch durch die Medien ab. Medien genießen dabei für die großen Öffentlichkeiten – oft auch gegen die Beteiligten oder außen stehende Experten – die Rolle der primären und wichtigsten *Definitionsinstanz*. Wenn Medien von Missständen, Skandalen oder Krisen sprechen, dann wird dieses Framing von der großen Öffentlichkeit meist akzeptiert.

Folgt man dieser Voraussetzung, dann kann ein *Missstand* als ein Zustand aufgefasst werden, der sich im Bewusstsein der Beteiligten von normativ begründeten Zielvorstellungen oder Selbstverständlichkeiten negativ abhebt und in dieser Abweichung als solcher (als Missstand) wahrgenommen wird. Kepplinger u.a (2002) analysieren eine Reihe regionaler Fälle und gehen ausführlich auf die Struktur von Missständen ein. Ursachen, Folgen und Begleitumstände, die intersubjektiv feststellbar sind, gehören – so Kepplinger – zur objektiven Seite der Missstände. Die subjektive Seite der Struktur der Missstände liegt in der Wahrnehmung durch die einzelnen Akteure, die die Missstände sehen. *Kernmissstände* werden von *Folge-* und *Begleitmissständen* abgegrenzt und das Vorkommen der Missstände zum anderen in

Bezug auf den sozialen Ort, wo die Missstände vorkommen, und im Hinblick auf den Charakter der Missstände analysiert (vgl. Kepplinger u. a. 2002). Als Gemeinsamkeit haben alle Typen von Missstände sachliche Gründe. Solche Gründe sind z. B. Fehlentscheidungen, Fehlentwicklungen, Unterlassungen und Passivität, Mangelzustände, Schäden, kriminelles und sittenwidriges Verhalten, Verfahrensmängel, Eigennutz und Missachtung von legitimen Interessen. Die Art und Weise, wie über einen solchen Missstand kommuniziert wird – durch die Beteiligten wie die Medien – führt in bestimmten Fällen zu einer Skandalisierung des Missstands durch die Medien und damit zu *Skandalen.* Medien prangern bestimmte Missstände an und implizieren damit eine Logik von Schuld und Strafe.

Nicht jeder Missstand wird zum Skandal, doch jeder Skandal lässt sich – so Kepplinger – auf Missstände zurückführen. Eine bestimmte Wahrnehmung und die Perspektive, aus der heraus man den Missstand betrachtet und ein entsprechendes Urteil fällt, macht ihn zum Skandal – in Teilen sicher unabhängig von Tatsachen, die dem Missstand zugrunde liegen. Dies impliziert, dass auch „unschuldige" Organisationen an den Pranger gestellt werden können. Bedingungen, die Missstände zu Skandalen machen, sind 1) die *Bedeutsamkeit* oder Relevanz, wobei es unerheblich ist, ob dies den Tatsachen entspricht, 2) die allgemeine *Vermeidbarkeit*, wobei es unerheblich ist, ob diese Ansicht zutrifft oder nicht, 3) Missstände müssen *durch schuldhaftes Verhalten verursacht* worden sein, wobei es unerheblich ist, ob diese Ansicht zutrifft, 4) Missstände müssen zudem eine *emotionale Reaktion* auslösen – eine allgemeine Empörung über den Sachverhalt und all dies muss 5) mit *massiven Forderungen nach Konsequenzen* einhergehen, der Bestrafung der Schuldigen und der Beseitigung ihrer Handlungsmöglichkeiten. (Kepplinger et. al. 2002: 81). Ebenso wie Krisen weisen auch von Medien so definierte Skandale, d. h. *Medienskandale* bestimmte, typische Phasen auf. Burkardt (2006: 181) unterscheidet in einem narrativen, dramentheoretischem Modell (Skandaluhr) eine *Latenzphase* von einer *Aufschwung-*, einer *Etablierungs-*, einer Abschwung- und reiner *Rehabilitationsphase.*

Eine Skandalisierung von Missständen ist in diesem Sinne immer eine *Krise* für die jeweilige Organisation, die deren Fortbestehen gefährden kann. Was ist eine Krise? *Krisen* lassen sich als nicht intendierte, unvorhergesehene und negativ-problematische Situationen definieren, in die Organisationen (oder Einzelpersonen) geraten und die bis zur Existenzbedrohung gehen können (vgl. Bentele/Hoepfner 2005, Coombs 2005, Millar 2004). Krisen können die unterschiedlichsten *Formen* annehmen, gemeinsam aber ist vielen Krisen aber eine bestimmte *Verlaufsstruktur.* Ein Auslöser bzw. eine Ursache führt zum Aufbau bzw. zum Entstehen einer Krise, die wiederum zu einer mehr oder weniger starken öffentlichen bzw. medialen Aufmerksamkeit führt. Jede Krise hat einen Höhepunkt und eine Auslaufphase, in der die öffentliche Aufmerksamkeit abebbt und sich langsam wieder normalisiert. Nach Beendigung der eigentlichen Krise kann diese analysiert bzw. evaluiert werden und das Krisenmanagement optimiert werden. Je nach Auslöser bzw. Ursache (z. B. Naturkatastrophen, Störfälle, Unfälle, Management- oder Kommunikationsfehler), Branche und Organisation, Ort des Geschehens, Struktur oder Auswirkungen der Krise lassen sich verschiedene *Krisentypen* unterschieden: Erdöl- oder Ernährungskrisen, politische Krisen, Parteikrisen, Staatskrisen, Vertrauens-, Führungs-, Existenzkrisen, etc.

In der Literatur zu Risiko- und Krisenkommunikation und in der Kommunikationspraxis[3] existieren eine Reihe von normativen *Regeln* zur Optimierung dieser Kommunikation. Dazu gehört die zentrale *Regel*, dass Organisationen *vor* der Krise *Glaubwürdigkeit und Vertrauen* bei den Medien und anderen Stakeholdergruppen vor allem durch dialogorientierte Kommunikation aufbauen können. Vertrauen, das in ruhigen Zeiten langfristig aufgebaut und so zum *Vertrauensvorschuss* wird, ist ein wesentlicher *Erfolgsfaktor* für das Krisenmanagement. Es gilt, von Seiten der Organisationen Ansätze für ein kommunikatives Verhalten zu entwickeln, das hilft, einer potenziellen Krise bestenfalls vorzubeugen und Strategien zu definieren, welche – in der Krise – im Hinblick auf die fünf Bedingungscharakteristika für einen Skandal optimiert sind. Welche *Tatsachen* liegen in Bezug auf die Bedeutung, die Vermeidbarkeit und die Schuld am Missstand auf Seiten der Organisation vor? Diese Fragen müssen in den Unternehmen geklärt werden, bevor Antwortstrategien ausgearbeitet werden.

## 3 Stakeholder-Dialog als zentraler Aufgabenbereich im Kommunikationsmanagement neuer Prägung und der Faktor Vertrauen

### *3.1 Stakeholder-Konzept und Stakeholder-Kommunikation*

Der Ursprung des Stakeholder-Konzepts liegt in der anglo-amerikanischen Diskussion über das Management von Unternehmen und die generelle Natur, Rolle und Aufgabe der Unternehmen in der Gesellschaft. Dabei bildete die Verantwortung des Unternehmens von Beginn der Diskussion an einen Schlüsselbegriff des Stakeholder-Konzepts (vgl. Freeman/Evan 1993). Dies ist auch im Zusammenhang damit zu sehen, dass das Konzept in bewusster Erweiterung und Ergänzung im Kontrast zu älteren „shareholder“- und „stockholder“-Konzepten gefasst wurde. Vier Hauptcharakteristika des Ansatzes werden unterschieden, die sich auf *deskriptive*, *instrumentelle* und *normative* Aspekte beziehen: In *deskriptiver* Hinsicht geht es *erstens*

3 „Vertrauen wird sich zum zentralen Konstrukt in der Krisen-PR entwickeln.“ (vgl. Herbst 2005: 92)

> „um die Natur der Unternehmung als ‚öffentlich exponierte' bzw. quasi-öffentliche (gesellschaftliche) Organisation. (…) Stakeholdermanagement ermöglicht so via der Integration der Interessen (…), die durch Entscheidungen der Unternehmung betroffen werden und die diese betreffen, die ‚Rückkehr der Gesellschaft' in die Organisation. (…) Als Stakeholder oder (strategische) Anspruchsgruppen lassen sich alle direkt artikulierten (und organisierten) Interessen bzw. Umwelteinflüsse, die an die Unternehmung herangetragen werden, verstehen und alle jene Interessen bzw. Gruppen, die durch das Handeln der Unternehmung betroffen werden (bzw. betroffen werden können)." (Karmasin 2005: 269)

*Zweitens* steht deshalb in *instrumenteller* Hinsicht das Management der Interaktionen mit den Anspruchsgruppen im Vordergrund. In *normativer* Hinsicht geht es *drittens* darum, dass alle legitimen Ansprüche („stakes") in die unternehmerischen Entscheidungen einbezogen werden sollen. Dieses Verhalten folgt damit sowohl einer ethischen Zielsetzung, stellt aber darüber hinaus eine proaktive Strategie des Unternehmens dar, die als eine der zentralen Ursachen für Unternehmenswachstum angesehen wird (vgl. Karmasin 2005: 270, Freeman/Evan 1993). *Viertens* folgt daraus ein neues Verständnis, eine *Redefinition des Unternehmensbegriffs*: Der Stakeholder-Ansatz sieht eine Unternehmung nicht im Verständnis einer „Gewinnmaximierungs-Maschine", sondern betrachtet den Zweck einer Unternehmung darin „to serve as a vehicle for coordinating stakeholder interests" (Freeman/Evan 1993: 262).

Relevant für die PR ist der Stakeholder Management Ansatz, weil die Organisation im Stakeholderansatz als Plattform beschrieben wird, auf der die Interessen der verschiedenen Anspruchsgruppen *kommunikativ* ausgehandelt werden. Aus systemtheoretischer Perspektive betrachtete, ist die Leitdifferenz in diesem Ansatz eben nicht die Trennung zwischen Innen und Außen, sondern die Frage der Legitimität und Illegitimität der Ansprüche der Organisation und der verschiedenen Anspruchgruppen (vgl. Karmasin 2005: 273). Darin liegt das Besondere des Kommunikationsverständnisses des Stakeholder-Konzeptes.

Stakeholder-Kommunikation folgt den Prinzipien der *Transparenz* und *Proaktivität*. Öffentlichkeit wird in der Interaktion mit allen Stakeholdern und spezifisch in Bezug auf die Organisation realisiert (vgl. Abb. 1). Kommunikationsmanagement plant, steuert und evaluiert dabei die kommunikativen Beziehungen zu den Stakeholder-Gruppen[4].

4 Die Übersetzung von „Stakeholder" zu „Anspruchsgruppe" hat sich weitgehend durchgesetzt (vgl. Karmasin 2005: S. 269). „Stakeholder" und „Anspruchsgruppe" werden hier synonym verwendet. „Stakeholder" werden von Freeman/Evan (1993: 255) wie folgt definiert: „Stakeholders are those groups who have a stake in or a claim on the firm. Specifically we include suppliers, customers, employees, stockholders, and the local community, as well as management in its role as agent for these groups".

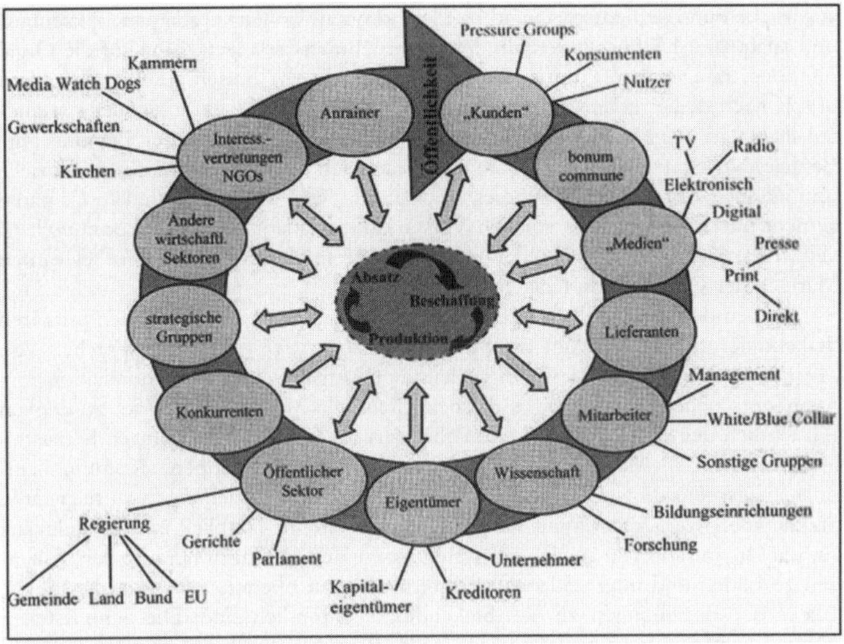


Abbildung 1. Eine typische „Stakeholder-Map“ als Ausgangspunkt für den PR-Prozess (Karmasin 2005: 274)

### *3.2 Kommunikationsmanagement neuer Prägung*

Modernes Kommunikationsmanagement oder Kommunikationsmanagement *neuer* Prägung unterscheidet sich von älteren Ansätzen unter anderem, aber vorrangig dadurch, dass Unternehmensstrategie und Kommunikationsstrategie systematisch aufeinander abgestimmt und verzahnt sind, aber auch – damit zusammenhängend – durch die Stellung, die die Kommunikationsabteilung(en) in der Organisation generell einnimmt.[5] Ein weiteres Merkmal ist die gemeinsame „Sprache“, die Unternehmensführung und Kommunikationsmanagement sprechen müssen, eine „Sprache“, die auf die Wertschöpfung von Kommunikation und deren Evaluation bzw. Controlling Bezug nimmt. Kommunikationsmanager müssen die – betriebswirtschaftlich geprägte – Sprache des Managements „sprechen“ bzw. sich in ihr

5 Vgl. auch die Merkmale exzellenter Public Relations in der empirisch überprüften Exzellenz-Theorie der Gruppe um James E. Grunig. Vgl. u. a. Grunig/Grunig/Dozier (2002)

ausdrücken und dementsprechend handeln können, wollen sie adäquate Akzeptanz und adäquaten Einfluss innerhalb des Unternehmens erlangen. Eine auf die Organisationsstrategie abgestimmte Kommunikation, die dynamisch gesteuert, evaluiert und je nach den Ergebnissen auch angepasst wird, ist dabei ein integraler Bestandteil in einem Verständnis von Kommunikationsmanagement neuer Prägung (vgl. Bentele/Nothhaft 2007, Zerfaß 2007). Wesentlich – und relevant für potenzielle und aktuelle *Krisen* – scheint dieses Verständnis, weil das Kommunikationsmanagement nur auf Basis eines solchen Verständnisses adäquat auf die (kommunikativen) Ansprüche der Stakeholder und deren Veränderungen auf den relevanten Märkten der Organisation reagieren kann.

Neben den wesentlichen Märkten des Unternehmens und damit den primären Stakeholdergruppen gewinnt die Sphäre der *Akzeptanz* – manche sprechen von *Akzeptanzmarkt* – zunehmend an Bedeutung. Aufgabe eines Kommunikationsmanagements neuer Prägung ist es diesbezüglich, alle Märkte gemeinsam zu denken hinsichtlich der Entwicklungen und dabei darüber hinaus Verbindungen herzustellen zwischen den Ansprüchen verschiedener Stakeholdergruppen.[6] Kommunikationsmanagement darf sich hier nicht in der Vielfalt der Beziehungen zu relevanten Stakeholdern verlieren, es gilt vielmehr, Ansprüche im Hinblick auf die Relevanz für die Organisation zu gewichten, systematisch Verbindungen herzustellen, Allianzen zu bilden und intern adäquate Schnittstellen zu operationalisieren, die für die Pflege der Beziehungen zu den Stakeholdern förderlich sind. Die Schnittstellen können je nach Organisationsform, Größe, Branche etc. der Organisation variieren. Wesentliche Schnittstellen für die Kommunikation mit den Stakeholdern auf den relevanten Märkten eines börsennotierten Unternehmens sind Akteure des *Beschaffungsmarkts* (Bildungseinrichtungen, Hochschulen, Lieferanten, Personal), des *Finanzmarkts* (Aktionäre, Analysten, Wirtschaftsjournalisten), des *Absatzmarktes* (potenzielle und aktuelle Kunden, der Handel, etc.) und Akteure der Gesellschaft („Akzeptanzmarkt“) wie die Politik, die Medien, NGOs, etc. Für die Krisenkommunikation spielen dabei insbesondere die Medien eine herausragende Rolle.

### *3.3 Stakeholder-Dialog als kommunikative Krisenprävention*

Ein etablierter Stakeholder-Dialog, insbesondere auch mit den Medien verschafft Organisationen grundsätzlich kommunikative Vorteile und Stärken gegenüber Konkurrenten, die einen solchen nicht haben. Dies macht sich insbesondere in Krisen bemerkbar.

6 An dieser Stelle existieren einige Überschneidungen des Stakeholderkonzepts mit dem der „integrierten Kommunikation.“

Das Handeln von Organisationen muss sich in modernen Informations- und Wissensgesellschaften immer stärker und deutlicher an Logiken ausrichten, die sich im Mediensystem entwickelt haben. Durch die Vervielfachung und Ausdifferenzierung des Mediensystems, verstärkt seit Mitte der achtziger Jahre, durch stärkere Unterhaltungs- und Präsentationsorientiertheit des gesamten Medienangebots, durch eine stärkere Vermischung von Nachricht und Unterhaltung (Infotainment), durch stärkere Visualisierung, (auch im Printbereich) sowie durch technische Entwicklungen, die unter dem Stichwort „Digitalisierung" laufen bis hin zu Entwicklungen zu Entwicklungen der „Blogosphere", „Second Life", „YouTube" und Co entsteht ein Zwang für Organisationen aller Art, sich stärker an den Regeln dieser Medien auszurichten. Wir nennen diese Entwicklung „Mediatisierung" der Gesellschaft. Nicht nur die Politik, sondern auch die Wirtschaft, der Sport, das Lokale und auch die Wissenschaft unterliegen diesem Zwang und sind – allerdings in unterschiedlich starkem Maß – mediatisiert.

Die Relevanz neuerer technischer Entwicklungen, die Entstehung einer „Blogosphäre", die Entstehung neuer Formen von „Bürgerjournalismus" wird in der Praxis von Kommunikationsmanagement zwar gesehen, zumeist fehlt es aber noch an systematischer Integration solcher Herausforderungen in die Kommunikationsstrategie.[7] Viele müssen neu lernen, mit der Situation umzugehen. Das Ansehen von Unternehmen, Erfolg und Misserfolg sind heute Kategorien, die die Medien entscheidend mitdefinieren. Organisationen müssen die Entwicklung der Mediengesellschaft verfolgen und selbst – kommunikativ – auf dem Stand der Zeit bleiben, wenn sie den Anschluss an ihre kommunizierenden Anspruchsgruppen nicht verlieren wollen.

Das Wissen über die Stakeholdergruppen und die Kommunikation mit diesen wird für die Organisationen essentiell: der kontinuierliche und systematisch etablierte und gepflegte Dialog mit den verschiedenen Anspruchgruppen ist hierfür ist hierfür eine Herausforderung mit hohem Standard, kann aber gerade in Krisensituationen entscheidend sein.

PR-Strategien, die – einseitig – die Handlungs- und die kommunikativen Bedürfnissen der Stakeholder gering schätzen und bzw. nicht auf diese ausgerichtet werden und ausschließlich von Organisationszielen ausgehen, sind nicht Erfolg versprechend und eher dazu geeignet, Krisenwahrscheinlichkeiten zu erhöhen. Stakeholder-orientierte PR-Strategien richten sich primär nach den Ansprüchen der

7 „Die Integration von Weblogs in eine übergreifende Kommunikationsstrategie ist noch ein ungelöstes Problem für fast alle Befragten (88%). Als wichtigste Chance wurde für knapp die Hälfte (43%) der Beziehungsaufbau zu Bloggern genannt. Hier zeigt sich, dass Blogger von PR-Fachleuten inzwischen ähnlich wie Journalisten wahrgenommen werden. Weil Social Software nicht nur die Aussenbeziehungen einer Organisation sondern auch die internen Abläufe innerhalb einer Organisation massgeblich verändern kann, liegt eine disruptive Innovation für das Kommunikationsmanagement vor." (vgl. Sandhu/Zerfaß 2007: 2)

Stakeholder, die zum einen im Hinblick auf die Relevanz der Ansprüche für die Organisation und zum anderen hinsichtlich ihrer potenziellen Riskanz gewichtet werden sollten.

Ähnlich den allgemeinen Phasenmodellen des Konzeptionsprozesses (vgl. Bentele/Nothhaft 2007) kann auch das Stakeholder-basierte Kommunikationsmanagement in ähnlichen Phasenmodellen abgebildet werden: (1) Identifikation der Ansprüche, (2) Analyse, (3) Ranking und Positionierung, (4) Strategieformulierung, (5) Implementierung und (6) Evaluierung (vgl. Karmasin 2005: 276). Nicht die Organisation selbst, sondern die Anspruchgruppen definieren die strategischen Optionen der Organisation. Dies ist eine Art Umkehrung traditioneller Verständnisse des Kommunikationsmanagements: die Ansprüche werden von außen nicht innen, nicht von innen nach außen getragen. Die Kommunikation mit den Stakeholder- oder Anspruchsgruppen ist deshalb schon gar nicht als Einwegprozess von der Organisation zu den Stakholdern, sondern als „rekursiver Prozess" oder auch als potenziell und faktisch dialogorientierter Prozess (Bentele/Steinmann/Zerfaß 1996) zu denken.

Welcher Zusammenhang besteht zwischen dem Stakeholderkonzept und den Anforderungen an Krisenkommunikation? Der kontinuierlich realisierte Dialog mit allen Stakeholdergruppen kann als *kommunikative Krisenprävention* und eine langfristige *Verminderung von Krisenwahrscheinlichkeit* aufgefasst werden. Die Investition in kommunikative Beziehungen zu den Stakeholdern, die durch *Vertrauen* geprägt sind, verschafft Unternehmen – gerade in Zeiten einer Krise – eine strategische Stärke, einen *kommunikativen Vorteil* der sich gleichermaßen als Ressourcenvorteil darstellen kann.

### *3.4 Die Theorie öffentlichen Vertrauens*

*Vertrauen* unterschiedlicher Stakeholdergruppen in die Organisation ist ein ganz entscheidendes Element für die Qualität der Beziehungen zu den Stakeholdern. Dies gilt gleichermaßen für Mitarbeiter, Aktionäre, Journalisten und Medien, Anwohner und andere Stakeholdergruppen. Den Medien kommt hier eine noch wichtigere Rolle zu, weil sie die Vertrauensbeziehungen zu anderen Stakeholdern häufig vermitteln und damit auch stark beeinflussen.

Bestimmt man Vertrauen nach Luhmann als *Mechanismus zur Reduktion von Komplexität*, als *riskante Vorleistung* für zukünftiges Geschehen (Luhmann 1973: 23 ff.), dann lässt sich auch sagen, dass „persönliches Vertrauen" eine Grundlage für alle soziale Beziehungen, auch die Beziehungen von Organisationen zu ihren Anspruchsgruppen bildet. In Informations- und Kommunikationsgesellschaften wird Vertrauen allerdgins vor allem als „öffentliches Vertrauen" wichtig. *Öffentliches Vertrauen* ist von Bentele als Prozess und Ergebnis eines ein *öffentlich hergestellten, kommunikativen Mechanismus zur Reduktion von Komplexität* definiert worden, in dem öffentlich wahrnehmbare Personen, Organisationen und andere soziale Systeme in der Rolle des *Vertrauensobjekts* fungieren. Öffentliches Vertrauen bildet und verändert sich innerhalb eines medienvermittelten, öffentlichen Kommunikationsprozesses, in dem die *Vertrauenssubjekte* zukunftsgerichtete *Erwartungen* haben, die gleichzeitig von vergangenen *Erfahrungen* geprägt sind (vgl. Bentele 1994, Bentele/Seidenglanz 2005).

Vertrauen wurde schon lange als wichtiges Ziel von Public Relations erkannt (vgl. Hundhausen 1951), erst zu Beginn der neunziger Jahre jedoch hat sich die PR-Forschung ernsthaft damit beschäftigt (vgl. Ronneberger/Rühl 1992). Der Begriff *öffentliches Vertrauen* bezieht sich einerseits – auf den Rezipienten und als (individuelle) Vertrauens*handlung* – auf die Zuschreibung von unterschiedlich stark ausgeprägtem Ver- oder Misstrauen öffentlich wahrnehmbarer Personen, Organisationen, also Akteuren und sozialer Systeme. Vertrauen in dieser Perspektive ist eng mit dem psychologischen Begriff der Einstellung (attitude) gekoppelt. Andererseits wird die Möglichkeit der Beobachtung öffentlich wahrnehmbarer Akteure und Systeme ja durch aktiv organisierte Kommunikation (Journalismus, Medien, aber auch Public Relations) gesteuert sowie öffentlich erst *hergestellt*. Öffentliches Vertrauen bezieht sich so andererseits auf die *sozialen Mechanismen* der öffentlichen Kommunikation, *durch* die Vertrauen in Akteure als Einstellung gebildet wird. Prozesse von Vertrauensbildung oder von Vertrauensverlusten auf der Seite von Stakeholdern hängen aber stark von den Informationsvermittlern ab, d. h. von den Medien und den PR-Akteuren, die ja den größten Teil der gesellschaftlich relevanten Information herstellen und verarbeiten ab. Diesen Zusammenhang systematisch und empirisch zu beschreiben und zu erklären, ist Aufgabe einer „Theorie des öffentlichen Vertrauens".

Eine solche Theorie wurde erstmals von Bentele (1994) skizziert und mittlerweile empirisch konkretisiert. In dieser *Theorie öffentlichen Vertrauens* (TÖV) werden zunächst verschiedene *Elemente* im öffentlichen Vertrauensprozess unterschieden – der als Teildimension eines Prozesses der öffentlichen Kommunikation aufgefasst wird: *Vertrauenssubjekte*, *Vertrauensobjekte*, *Vertrauensvermittler*, *Sachverhalte und Ereignisse*, sowie *Texte/Botschaften*. *Vertrauenssubjekte* können Individuen, aber auch Gruppen oder Organisationen sein. *Vertrauensobjekte* sind Personen und Organisationen (z. B. Unternehmen, politische Parteien, Ministerien, Regierungen). Auch umfassendere *soziale Systeme* (das Gesundheits- oder das Rentensystem einer Gesellschaft, das politische System, das Wirtschaftssystem, die parlamentarische Demokratie, etc.) können als Vertrauensobjekte fungieren. *Vertrauensvermittler* sind alle Akteure, die innerhalb des Prozesses der öffentlichen Kommunikation agieren und intentional oder nicht intentional Vertrauen für die Vertrauenssubjekte vermitteln. *Ereignisse* und *Sachverhalte* ebenso wie deren semiotische Entsprechung, die *Texte* und *Themen* sind ebenfalls wichtige Elemente in diesem Prozess, ohne die dieser nicht analysierbar ist.

In der TÖV werden vier *Vertrauenstypen* differenziert: (interpersonales) *Basisvertrauen* sowie (öffentliches) Personen-, Organisations- und Systemvertrauen. Das (interpersonale) Basisvertrauen kann als unterste *Schicht* innerhalb einer Schichtenperspektive gesehen werden, worauf sich öffentliches Personen-, Organisations- und Systemvertrauen schichten. Damit wird eine Integrationsmöglichkeit von (individual-)psychologischen sozialwissenschaftlichen Perspektiven aufgezeigt.

Es wird angenommen, dass verschiedene *Vertrauensfaktoren* (z. B. Sachkompetenz, Problemlösungskompetenz, Kommunikationsadäquatheit, kommunikative Konsistenz, kommunikative Transparenz, gesellschaftliche Verantwortung und Verantwortungsethik) existieren, die – werden sie in starker Ausprägung oder in Kombination wahrgenommen – hohe *Vertrauenswerte* erzeugen, die empirisch messbar sind Eine nur geringe Ausprägung oder das Fehlen dieser Faktoren hingegen bewirkt geringes Vertrauen bzw. Misstrauen. Da Vertrauen immer innerhalb eines Prozesses gebildet wird oder verloren geht, können dynamische Mechanismen beobachtet werden: Vertrauensbildungsprozesse dauern länger und benötigen oftmalige positive Bestätigungen, bis ein hohes Maß an Vertrauen erreicht ist. Vertrauensverluste hingegen können – meist mit anderen Mechanismen wie z. B. Verallgemeinerung verbunden – sehr schnell eintreten und schon durch eine einzige Krise hervorgerufen werden.

Die wichtigste Ursache für *Vertrauensverluste* wird – so die Theorie – in der Wahrnehmung von *Diskrepanzen* durch die Vertrauenssubjekte gesehen. Es werden sechs verschiedene *Diskrepanztypen* unterschieden: Diskrepanzen zwischen Information und tatsächlichem Sachverhalt (z. B. Lügen), zwischen verbalen Aussagen und tatsächlichem Handeln, zwischen verschiedenen Handlungen in gleichen Institutionen, zwischen Normen und Aussagen oder Handlungen, etc. Diskrepanzen werden durch die Kommunikation oder durch das Handeln der Akteure intentional oder nicht-intentional erzeugt oder sie sind im (politischen, wirtschaftlichen) System latent vorhanden. Bei der Bildung öffentlichen Vertrauens werden sie vom journalistischen System transportiert und thematisiert, was der demokratietheoretisch begründeten *Kritikfunktion der Medien* entspricht. Sie können aber von den Medien auch – dadurch, dass Journalisten und Medien der für sie wichtigen Nachrichtenwertlogik nachkommen – *verstärkt* (kommt häufig vor), *abgeschwächt* (kommt sehr selten vor) oder überhaupt erst *erzeugt* werden. Letzteres kommt empirisch vor, widerspricht aber der Norm objektiver Berichterstattung. Journalistische *Nachrichtenfaktoren* (vgl. Staab 1990) wie Negativismus, Konflikt, Kontroverse und journalistische Routinen wie *aktuelle Instrumentalisierung* (vgl. Kepplinger 1994) oder eben auch Skandalisierung (Kepplinger 2001, Kepplinger u. a. 2002, Burkhardt 2006) können die *mediale Konstruktion* und die Wahrnehmung von Diskrepanzen auf Publikumsseite begünstigen. Publizistische *Konflikte* und – darauf aufbauend – Skandale sind besonders gut dazu geeignet, *Diskrepanzen* zu transportieren, zu verstärken oder überhaupt erst zu erzeugen und damit Vertrauensverluste beim Publikum gegenüber Akteuren aus Wirtschaft, Politik und Gesellschaft zu bewirken.[8]

Empirisch lässt sich zeigen, dass die Bevölkerung – und damit unterschiedliche Stakeholdergruppen Diskrepanzen zwischen eigenen Erfahrungen einerseits und der medialen Darstellung derselben Sachverhalte oder Akteure sehr bewusst wahrnimmt: So sieht z. B. jeweils über die Hälfte der deutschen Bevölkerung Politiker, Arbeitslose, Ost- oder Westdeutsche in den Medien verzerrt dargestellt (vgl. Bentele/Seeling 1996).

Die Ausprägung der einzelnen Vertrauensfaktoren bildet zum einen die kommunikative Ausgangsbasis vor potenziellen Krisen, beeinflusst aber darüber hinaus zum anderen auch den Verlauf von Krisen. Je intensiver die kommunikativen Beziehungen zu den verschiedenen Stakeholdern ausgeprägt sind, je positiver die Qualität dieser Beziehung im Hinblick auf das wechselseitige Vertrauen und die Glaubwürdigkeit der Kommunizierenden ist, desto eher können Krisen möglicherweise prognostiziert, vor allem aber gemanaged und kommunikativ bewältigt werden (vgl. Abb. 2).

Der kommunikative Vorteil von Organisationen durch vertrauensfördernden Stakeholder-Dialog und ein Verständnis von Kommunikationsmanagement neuer Prägung zeigt sich auch in Krisensituationen. Welche Position die Stakeholder der Organisation in einer Krise der Organisation jeweils einnehmen werden, hängt von ihren Vorerfahrungen mit der Organisation ab und der Ausprägung der Vertrauensfaktoren. Je besser die Vertrauenswerte der Organisation bei den unterschiedlichen Stakeholdern sind, desto leichter das Krisenmanagement und die Korrektur möglicher Fehler, desto geringfügiger die Skandalisierungs- und Krisenfolgen.

8 In jüngster Zeit sind Vertrauensfaktoren und Diskrepanzen inhaltsanalytisch innerhalb von Fallstudien untersucht worden, in denen Vertrauensverluste in führende Politiker, etc. ein wichtige Rolle gespielt haben. Innerhalb der Fallstudie Florian Gerster (Sommer 2005, Sommer/Bentele (2006) konnten in allen untersuchten Artikeln auch Vertrauensfaktoren gefunden werden, in 47 Prozent aller Artikel waren Diskrepanzen auffindbar. In der Studie zum Fall Biedenkopf (Smirek, 2006) wurden in 79 Prozent aller Artikel Vertrauensfaktoren gefunden. Diskrepanzen fanden sich hier in 49 Prozent aller Artikel; den größten Teil (44 Prozent) machten Diskrepanzen zwischen moralischen/rechtlichen Normen und dem Verhalten des Hauptakteurs aus.

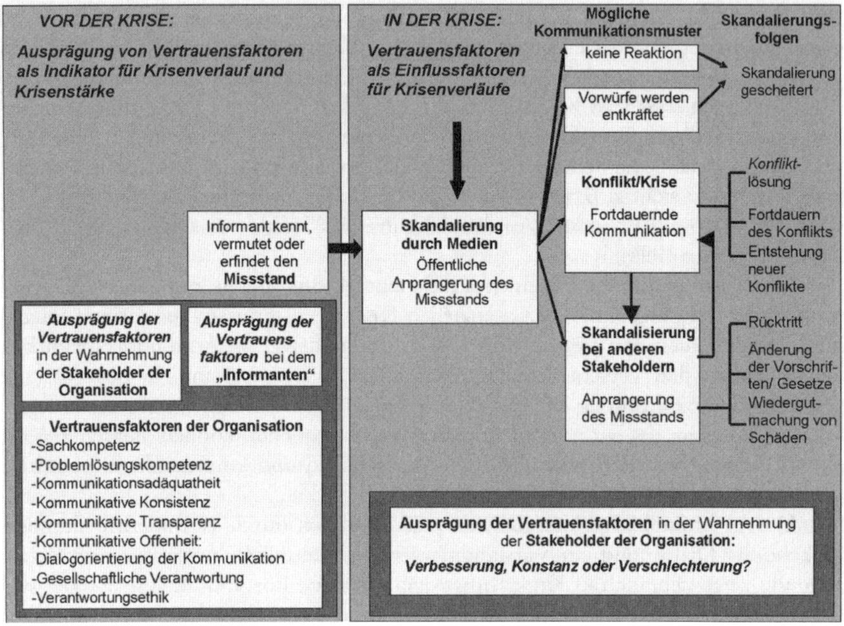


*Abbildung 2:* Rolle von Vertrauensfaktoren im Rahmen von Krisenverläufen (eigene Darstellung)

## 4 Kommunikative Diskrepanzen und Missstände aus der Perspektive ausgewählter Stakeholder-Gruppen

### *4.1 Journalisten als Beobachter, Skandalierer oder Unterstützer?*

In Bezug auf jeden Skandal bzw. jede Krise einer Organisation lassen sich unterschiedliche Akteure unterscheiden, die sich durch ihre Rolle, durch die Art und Weise voneinander unterscheiden, in der sie im Prozess der Skandalisierung bzw. in der Krise tatsächlich auftreten und behandelt werden. Solche Rollen sind z. B. Verursacher, Nutznießer, Betroffene bzw. Geschädigte, Skandalierer und Skandalierte, Trittbrettfahrer, Informanten und Außenstehende (vgl. Kepplinger et. al. 2002: 97). Eine wichtige Rolle nehmen *Journalisten* ein, die zwar (in der Regel) als Außenstehende *Beobachter* von Berufs wegen sind, allerdings durch ihre berufliche Rolle auch Teil des Prozesses, des „Spiels" (vgl. Donsbach et.al. 1993) werden. Im Zusammenhang damit, dass Journalisten nach einer bestimmten Berufslogik agieren, hat dies Konsequenzen. Teil der Berufslogik ist es, Missstände, eine Form von Diskrepanzen, aufzudecken und öffentlich zu machen, um damit Kritik zu üben. Journalisten müssen bei Sachverhalten, die sie als Missstände wahrnehmen, also als *diskrepant* zu allgemein anerkannten Normen (auch Gesetzen), aufmerksam sein. Sie sind durch die Veröffentlichung von Missständen, die sie wahrnehmen, direkt an der Skandalisierung und damit der Entwicklung von Organisationskrisen beteiligt. Im Verlauf einer Krise können sie diese durch ihre Berichterstattung entweder verschärfen, ihr relativ neutral gegenüberstehen oder sie aber positiv – im Sinne der Organisation – unterstützen.

Sie zeigen in der Beurteilung von Missständen und in der Situation einer Krise als berufliche Beobachter ein spezifisches Verhalten, das sich zum einen durch Wahrnehmungsunterschiede erklären lässt, die die Attributionstheorie erläuterte (vgl. Jones/Nissbett: 1972). Zum anderen hängt ihr Verhalten mit der Entwicklung des Mediensystems und der gesamten Gesellschaft zusammen.

Die Kernaussagen der Attributionstheorie beziehen sich auf die Wahrnehmungsunterschiede und Unterschiede in der Erklärung von beobachtetem Verhalten von Akteuren und Beobachtern. Während die Akteure ihr Handeln und dessen Folgen auf äußere Umstände und die spezifische Situation zurückführen (=externale Atttribution), führen die Beobachter das Verhalten von Handelnden zumeist auf die Person des Handelnden zurück, wobei die Handlungsbedingungen der Person weniger Beachtung finden. Kepplinger konnte diesen Mechanismus in einer Studie bei Journalisten bestätigen: „Die Journalisten nannten oft Missstände, deren sachliche Gründe im individuellen Eigennutz der Verantwortlichen lagen, während sie selten Missstände erwähnten, deren sachliche Gründe strukturelle Fehlentwicklungen waren“ (Kepplinger: 2002: 58). Journalistisches Verhalten ist jedoch nicht nur durch die verschiedene Rollenwahrnehmung als „beruflicher Beobachter“ geprägt, sondern auch durch die Entwicklung des Mediensystems. Personalisierung von Krisen, die entsprechende Erklärung der Ursachen von Missständen durch die Journalisten, ist also z. B. zum einen durch die Interpretation nach der Attributionstheorie zu erklären und zum anderen durch die Mediatisierung der Gesellschaft – die Infotainisierung der Medien.

Warum werden latente Unternehmenskrisen häufig zu Krisen in den Medien und dadurch – durch die Rückwirkung auf die Unternehmen – erst richtige Unternehmenskrisen? „Bad News“ sind immer „Good News“, jedenfalls in der journalistischen Berichterstattungslogik. Der Faktor „Konflikt“ bzw. ähnlich lautende Faktoren ist zentraler Nachrichtenfaktor der Medien[9]. Krisenanzeichen oder tatsächli-

9 Zur Nachrichtenwerttheorie vgl. z.B. Galtung/Ruge (1965), Schulz (1976) und Staab (1990). Während Galtung/Ruge 1965, 70 f.) u. a. Faktoren wie Aufmerksamkeit, Intensität, Frequenz, Negativismus, Unerwartetheit/Kontrast, Personalisierung, Relevanz, etc. beschreiben, unterscheidet Schulz (1976, 32ff) 18 Nachrichtenfaktoren in 6 Dimensionen, darunter Dynamik (Überraschung, Struktur/Komplexität); Valenz (Erfolg, Kriminalität, Konflikt, Schaden); Identifikation

che Krisen werden von den Journalisten als Information wahrgenommen, die mit dem normalen Gang der Dinge in Konflikt liegen, Störfälle, Unfälle, Betrug, Bestechung, Vorteilsannahme, sind (unterschiedlich starke) Konfliktpotentiale für die Medien. Negative Auswirkungen auf Kunden, die Beschäftigten des Unternehmens, auf die Anleger, auf Anwohner oder eine ganze Region müssen dabei noch gar nicht eintreten, sondern nur befürchtet werden, um negative Berichterstattung auszulösen. Den meisten Journalisten kann dabei unterstellt werden, dass sie die – aus Unternehmenssicht – negativen Nachrichten nicht aus bösem Willen, sondern aufgrund ihrer Arbeits- und Berufs-Logik verbreiten. Ausnahmen bestätigen allerdings die Regel. Knapp 60 Prozent der Journalisten in Deutschland geben als Teil ihres beruflichen Selbstverständnisses an, Kritik an Missständen der Gesellschaft üben zu wollen (vgl. Weischenberg/Malik/Scholl 2006: 106).

Für „Normalsituationen“, also für Nicht-Krisensituationen gilt – und dies ist empirisch gut untersucht – dass organisierte Informationsquellen (Public Relations) einen großen Einfluss auf die Auswahl der öffentlich diskutierten Themen und den Zeitpunkt haben, zu dem diese diskutiert werden.[10] Dies gilt, obwohl man sich das Verhältnis zwischen PR und Journalismus als das einer gegenseitigen Beeinflussung, Abhängigkeit und Anpassung (Intereffikationsbeziehung) vorstellen sollte (vgl. Bentele/Nothhaft 2004). In Krisensituationen ist dies allerdings anders: Medien werden in Krisen-Situationen nicht nur aktiv, sondern deutlich aktiver als unter Normalbedingungen (vgl. Barth/Donsbach 1992). In Krisensituationen gibt es immer etwas Interessantes zu erfahren: abgesehen von faktenbezogenen Fragen (Was ist passiert, wie viele Verletzte oder Tote gab es, wie giftig ist die ausgetretene Chemikalie? etc.) sind teils hochinteressante „Geschichten“, Stories, die in die Vergangenheit oder in die Zukunft führen, zu erwarten: Wer ist der „Schuldige“? Hat das Unternehmen versagt, hätte die Firma den Störfall durch bessere Vorsorge nicht verhindern können? Wie lange kann sich der Vorstandsvorsitzende noch halten? Hat das Unternehmen geschlampt, hat der Eigentümer eine Mitschuld? Journalisten sind bei Pressekonferenzen in Krisensituationen zahlreicher anwesend, fragen und berichten kritischer. Die Medien übernehmen in Krisensituation die aktivere Rolle, sie sind eine Zeit lang „Herr der Informationslage“. Dass Journalisten dabei gelegentlich – je nach Fall – neben den üblichen Recherche- und Darstellungsmitteln auch bewusst bestimmte Negativ-Informationen „hochziehen“, vorhandene Widersprüche verstärken, neue Konflikte selbst erzeugen (z. B. durch das Einholen widersprüchlicher Aussagen von Unternehmensangehörigen), übertrei-

(Personalisierung, Ethnozentrismus) (vgl. Schulz.). Staab (1990: 120 ff.) integriert Faktoren wie tatsächlicher Schaden/Misserfolg oder möglicher Schaden/Misserfolg unter den von ihm unterschiedenen 22 Nachrichtenfaktoren. Darüber hinaus unterscheidet er eine „Konfliktberichterstattung“ als thematisch eigens ausgewiesenen Berichterstattungsbereich

10 Vgl. als neueren Überblick über die Forschung Altmeppen/Röttger/Bentele (2004).

ben, dramatisieren[11], popularisieren, gelegentlich auch verfälschen, ist für Praxiserfahrene nichts Neues.

Organisationen müssen diese Mechanismen kennen und lernen, besser damit umzugehen: ein Kommunikationsmanagement zu etablieren, welches die kommunikativen Beziehungen zu den relevanten Stakeholdern nachhaltig plant, steuert und evaluiert, wobei die Reflexion über das Vertrauen der jeweiligen Anspruchsgruppe in die Organisation als Schlüsselwert betrachtet und analysiert wird. Krisen sollten zumindest im Nachhinein systematisch untersucht und somit auch als Chance zu einer Neuorientierung begriffen werden.

### 4.2 *Die Mitarbeiter: Whistleblower, interne Opposition oder Unterstützer?*

Wenn der Ernstfall für die Organisation, die Krise, eingetreten ist; dann spielt die Kommunikation nicht nur nach außen, sondern auch gegenüber den Mitarbeitern eine herausgehobene Rolle. Die Mitarbeiter sind funktionale Kommunikatoren („Botschafter") der Organisation. Organisationen können aber nur auf der Basis der vorab etablierten Kommunikationskultur und Vertrauensbasis agieren. Im Idealfall verfügen Organisationen über Mitarbeiter, die – nicht nur in einer Krise – als glaubwürdige Akteure auch nach außen auftreten. Zum anderen kann die Organisation auf Pläne für bestimmte Krisensituationen – vom klassischen Störfall bis zur Führungskrise – zurückgreifen und verfügt über eingespielte Wege (IT-Infrastruktur), Instrumente und Methoden, durch die die Mitarbeiter schnell erreicht werden und die von ihnen auch akzeptiert und geschätzt werden. Mediennutzungstrends, wie die verstärkte Nutzung und Akzeptanz von Social-Software-Anwendungen (vgl. Sandhu/Zerfaß: 2007) sollten systematisch verfolgt und in die Organisationskommunikation integriert werden. Zahlreiche Beispiele der vergangenen Jahre belegen allerdings eindringlich, wie weit Realität der Organisationen von diesen zwei Hauptaspekten eines Ideals entfernt ist: Für die Politik wäre sicher die Kommunikation zur „Agenda 2010" zu nennen, was die großen Unternehmen anbelangt, so sind u. a. Grundig, BenQ, Siemens und Volkswagen Beispiele, die nicht gerade Vorbildcharakter haben.

Wurde den Ansprüchen der Stakeholdergruppe der Mitarbeiter – des Managements, „White Collar", „Blue Collar", sonstiger Gruppen – nicht vorab zielgruppenspezifisch und im Sinne eines Kommunikationsmanagements neuer Prägung systematisch Rechnung getragen, werden Mitarbeiter in einer Krise potenziell häufiger zu „Trittbrettfahrern", „Whistleblowern", „Fahnenflüchtigen" oder bloßen „Kämpfern in eigener Sache". Ist Vertrauen nicht vor dem Ernstfall ein integraler

11 Kepplinger (2001: 36 f.) unterscheidet z.B. sechs verschiedene Typen von Dramatisierungen: Horror-Etiketten, Verbrechens-Assoziationen, Super-Gau-Spekulationen, Katastrophen-Collagen, Schuld-Stapelungen und optische Übertreibungen.

Bestandteil der *gelebten* Unternehmens- und Wertekultur der Organisation, wird dies den Krisenverlauf sehr deutlich beeinflussen. Die Einstellung und das Vertrauen der Mitarbeiter gegenüber der Organisation[12] steuert auch ihr Verhalten in der Krise.

Journalisten werden die „Insider-Informationen", natürlich insbesondere negative Äußerungen von Mitarbeitern, zur Situation sehr gern aufgreifen und so vorhandene *Informations- und Bewertungsdiskrepanzen* im Unternehmen nach außen tragen und damit auch latent oder manifest *verstärken*. Mitarbeiter, deren Bindung an die Organisation ohnehin schwach ausgeprägt ist und die die Organisation ohnehin am liebsten verlassen würden, sind immer potenzielle Quellen für Journalisten: Informationen, die solche Mitarbeiter weitergeben, werden wenig positiv und förderlich für die Organisation ausfallen.

### *4.3 NGOs als Kritiker oder als Partner?*

NGOs haben seit Ende des zweiten Weltkriegs, vor allem in den vergangenen fünfzehn Jahren international, aber auch in Deutschland stark an Bedeutung gewonnen. Die Zahl der NGOs hat sich nach Angaben der Bundeszentrale für Politische Bildung von 1991 bis 2004 von 4620 auf gut 7300 erhöht.[13] Dies hängt mit dem Globalisierungsprozess (viele Problemfelder lassen sich nur trans- oder international angehen), dem Ende der Blockkonfrontation, mit dem Rückzug des Staates aus zahlreichen Bereichen des öffentlichen Lebens und Tendenzen der globalen Liberalisierung von Märkten wie der Privatisierung von vormaligen Aufgaben der „res publica" zusammen. NGOs genießen weltweit ein sehr hohes Vertrauen bei Meinungsführern in der Bevölkerung, darunter sicher auch Journalisten. (vgl. Edelman 2007). Da öffentliche Kommunikation und Lobbying für ihr jeweiliges Anliegen ein strategisches Kernstück und ein strategischer Ansatzpunkt für diese Organisationen sind, ist ihre öffentliche Reputation sehr wichtig für sie. NGOs können sich prinzipiell gegenüber anderen Organisationen als Kritiker, als aktivistische Teilöffentlichkeit – oder auch als Partner – verhalten. *NGOs als Kritiker* thematisieren sachliche Missstände in bestimmten Themenbereichen oder die Missstände anderer Organisationen, können als Trittbrettfahrer, aber eben auch als (in der Regel glaubwürdige) Quellen für die Journalisten fungieren. *NGOs als Partner* können demgegenüber auch glaubwürdige Belege über die positiven und produktiven Seiten der in der Kritik stehenden Organisationen ins Feld führen.

---

12 Vgl. dazu Meifert (2003) und zu einem unternehmerischen Vertrauensmanagement generell Eberl (2003).

13 Vgl. folgenden Link des Online-Auftritts der Bundeszentrale für Politische Bildung: http://www.bpb.de/wissen/3UD6BP,0,0,NichtRegierungsorganisationen_(NGOs).html)

Unternehmen, die *kluge Allianzen* mit NGOs eingehen, genießen einen privilegierten Zugang zu den Mitgliedern und Informationen bedeutender Stakeholder-Gruppen wie z. B. Menschenrechtsorganisationen, Umwelt- und Verbraucherschutz- oder karitativen Organisationen und werden dadurch darüber hinaus aktiv tätig im Hinblick auf ihre kommunikativen Vorteile gegenüber anderen Organisationen, die Prävention und den Verlauf von Krisen. Zunehmende Strategien der Verschränkung von Unternehmen und NGOs, die vom Begreifen der Notwendigkeit von Koexistenz über die Einrichtung von Dialogformen und Networks bis hin zur „Co-Creation", dem gemeinsamen Entwickeln von Business-Plänen gehen (vgl. Brugmann/Prahalad 2007), bergen für beide Seiten kommunikative Chancen, aber sicher auch gelegentlich Risiken. Im Rahmen adäquater CSR-Strategien können solche Kooperationen mit NGOs ein Teil des externen Vertrauensmanagements sein. NGOs andererseits stehen vor der Herausforderung, Allianzen und Kooperationen sehr genau prüfen zu müssen im Hinblick auf den Verlust ihres höchsten Gutes: ihre weltweit hohe Glaubwürdigkeit. Glaubwürdigkeit und Vertrauen ist deren stärkste Ressource.

## 5 Fazit: Krisen und Vertrauen im Kommunikationsmanagement neuer Prägung

Krisenexperten äußern gelegentlich das Bonmot, dass es eigentlich nur zwei Sorten von Unternehmen gäbe: einmal Unternehmen, die sich *vor* einer Krise und andererseits Unternehmen, die sich *in bzw. nach* einer Krise befinden. Niemand kann garantieren, dass selbst nach bester Krisenvorsorge, auch beim Vorliegen intelligenter Krisenpläne eine tatsächlich eintretende Krise keine negativen Auswirkungen auf das Unternehmen hat. Sicher ist jedoch, dass keine oder eine nur ungenügende Krisenvorsorge noch deutliche schlimmere Folgen hat. Die Macht der Medien und die kommunikative Macht von verschiedenen Stakeholdergruppen werden nicht kleiner werden.

Unternehmen und andere Organisationen können dagegen halten, wenn sie sich kommunikativ klug und zeitgemäß verhalten, d. h. *Vertrauensfaktoren* in einem Kommunikationsmanagement neuer Prägung, in einer Art *Vertrauensmanagement* systematisch reflektieren, Vertrauensbeziehungen zu potenziell allen Stakeholdern aufbauen und stabilisieren, was generell eine offene, dialogische Kommunikation mit diesen Gruppen voraussetzt. Auch bei Journalisten lässt sich so Vertrauen erwerben, Organisationen sind so auf Krisenfälle besser vorbereitet und können mit der Entwicklung der Medien und der Gesellschaft mitgehen.

Unternehmen und Organisationen halten ein sehr wichtiges Gut in ihren Händen: die Informationsquellen für die Gesellschaft. Ohne Informationsquellen können die Medien ihre Aufgaben nicht erfüllen, sie „sind" sozusagen nichts. Die

Mitarbeiter sind als funktionale Kommunikatoren und „Botschafter" für die Organisationen von unschätzbarem Wert – gerade auch im Hinblick auf Krisen. Mitarbeiter sind Quelle von Innovation und Wertschöpfung. Unternehmen sollten allerdings nicht vergessen, dass Mitarbeiter auch bevorzugte Quellen für Konkurrenten, Kritiker, wie auch bevorzugte Ansprechpartner für „Insider-Informationen" von Journalisten sind. In Kooperation und im Dialog mit allen Stakeholdern können sich Organisationen realitätsnah weiter entwickeln, wobei sich ein Netzwerk der „Fürsprecher" und „Unterstützer" der Organisation etablieren und ausbauen lässt und die Kritik der Stakeholder zur Weiterentwicklung und organisatorischen Innovation betragen kann.

## Literatur

Altmeppen, Klaus-Dieter/Röttger, Ulrike/Bentele, Günter (Hrsg.) (2004): Schwierige Verhältnisse. Interdependenzen zwischen Journalismus und Public Relations. Wiesbaden: Westdeutscher Verlag.

Barth, Henrike/Donsbach, Wolfgang (1992): Aktivität und Passivität von Journalisten gegenüber Public Relations. Fallstudie am Beispiel von Pressekonferenzen zu Umweltthemen. In: Publizistik, 37. Jahrgang, Nr. 2, 151-165.

Bentele, Günter (1994): Öffentliches Vertrauen – normative und soziale Grundlage für Public Relations. In: Armbrecht, Wolfgang/Ulf Zabel, (Hrsg.): Normative Aspekte der Public Relations. Grundlagen und Perspektiven. Eine Einführung. Opladen: Westdeutscher Verlag, 131-158.

Bentele, Günter/Seeling, Stefan (1996): Öffentliches Vertrauen als zentraler Faktor politischer Öffentlichkeit und politischer Public Relations. Zur Bedeutung von Diskrepanzen als Ursache von Vertrauensverlust. In: Jarren, Otfried/Schatz, Heribert/Weßler, Hartmut (Hrsg.): Medien und politischer Prozess. Politische Öffentlichkeit und mediale Politikvermittlung im Wandel. Opladen: Westdeutscher Verlag, 155-167.

Bentele, Günter/Steinmann, Horst/Zerfaß, Ansgar (Hrsg.) (1996): Dialogorientierte Unternehmenskommunikation. Grundlagen – Praxiserfahrungen – Perspektiven. Berlin: Vistas.

Bentele, Günter/Seidenglanz, René (2004): Das Image der Image-Konstrukteure. Eine repräsentative Studie zum Image der PR-Branche in Deutschland und eine Journalistenbefragung. Leipzig: Universität Leipzig.

Bentele, Günter/Nothhaft, Howard (2004): Das Intereffikationsmodell. Theoretische Weiterentwicklung, empirische Konkretisierung und Desiderate. In: Altmeppen, Klaus-Dieter/ Röttger, Ulrike/Bentele, Günter (Hrsg.): Schwierige Verhältnisse. Interdependenzen zwischen Journalismus und Public Relations. Wiesbaden: Westdeutscher Verlag, 67-104. .

Bentele, Günter/Hoepfner, Jörg (2005): Krisenkommunikation. In: Bentele, Günter/Romy Fröhlich/Peter Szyszka (Hrsg.): Handbuch der Public Relations. Wissenschaftliche Grundlagen und berufliches Handeln. Mit Lexikon. Wiesbaden: VS Verlag für Sozialwissenschaften, 591-592.

Bentele, Günter/René Seidenglanz (2005): Vertrauen und Glaubwürdigkeit. In: Bentele, Günter/Fröhlich, Romy/Szyszka, Peter (Hrsg.): Handbuch der Public Relations. Wissenschaftliche Grundlagen und berufliches Handeln. Mit Lexikon. Wiesbaden: VS Verlag für Sozialwissenschaften, 345-360.

Bentele, Günter/Fröhlich, Romy/Szyszka, Peter (Hrsg.) (2005): Handbuch der Public Relations. Wissenschaftliche Grundlagen und berufliches Handeln. Mit Lexikon. Wiesbaden: VS Verlag für Sozialwissenschaften.

Bentele, Günter/Nothhaft, Howard (2007): Konzeption von Kommunikationsprogrammen. In: Piwinger, Manfred/Zerfaß, Ansgar (Hrsg.): Handbuch Unternehmenskommunikation. Wiesbaden: Gabler, 357-380.

Breuß, Cornelia/Johannsen, Klaus-Peter/Kretschmer, Heiko u. a. (2003): Krisen-Prävention in Deutschland. Vergleichende Studie über Vorhandensein und Anwendung von Krisen-Instrumenten in Unternehmen, Behörden und Verbänden. Berlin: 12Cylinders. Online unter http://www.jk-kom.de/media/dokumente/Studie_Krisen_Praevention.pdf

Brugmann, Jeb/Prahalad, C.K. (2007): Cocreating Business's New Social Compact. In: Harvard Business Review, 2/2007, 80-90.

Burkart, Roland (1996): Verständigungsorientierte Öffentlichkeitsarbeit. Der Dialog als PR-Konzeption. In: Bentele, Günter/Steinmann, Horst/Zerfaß, Ansgar (Hrsg.): Dialogorientierte Unternehmenskommunikation. Berlin: Vistas, 245-270.

Burkhardt, Steffen (2006): Medienskandale. Zur moralischen Sprengkraft öffentlicher Diskurse. Köln: Halem.

Coombs, Timothy William (2005): Crises and Crises Management. In: Heath, Robert L. (Hrsg.): Encyclopedia of Public Relations. Thousand Oaks u.a..: Sage, 217-221.

Donsbach, Wolfgang/Jarren, Otfried/Kepplinger, Hans Mathias/Pfetsch, Barbara (1993): Beziehungsspiele – Medien und Politik in der öffentlichen Diskussion. Gütersloh: Bertelsmann Stiftung.

Eberl, Peter (2003): Vertrauen und Management. Studien zu einer theoretischen Fundierung des Vertrauenskonstruktes in der Managementlehre. Stuttgart: Schäffer-Poeschel.

Freeman, Edward R./Evan, William M. (1993): A stakeholder theory of the modern corporation. Kantian capitalism. In: Chryssides, George D./Kaler, John H. (1993): An Introduction to Business Ethics. London u. a.: Thomson Learning.

Galtung, Johan/Ruge, Marie Holmboe (1965): The Structure of Foreign News: The Presentation of the Congo, Cuba and Cyprus Crisis in Four Norwegian Newspapers. In: Journal of Peace Research, 2. Jahrgang, 64-91.

Grunig, Larissa A./Grunig, James E./Dozier, David M. (2002): Excellent Public Relations and Effective Organizations. A Study of Communication Management in Three Countries. Mahwah, N.J/London: Erlbaum.

Herbst, Dieter (2005): Zehn Thesen zur Zukunft der Krisen. In: Schaffranietz, Adrian/Köhler, Tanja (Hrsg.): Public Relations – Perspektiven und Potenziale im 21. Jahrhundert. 2., durchgesehene Auflage. Wiesbaden: VS Verlag für Sozialwissenschaften, 89-97.

Hundhausen, Carl (1951): Werbung um öffentliches Vertrauen. Essen: Girardet

Jones, Edward E./Nisbet, Richard E. (1972): The actor and the observer: Divergent perceptions of the causes of behaviour. In: Jones, Edward E./Kanouse, David E./Kelley, Harold H./Nisbett, Richard E./Valins, Stuart/Weiner, Bernhard (Hrsg.): Attribution: Perceiving the causes of behaviour. Morristown: General Learning Press, 79-94.

Karmasin, Matthias (2005): Stakeholder Management als Ansatz der PR. In: Bentele, Günter/Fröhlich, Romy/Szyszka, Peter (Hrsg.): Handbuch der Public Relations. Wissenschaftliche Grundlagen und berufliches Handeln. Mit Lexikon. Wiesbaden: VS Verlag für Sozialwissenschaften, 268-280.

Kepplinger, Hans Mathias (1994): Publizistische Konflikte. Begriffe, Ansätze, Ergebnisse. In: Neidhardt, Friedhelm (Hrsg.): Öffentlichkeit, Öffentliche Meinung, soziale Bewegungen. Opladen: Sonderheft 34 der Kölner Zeitschrift für Soziologie und Sozialpsychologie, 214-233.

Kepplinger, Hans-Mathias (2001): Die Kunst der Skandalisierung und die Illusion der Wahrheit. München: Olzog.

Kepplinger, Hans Mathias/Ehmig, Simone Christine/Hartung, Uwe (2002): Alltägliche Skandale. Eine repräsentative Analyse regionaler Fälle. Konstanz: UVK.

Kunczik, Michael/Heintzel, Alexander/Zipfel, Astrid (1995): Krisen-PR. Unternehmensstrategien im umweltsensiblen Bereich. Köln/Weimar/Wien: Böhlau.

Luhmann, Niklas (1973): Vertrauen. Ein Mechanismus zur Reduktion von sozialer Komplexität. Stuttgart.

Meifert, Matthias (2003): Vertrauensmanagement in Unternehmen. Eine empirische Studie über Vertrauen zwischen Angestellten und ihren Führungskräften. München: Mering Hampp.

Millar, Dan P. (2004): Exposing the Errors: An Examination of the Nature of Organizational Crises. In: Millar, Dan P./Heath, Robert L. (Hrsg.): Responding to Crises. A Rhetorical Approach to Crises Communikation. Mahwah, N.J/London: Erlbaum.

Piwinger, Manfred/Zerfaß, Ansgar (Hrsg.) (2007): Handbuch Unternehmenskommunikation. Wiesbaden: Gabler.

Ronneberger, Franz/Rühl, Manfred (1992): Theorie der Public Relations. Ein Entwurf. Opladen: Westdeutscher Verlag.

Sandhu, Swaran/Zerfaß, Ansgar (2007): Euroblog 2007-Studie. Presse-Information.

Schulz, Winfried (1976): Die Konstruktion von Realität in den Nachrichtenmedien. Analyse der aktuellen Berichterstattung. Freiburg, München.

Smirek, Katja (2006): Politische Kommunikation und öffentliches Vertrauen. Der Fall Biedenkopf 2001 (Rekonstruktion und Inhaltsanalyse). Universität Leipzig: Unveröffentlichte Magisterarbeit.

Sommer, Christian (2005): Im Brennpunkt der Öffentlichkeit. Florian Gersters Vertrauensproblem. Eine Fallstudie zur Berateraffäre 2003/2004. Universität Leipzig: Unveröffentlichte Magisterarbeit.

Sommer, Christian/Günter Bentele (2006): Losing Public Trust. A German Case Study on Interdependencies between Processes of Public Communication and Public Trust. Presentation at ICA Congress, Dresden, June 2006.

Staab, Joachim Friedrich (1990): Nachrichtenwerttheorie. Formale Struktur und empirischer Gehalt. Freiburg/München: Alber.

Weischenberg, Siegfried/Malik, Maja/Scholl, Armin (2006): Die Souffleure der Mediengesellschaft. Report über die Journalisten in Deutschland. Konstanz: UVK.

Zerfaß, Ansgar (1996): Dialogkommunikation und strategische Unternehmensführung. In: Bentele, Günter/Steinmann, Horst/Zerfaß, Ansgar (Hrsg.): Dialogorientierte Unternehmenskommunikation. Berlin: Vistas, 23-58.

Zerfaß, Ansgar (2007): Unternehmenskommunikation und Kommunikationsmanagement: Grundlagen, Wertschöpfung, Integration. In: Piwinger, Manfred/Zerfaß, Ansgar (Hrsg): Handbuch Unternehmenskommunikation. Wiesbaden: Gabler, 21-70.

# Anwendungsorientierte Perspektiven

# Die Rolle der Kommunikation im interdisziplinären Krisenmanagement

*Thorsten Hofmann und Stefan Braun*

## 1 Krisenkommunikation als Teil des Krisenmanagements

Korruption und Verunglimpfungen, Katastrophen und Sabotagen, Verleumdungen und Kommunikationsfehler, die moderne Presse bewegt sich mehr und mehr auf eine Boulevardisierung hin. Ob das Individuum, eine Gruppe, eine Unternehmung oder eine ganze Ethnie im Mittelpunkt steht und ob zu Recht oder Unrecht damit behaftet oder darin involviert, die mediale Aufmerksamkeit ist ihnen gewiss. Was für den Nachrichtenempfänger mittlerweile alltäglich und bisweilen sogar unterhaltsam ist, empfinden die betroffenen Unternehmen und Organisationen in Wirtschaft und Gesellschaft in der Regel als Ausnahmezustand. Zunehmend selten erleben wir, dass die Organisationen diesen Anforderungen gewachsen sind. Vielmehr lassen Unternehmen eine „Unprofessionalität" im Umgang mit ihren Anspruchsgruppen erkennen. Häufig führt sie dieser mangelhafte Umgang noch tiefer in die Krise hinein.

Handlungen, Vorgänge, Ereignisse, die erst durch die Medien zu realen „Krisenereignissen" werden, bleiben als Schlagworte über kurz oder lang im Gedächtnis der Menschen.

Die Bedeutung der Kommunikation für das Krisenmanagement zeigt sich zunächst dadurch, dass Risiko und Krise Wahrnehmungsphänomene sind, die im Verhältnis zum eigentlichen Anlass ein Eigenleben entwickeln. Entscheidend ist, wie ein Risiko bzw. eine Krise von der Öffentlichkeit wahrgenommen wird.

Eine Krise kann sich in ihrem Verlauf in ganz unterschiedliche Richtungen entwickeln: Mündet sie in eine Katastrophe? Kann durch adäquates Handeln der „Vorkrisenzustand" wieder hergestellt werden oder geht das Unternehmen sogar gestärkt aus einer Krise hervor? Auch wenn keine Krise der anderen gleicht, so wiederholen sich doch entscheidende Muster bei allen Krisen: Menschen kommen zu Schaden, wirtschaftliche und öffentliche Werte werden zerstört.

Sowohl für die „Opfer" als auch die „Schädiger" ist eine Krise meist eine existenzielle Frage. Krisen sind ein schwer überschaubares und nicht selten widersprüchliches Konglomerat von partikularen ökonomischen, politischen, ökologischen oder privaten Interessen. Oft treten kommerzielle Interessen der Medien hinzu, die sich durch eine aktuelle Berichterstattung, Hintergrundinformationen und populistische Kommentare eine Erhöhung der Einschalt- oder Leserquoten erhoffen. Angst macht Auflage – und für die Medien haben Themen, die uralte und grundlegende Bedürfnisse in Frage stellen hohen Nachrichtenwert: der Schutz des Nachwuchses, die Sicherheit der Behausung und das Vorhandensein ausreichender Nahrungsmittel. Übertragen in das 21. Jahrhundert heißt dies zum Beispiel: Gesundheitsschäden für Kinder, Umweltvergiftung und sozialer Abstieg. Durch das gesteigerte Medieninteresse wäre demnach ein rein operatives Krisenmanagement nur in einem medienfreien Umfeld möglich. Das operative Krisenmanagement bedarf somit der dauerhaften Krisenkommunikation, da sich beide gegenseitig bedingen. Die systematische und zielgerichtete Lösung einer Krisensituation ist ohne das eng verzahnte Zusammenwirken beider Disziplinen nicht umsetzbar.

Liegt in der engen Kooperation oft die einzige Chance, eine Krise möglichst unversehrt zu überstehen, so birgt diese enge Kooperation auch Gefahren. Eine Vielzahl von Einzelinteressen treffen aufeinander und unzählige Aufgaben müssen zeitgleich von diversen Fachbereichen in Unternehmen oder Wirtschaftsorganisationen, aber auch bei Behörden wahrgenommen werden. In der Folge entstehen oftmals diametrale Ansätze in der Krisenbearbeitung. Verschiedenartige Auffassungen und divergierende Interessen münden in Zielkonflikten, die den Krisenverlauf negativ beeinflussen können.

Sachzwänge und Rahmenbedingungen der operativen und kommunikativen Komponenten verzweigen sich stets zu einem hoch komplexen und schwer durchschaubaren „Nervengeflecht“ – dem Komplexitätsfaktor der Krise.

Als das „klassische Krisenmanagement“ werden operative Elemente begriffen. Dazu gehören beispielsweise Rettung und Bergung, Umweltschutzmaßnahmen, Safety und Security, Business Continuity, Logistik, Betreuung und Abschirmung von Betroffenen, Personalmanagement, forensische Dienste und Ligitation.

Jede operative Maßnahme – durchgeführt oder unterlassen, gelungen oder missraten – entfaltet kommunikative Wirkungen. Krisenkommunikation muss daher integrativer Bestandteil des Krisenmanagements sein. Das gilt für die Krisenprävention im Vorfeld ebenso wie für die Krisenintervention im Ernstfall. Die Kommunikation muss entscheidender Dreh- und Angelpunkt mit und zwischen allen Einsatzkräften sein. Dies wird jedoch noch überwiegend verkannt oder unzureichend umgesetzt. Zwar ist es in der Praxis inzwischen die Regel, dass der Pressesprecher Mitglied im Krisenstab ist, gleichwohl ist sein Einfluss bescheiden. Dies weist möglicherweise auf ein Kommunikationsdebakel zwischen „Technokraten“ und „Kommunikatoren“ in der Gestaltung der Unternehmenspolitik hin. Die resultierenden negativen Auswirkungen zeigen sich selten in ruhigen Phasen. Sie werden zumeist erst in krisenhaften Situationen offensichtlich, wenn zur Schau getragene Sachlichkeit kalt wirkt und Empathie vermissen lässt oder scheinbar juristische Sachzwänge notwendiges Mitgefühl ersetzen.

Dieser Artikel zeigt die operativen und kommunikativen Komponenten bei der Bewältigung von Krisenereignissen auf. Die psychologischen Aspekte der medialen Berichterstattung auf die Beteiligten werden betrachtet. Zudem wird beleuchtet, wie die Krisenkommunikation den Intensivrecherchen der Medien entgegentreten kann. Der Beitrag beschreibt schließlich, dass Krisenmanagement sowohl eine kommunikative Leistung und Krisenkommunikation vor allem eine Managementleistung darstellt.

## 2 Definition Krisenkommunikation

### *2.1 Ausgangssituationen für Krisenlagen*

Die Krisenkommunikation unterscheidet diverse Ausgangssituationen für Krisenlagen, die akute singuläre, die schleichende und die wellenförmige Krise.

Akute singuläre Krisen sind grundsätzlich nicht vorhersehbar und treten unerwartet auf. Die Öffentlichkeit interessiert sich sofort sehr stark für solch außergewöhnliche „Sensationen". Damit wird die Dynamik der Kommunikation im Wesentlichen durch die Interessen der Betroffenen und der Medien definiert. Aus Sicht der Öffentlichkeit kommt es dabei nicht darauf an, ob das Unternehmen direkt oder nur indirekt betroffen ist und eventuell faktisch gar nicht der Auslöser oder Verursacher eines Vorfalls ist. Entscheidend ist das subjektive Empfinden der Informationsempfänger.

Singuläre Ereignisse haben für den normalen Geschäftsablauf schwerwiegende, kurz- aber auch langfristige Folgen. Sie generieren einen massiven, akuten Entscheidungs- und Aktionsdruck und entwickeln oft eine Eigendynamik, die kaum oder nur schwer beherrschbar scheint. Sie bergen die Gefahr, dass dem Schaden des primären Ereignisses Sekundärschäden durch mangelhafte Kommunikation folgen. Diese können mitunter weiterreichende Folgen haben als das auslösende Ereignis.

Schleichende Krisen sind komplexe Prozesse, die sich durch längerfristige Entwicklungsgeschichten auszeichnen. Ähnlich einem Schwelbrand können sie jedoch jederzeit zu akuten Krisen aufflammen. Von Bedeutung ist hier, rechtzeitig Zuständigkeitsregelungen im Unternehmen zu erarbeiten, die interdisziplinäre Früherkennung ermöglichen. So müssen zum Beispiel permanent die Berichterstattung in den Medien und Diskussionsforen im Netz gescreent sowie der Markt analysiert werden, ob unmittelbare oder mittelbare Auswirkungen für das Unternehmen auftreten können.

### *2.2 Krisenursachen*

Eine weitere Unterscheidung zielt auf die Krisenursachen. Sie differenziert zwischen intern verursachten endogenen Krisen und extern verursachten exogenen Krisen.

Bei endogenen Krisen (z. B. Produktionsunfälle, Brand auf dem Betriebsgelände, Mitarbeiterentlassungen, finanzielle Unregelmäßigkeiten, Bestechung, amoralisches Verhalten des Vorstands) liegen die Ursachen innerhalb des Einflussbereichs des Unternehmens und können vor allem als Störung in dessen generellem und normalem Ablauf selbst charakterisiert werden. Exogene Krisen stammen aus dem Umfeld des Unternehmens und entziehen sich somit dessen direktem Einfluss.

Können selbstverschuldete Krisen durch definierte Prozessabläufe oder bestimmte Sicherheitsvorkehrungen und Schutzmaßnahmen vermieden werden, sind die Präventionsmöglichkeiten bei extern verursachten Krisen beschränkt. Etliche Beispiele zeigen, wie ungünstige äußere Einflussfaktoren auf ein Unternehmen wirken und dieses in eine Krise führen können (z. B. politische Unsicherheiten, Unglücksfälle, negative Medienberichterstattung, falsche Anwendung eines Produktes).

### *2.3 Aufgaben der Krisenkommunikation*

Kommunikation in der akuten Krise hat die Aufgabe, den wichtigen internen und externen Bezugsgruppen die Krise bekannt zu geben, ihnen ein angemessenes Bild der aktuellen Entwicklung und der Bemühungen des Unternehmens zu ermöglichen sowie die Folgen der Krise möglichst klein zu halten.

Grundsätzlich gilt, dass das Unternehmen offen, fachkundig und verantwortungsbewusst über die Krise informieren sollte: Offen heißt, dass die relevanten Informationen kommuniziert werden, die die Bezugsgruppen für eine Einschätzung der Krise und des Verhaltens des Unternehmens benötigen. Fachkundig bedeutet, das Unternehmen demonstriert, dass es die Krise einschätzen kann und im Griff hat. Verantwortungsbewusstsein beweist das Unternehmen, indem es die Auswirkungen der Krise auf das Schicksal seiner Mitarbeiter, Kunden und Geschäftspartner ernst nimmt und es dementsprechend handelt.

## 3 Ausgangslage und Voraussetzungen für eine adäquate Krisenkommunikation

### *3.1 Agieren statt Reagieren*

Im Gegensatz zum Alltagsgeschäft sind die mit Kommunikation beauftragten Stellen in Krisenlagen gezwungen, auf Auslöser von krisenhaften Situationen und deren Verstärker, wie zum Beispiel Medien, zu reagieren. Die Kommunikation während einer Krise kann nur selten aktiv von den Mitarbeitern der Presse- oder Öffentlichkeitsarbeit selbst gesteuert werden. Häufig bestehen Dritt- und Partikularinteressen außerhalb des Unternehmens, deren Vertreter auf diesen Part Anspruch erheben. Sie versuchen die Kommunikationsfachleute vor sich her und in die gewünschte Richtung zu treiben. Diese Hatzsituation muss möglichst rasch entschärft werden. Die Krisenkommunikation bietet Strategien, die es ermöglichen, wieder die Position des Agierenden zu erlangen.

### *3.2 Immer einen Schritt voraus*

In der Praxis hat sich gezeigt, dass es für eine positive Krisenbewältigung hilfreich ist, das Kommunikationsverhalten der anderen Beteiligten zu antizipieren. Dadurch wird die reaktive Phase so kurz wie möglich gehalten. Durch proaktive Elemente kann die Meinungsführerschaft zurückgeholt und somit zugleich in der Öffentlichkeit die eigene Handlungskompetenz demonstriert werden.

Zudem bedeutet Krisenreaktion sofortiges Handeln, denn Krisen stellen immer einen Wettlauf gegen die Zeit dar. In den ersten Stunden werden alle Weichen gestellt. Eine Chance auf einen glimpflichen Ausgang der Krisenlage hat nur das Unternehmen, das mental, personell, organisatorisch, technisch, strategisch und inhaltlich auf den „Tag X" vorbereitet ist.

Oftmals sind es gerade lokal spannende Ereignisse wie Lebensmittelvergiftungen in der Kantine, Mitarbeiterentlassungen, Standortverlagerungen, Produktversagen, Mobbing, Korruption, Datenklau, sexuelle Übergriffe oder Finanzskandale, die einen erheblichen Imageschaden für das Unternehmen bedeuten können. In der näheren Umgebung kennt jeder das Unternehmen, die Mitarbeiter und die Firmenleitung. Plötzlich will jeder gewusst haben, dass eine solche Entwicklung vorhersehbar war. Denn gerade die Gefährdung der bereits angeführten Grundbedürfnisse unmittelbar vor der eigenen Haustür generiert irrationale Ängste, die den Medien „Quote" beschaffen. Fehlt in einer solchen Situation ein versierter Firmenkommunikator, werden Unternehmen schnell Opfer gewiefter (Enthüllungs-)Journalisten.

### *3.3 Vorbereitung auf den „Tag X": Krisenhandbuch, Übungen und Krisenstab*

Krisen können am reibungslosesten und mit der geringsten Gefahr für das Unternehmen gemeistert werden, wenn prophylaktisch Vorarbeiten geleistet worden sind. Ein wichtiges Instrument ist etwa die Erstellung eines Krisenhandbuchs. Dort finden sich unter anderem ein praktischer Krisenplan mit Richtlinien für verschiedene Szenarien, Textbausteine für die Ansprache der Öffentlichkeit, Informationen zur Erreichbarkeit, Fakten und Zahlenmaterial und ein Organisations- und Alarmplan. Zudem werden Mitglieder des Krisenstabs und externe Berater benannt. Zusätzlich sind für einschlägige Krisenszenarien Kommunikationsstrategien vorbereitet und bereits im Vorfeld möglicher Krisen intern kommuniziert worden.

Durch regelmäßige Übungen ist ein schlagfertiges Krisenteam mit Mitgliedern aus verschiedenen Fachrichtungen gut aufeinander abgestimmt. Der Krisenstab sollte aus krisenerprobten, souveränen Entscheidungsträgern des Unternehmens bestehen. Er sollte so klein wie möglich und durch eine klare Aufgabenverteilung charakterisiert sein. Das gut eingespielte, routinierte Team kann in kürzester Zeit einberufen werden und trifft im Ernstfall selbst Entscheidungen, informiert und kommuniziert sowohl intern als auch extern.

Bereits bei der Ernennung des Teams werden die Rollen und Aufgaben der einzelnen Mitglieder festgelegt, Ersatzverantwortliche benannt und Kontaktdaten festgehalten. Somit kann eine Einberufung des Krisenstabs zu jeder Tages- und Nachtzeit erfolgen. Die eingesetzten Mitarbeiter sind für ihre jeweilige Rolle autorisiert, qualifiziert und vorbereitet. Alle fachlich relevanten Bereiche sind im Krisenteam vertreten und jedem Mitglied ist bewusst, dass im Kriseneinsatz nicht die tatsächliche hierarchische Stellung im Unternehmen über die jeweilige Einsatzposition entscheidet, sondern die persönliche und fachliche Eignung. Zudem werden im Vorfeld von Krisen externe Sachverständige benannt, die das interne Krisenteam als Fachleute für Krisenkommunikation, als Risikomanager oder Juristen unterstützen.

### *3.4 Kontrollierte Verbreitung eindeutiger Botschaften*

Dem Krisenteam ist bewusst, dass die Krise durch eine schlechte oder lückenhafte Informationsversorgung der Medien, der Betroffenen, öffentlicher Stellen oder sonstiger Stakeholder eskalieren kann. Daher richtet es seine Aufmerksamkeit darauf, die Regie in die eigenen Hände zu nehmen, indem es die betreffenden Personen schnell, systematisch und zutreffend informiert. Besonderes Augenmerk liegt hierbei auf eindeutiger und klarer Verständigung. Zweideutigkeiten könnten von besorgten Betroffenen aber vor allem auch den Medien aufgegriffen werden und für gefährliche Missverständnisse sorgen. In Krisenlagen brodelt die Gerüchteküche besonders heiß. Ausbreitung und Verlauf der unliebsamen Meldungen sind in der eng vernetzten Kommunikationslandschaft nicht mehr zu beherrschen. Wichtig ist auch dafür zu sorgen, dass kein unautorisiertes Durchsickern von Informationen möglich ist.

Mit Blick auf das Medieninteresse wird diese Notwendigkeit noch verdeutlicht. Denn der plastisch formulierte Satz: „Only bad news are good news," hat durchaus seine Gültigkeit. Mit schlechten Nachrichten erreichen Medien ein großes Publikum: das macht Quote, das gibt Geld. Gerade der freie Journalist – in seltensten Fällen Großverdiener – weiß, dass ausufernde und zeitraubende Recherchen oft wenig Geld bringen. Vielleicht verliert er dadurch wertvolle Minuten im Kampf um die lukrative Exklusivstory, weil die Konkurrenz früher am „Tatort" war. Die Versuchung den Artikel mit einer inoffiziellen, dafür umso sensationsträchtigeren Information zu würzen, ist groß. Insofern ist es nur natürlich, dass jeder direkt oder indirekt von der Krise Betroffene mit einem drängenden Interesse der Presse rechnen muss. Daher muss frühzeitig ein aktiv agierender Sprecher benannt sein, der berechtigt ist, eine offene Kommunikationspolitik zu führen. Ihm muss zudem von der Geschäftsführung das Vertrauen entgegengebracht werden, schlechte Neuigkeiten ad hoc zu eröffnen. Der Sprecher sollte das Rückgrat besitzen, sich gegenüber der Geschäftsführung durchzusetzen, niemals zu lügen und immer nur nachweisbare Fakten preiszugeben. Doch hier liegt der Hase im Pfeffer: Zwar ist es in der Praxis inzwischen die Regel, dass der Pressesprecher Mitglied im Krisenstab ist, doch bleibt sein Einfluss auf Entscheidungen mit weitreichender kommunikativer Tragweite dennoch bescheiden. Eine Umfrage der dpa-Tochter news aktuell stellte 2006 fest, dass jeder dritte Pressesprecher kein Gehör für seine Vorschläge bei der Geschäftsführung findet.

## 4 Krisenkommunikation im Schadensfall

Die Bewältigung von Schadensereignissen hat operative und kommunikative Komponenten. Zum Kommunikationsmanagement gehören die interne und die externe Kommunikation in Richtung aller möglichen Stakeholder. Zu denken ist hier an Medien, Kunden, Lieferanten, Banken, Behörden, Politik, Versicherungen und natürlich auch die unmittelbar und mittelbar Geschädigten selbst. Logische Folge: Krisenkommunikation muss aufgrund dieser Wechselwirkung integrativer Bestandteil des Krisenmanagements sein.

### 4.1 *Enge Kooperation mit Sicherheitsbehörden*

Der enge Kontakt zwischen Sicherheitsbehörden und Kommunikationsebene eines in die Krise geratenen Unternehmens ist von großer Bedeutung. Dass Pressesprecher der Polizei ein traditionell gutes Verhältnis zu (Polizei-)Reportern haben, ist nur ein Argument für die enge Kooperation. Weit wichtiger ist der Umstand, dass die Abwehr konkreter öffentlichkeitswirksamer Gefahren intensiv besprochen werden muss. Aus der akuten Krise können sich Folgen ergeben, die verschiedenste Bereiche und Personengruppen betreffen: Umwelt, Verbraucher, deren Gesundheit und subjektives Sicherheitsgefühl sowie Verantwortliche angrenzender Kommunen oder ortsansässiger Bürgerinitiativen.

### 4.2 *Die Schuldfrage in der Krisenkommunikation*

Auffällig oft wirken Unternehmen nach Schadensereignissen sprachlos oder sie geben lediglich unverständliche Erklärungen ab, die auf Außenstehende abwiegelnd oder arrogant wirken und somit das Image des Unternehmens schädigen können. „Wir sind nicht schuld“ oder „Wir haben uns nichts vorzuwerfen“ sind zwei Standardaussagen, die in aller Regel kontraproduktiv sind. Meist steckt die Befürchtung vor zusätzlichen Kosten dahinter, wenn zu viele und zu detaillierte Erklärungen veröffentlicht werden. Doch auch Angst induzierte Verdrängungsmechanismen und mangelnde Sensibilität spielen dabei eine große Rolle. Es gibt jedoch Verhaltensweisen, die die Öffentlichkeit suchen, ohne kommunikativen Selbstmord zu begehen.

### 4.3 *Aufklärung unterstützen – Spekulationen vermeiden*

Sich als Unternehmen in einem frühen Stadium der Krise auf Diskussionen um die Ursachen einzulassen, ist töricht. Natürlich wird die „Aufklärung“ von den Medien hartnäckig vorangetrieben und es ist deren gutes Recht das zu tun. Sich nun in Schweigen zu hüllen oder mit unüberlegten Kommentaren an der öffentlichen Diskussion zu beteiligen kann – ganz unabhängig von der Schuldfrage – nur in die Hosen gehen. Das Unternehmen selbst muss sich gleich zu Beginn der Krise als erste und vertrauenswürdige Anlaufstelle für Informationen etablieren. Die Aussage lautet: „Wir beteiligen uns nicht an Spekulationen, aber wir unterstützen die Aufklärung in vollem Umfang, wir sind kompetent, wir kooperieren eng mit allen Beteiligten und jetzt steht die Fürsorge für die betroffenen Menschen im Vordergrund.“ Diese Botschaft verweist auf emotionale und fachliche Kompetenz.

### 4.4 *Schutz und Fürsorge für Opfer steht an erster Stelle*

Den Opfern keine, nicht ausreichende oder nicht erkennbare Fürsorge angedeihen zu lassen, rächt sich. Auch wenn eine Schuldfrage zu keinem Zeitpunkt relevant ist, weil eine krisenhafte Situation etwa durch eine Naturkatastrophe ausgelöst worden ist, wird trotzdem erwartet, dass sich die Dienstleister um ihre Kunden kümmern. Die Regel ist einfach: Nachlässigkeit wird bestraft, Fürsorge wird belohnt. Kurzum: Permanenter Kotau. Eine teure und anspruchsvolle operative Leistung kann durch geschickte begleitende Kommunikation in eine werbewirksame Marketingmaßnahme verwandelt werden – so ist es durchaus möglich, dass ein Unternehmen gestärkt aus einer Krise hervor tritt.

### 4.5 *Abschirmung Betroffener vor aggressivem Journalismus*

Wie bereits beschrieben, ist eine bohrende „Intensivrecherche" der Medien eine unausweichliche Begleiterscheinung von Krisen. Für die Betroffenen einer Krise ist nicht von Bedeutung, wer letztlich Verursacher ihrer misslichen Lage ist, sondern wer als solcher empfunden wird. Zusätzlich zu ihrem erfahrenen Leid oder Ärger kommen nun Reporter, die im Kampf um exklusive Storys zum Teil aggressiv vorgehen. Sie verletzen dabei die Grenzen der Legalität ebenso wie die Persönlichkeit der Opfer – etwa beim so genannten „Witwenschütteln". Oftmals rechnen die Opfer dies zusätzlich dem Unternehmen als „Generalverursacher" zu. In einer solchen Situation ist es für die Kommunikatoren des Unternehmens ebenso wie für die Geschäftsführung empfehlenswert, die „Opfer" zu schützen, Anteilnahme zu zeigen und sie so weit als möglich den unangemessenen Zugriffen der Reporter zu entreißen.

Zur optimalen Opferbetreuung aus (trauma-)psychologischer Sicht zählen neben lebenserhaltender Ersthilfe übrigens auch „leibliche" Sofortmaßnahmen wie die Versorgung mit Essen und Getränken, Kleidung, möglichst bequeme Unterkunft und Transport. Dann folgen die individuelle bzw. familiäre Betreuung und schließlich die längerfristige psychologische Nachsorge. Die meisten dieser aus psychologischer Sicht unabdingbaren Maßnahmen der „Victim Care" sind teuer. Und ihre Notwendigkeit ist – anders als bei medizinischen Maßnahmen, deren Sinn auch Laien in der Regel sofort einleuchtet – oft nur schwer verständlich. Schließlich wird das aufgewandte Geld dem normalen Geschäftsbetrieb entzogen. Vor allen Dingen aber wird kaum eine Maßnahme aus rechtlicher Sicht zwingend geboten sein. Und damit ist bereits das nächste Minenfeld der Zielkonflikte in einer Krise angesprochen.

## 4.6 *Anwälte sind keine Kommunikationsexperten*

Einen Rechtsanspruch auf die von Betreuern und Psychologen geforderten psychologischen Betreuungsmaßnahmen haben die Betroffenen streng genommen nur, wenn sie einen lückenlosen Nachweis der „haftungsbegründenden Kausalität" erbringen können. Freiwillige Leistungen durch den Unternehmer könnten darüber hinaus – so die Argumentation der Firmenjuristen – Rückschlüsse auf sein Verschulden zulassen. Im Zweifel wird der Jurist also von freiwilligen schnellen Leistungen abraten.

Erfolgreiche Krisenkommunikatoren gehen vehement gegen solch typisches anwaltliches Lagerdenken im eigenen Hause vor. Rechtsabteilungen von Firmen oder deren Versicherungen nähern sich einem Schaden in der Regel von der Anspruchsseite her. Sie sehen aus ihrem tradierten Rollenverständnis heraus in Opfern oder Hinterbliebenen nur die Anspruchssteller. Deren Forderungen gilt es abzuwehren, zumindest aber mit Misstrauen zu begegnen. Genau dadurch aber leisten sie ihren eigenen Häusern einen Bärendienst.

So treiben sie die Menschen direkt in die Arme der meist selbst ernannten Opferanwälte. Die Mehrzahl der Prozesse nach Schadensereignissen ist unnötig, wird von der Opferseite meist aus reiner Verbitterung geführt. Weil außerdem das „David-gegen-Goliath-Prinzip" gilt, hat das scheinbar mächtige Unternehmen gegenüber dem armen Opfer in der öffentlichen Gunst grundsätzlich die schlechteren Karten, egal wer gewinnt.

Schon Anwaltskorrespondenz in der ihr sehr eigenen Sprache zwischen „Geschädigtenseite" und „Verursacherseite" muss zu Vertrauen störenden Maßnahmen gerechnet werden. Mancher Justiziar wird deshalb folgende Forderung als anmaßend empfinden: Jedes potenziell öffentlich wirkende Anwaltsschreiben muss vor Versendung über den Tisch des Pressechefs gehen. Er muss entscheiden, ob es in das Gesamtkonzept der Krisenkommunikation passt, nur dann darf es nach außen gelangen.

## 4.7 *Angemessene Sprache: Der Ton macht die Musik*

Aber nicht nur für den Anwalt des Unternehmens gilt, eine ausschließlich sachliche Sprache muss in einer solchen Situation nicht immer angemessen sein. Zwar dürfen Gerüchte nicht kommentiert werden und es darf niemals die Frage aufkommen, ob das Unternehmen die Unwahrheit mitgeteilt haben könnte. Der Anspruch auf Sachlichkeit allerdings hat seine Grenzen, wenn die Sprache beginnt kalt, emotionslos, technokratisch oder fachlich abstrakt zu wirken. Gerade technisch-wirtschaftlich orientierte Branchen, deren Repräsentanten ohnehin überwiegend in der Welt von Zahlen, Daten und Fakten zuhause sind, fällt es traditionell schwer, sich in eine fragile Gefühlswelt hineinzuversetzen. Gleichwohl muss dieser Schritt gegangen werden, denn die rein technischen Erklärungen eines Sicherheitsingenieurs beispielsweise sind immer kontraproduktiv. Es ist essentielle Aufgabe der Kommunikation, jedwedes Fachchinesisch in vertrauensbildende Botschaften zu verwandeln.

Doch auch die firmeneigenen Krisenkommunikatoren sind vor Fallstricken nicht sicher. Untrainierte und überforderte Sprecher neigen dazu, Interviews und Erklärungen gehetzt zwischen Tür und Angel zu geben. Dies birgt die Gefahr, dass ein ungünstiges Licht auf das Unternehmen fällt. In einer solchen Situation werden klare, Richtung weisende Botschaften oft vermisst. Langatmige und unverständliche Presseerklärungen entstehen, wenn sich zuvor die Verantwortlichen nicht auf ein gemeinsames Wording geeinigt und keinen Außenverantwortlichen benannt haben. Erfolgt dann die Erklärung in nicht angemessener Kleidung oder tritt der Mitarbeiter gegenüber Medien aggressiv auf, werden Bilder den Inhalt zwangsläufig überdecken.

### *4.8 Erfolgreiche Krisenkommunikation hat ihren Wert*

Niemand ist in der Lage, in einer Krise wirklich perfekt zu handeln. Letztlich unterscheidet die Summe rechtzeitig erkannter und verhinderter Fehler gutes von schlechtem Krisenmanagement.

In einer Zeit, in der jeder ausgegebene Cent gut zu begründen ist, muss allerdings auch die Krisenkommunikation beweisen, dass sie ihren Beitrag zur Wertschöpfung leistet. Die Gretchenfrage lautet, ob Kosten produziert werden sollten für fiktive Annahmen oder für Fälle, die möglicherweise nie eintreten. Gerade am Beispiel von Schadensereignissen und deren positiver oder negativer Lösung können Kommunikatoren selbstbewusst aufzeigen, dass sich ihre Arbeit zum Schutz „weicher“ Werte rechnet. Auch wenn das für viele Controller noch Neuland ist. Kein erfahrener Betriebswirt lässt Gebäude und Maschinen unversichert. Völlig selbstverständlich werden zur Absicherung gegen zu erwartende Millionenschäden laufend hohe Prämien bezahlt. Krisenprävention ist eine Art Versicherung für Marke, Image und Reputation. Dennoch wird nicht ein Bruchteil der Versicherungssumme dafür ausgegeben. Krisenmanagement kann es nicht zum Nulltarif geben. Je früher es jedoch aufgebaut wird, desto kostengünstiger sind die Krisenverläufe.

## 5 Fazit

Die Darstellung macht deutlich, welche Mittel zur Handhabung von Krisen geradezu geboten sind. Ähnlich zu anderen Managementbereichen ist das Krisenmanagement ein Feld, in dem interdisziplinäre Teams gefragt sind.

Das fehlende Bewusstsein bei den handelnden Organen bezüglich Krisenkommunikation wird bei einem Blick auf aktuelle politische, verbandliche oder unternehmerische Krisen deutlich. Versäumt es die Unternehmensführung, sich mit den Anforderungen an Kommunikation und Krisenmanagement auseinanderzusetzen, öffnet sie der Möglichkeit von eintretenden Imageschäden grobfahrlässig Tür und Tor.

Krisen sind mit besonders massiven Vertrauensverlusten verbunden – zumindest während der akuten Phase, oft darüber hinaus. Gemeinsame Aufgabe von Krisenmanagement und Krisenkommunikation ist es, diesen Verlusten entgegen zu wirken. Für eine erfolgreiche Krisenbewältigung muss erstens die Grenze zwischen den verschiedenen Disziplinen überwunden werden und zweites die Kommunikation eine Führungsrolle einnehmen, als Primus inter pares im integrativen Team.

Jeder Unternehmensvorstand sollte dem Eintritt immaterieller Schäden, insbesondere in der Gestalt von Imageschäden, durch gutes Krisenmanagement entgegen stehen.

# Krisenprävention als Zusammenspiel der Disziplinen, oder: Ein Orchester, kein Solo-Instrument

*Jens Krämer*

Unternehmen sind heute einer Vielzahl an Risiken ausgesetzt. Manche davon lassen sich nicht oder nur geringfügig beeinflussen – Unfälle und Naturkatastrophen gehören in diese Kategorie. Diesen plötzlich auftretenden Notfällen stehen sich langsam entwickelnde Themen und latente Krisen gegenüber. Bei letzteren handelt es sich um grundsätzliche Probleme, die vom Unternehmen unter Umständen noch nicht als solche identifiziert wurden – die die Medien aber in regelmäßigen Abständen aufgreifen. Meist geht es dabei um wirtschaftliche, politische, regulatorische oder übergreifende gesellschaftliche Trends, die sich zu einer öffentlichen, kontrovers geführten Debatte entwickeln können. Sie besitzen das nötige Gefahrenpotenzial, um aus einem Problem eine das Unternehmen schädigende Krise zu machen.

Hätte eine Firma beispielsweise vor 15 Jahren erkannt, dass der demografische Wandel eine solche Sprengkraft entwickeln würde – sie hätte ihre Produktstrategie und ihre Personalplanung darauf ausrichten können. Das Beispiel zeigt: Das klassische Krisenkommunikationskonzept, bestehend aus Handbuch, Plänen, Training und gegebenenfalls Mediencoachings, ist nur ein Element der Vorbereitung. Um komplexe Zusammenhänge zu erschließen und zu bearbeiten, müssen die Kommunikationsdisziplinen *Public Relations*, *Public Affairs* und *Issues Management* ineinandergreifen. Das Zusammenspiel im Orchester ist gefragt, nicht das virtuose Solo.

## 1 Die Mitspieler: Issues Management, Public Relations, Public Affairs und Crisis Communications

Aufgabe des Issues Managements (vgl. den Beitrag von Röttger/Preusse in diesem Band) ist es, potenziell relevante Themen frühzeitig zu identifizieren, zu analysieren und daraus Handlungsempfehlungen für das betroffene Unternehmen abzuleiten, mithin die Voraussetzungen zu schaffen, auf deren Grundlage sich Krisen entschärfen oder gar abwenden lassen. Viel mehr noch: Wenn ein Unternehmen ein *Issue* – ein Thema von hohem öffentlichen Interesse mit Konfliktpotenzial – frühzeitig erkennt und beeinflusst, kann es daraus auch ökonomisch Kapital schlagen: für die eigene Reputation und gegebenenfalls sogar darüber hinaus. Voraussetzung ist eine Organisationsstruktur, die es zulässt, Themen so zu bearbeiten, dass sie zur Profilierung beitragen.

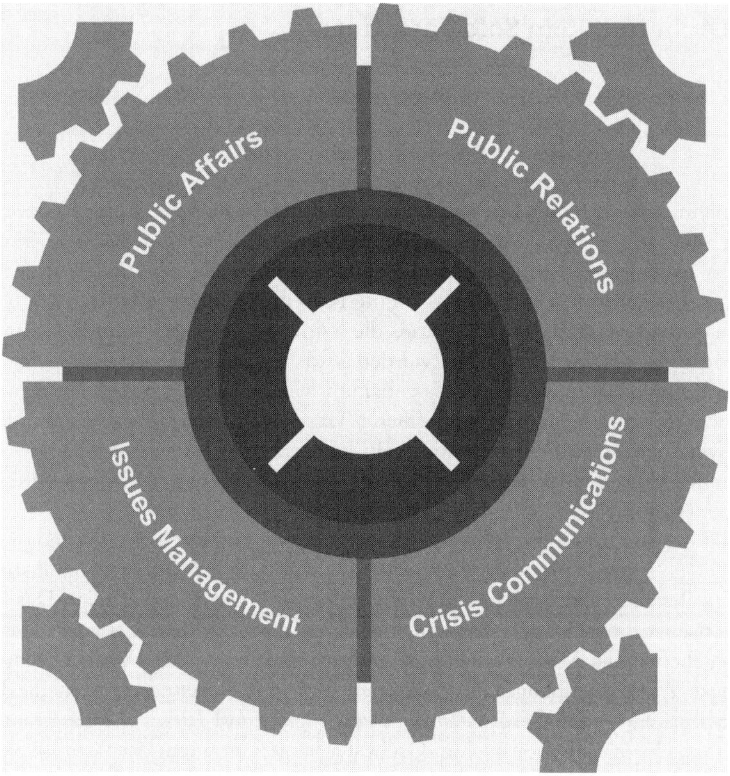


*Abbildung 1*: Krisenprävention bedeutet ein Zusammenspiel verschiedener Kommunikationsdisziplinen (eigene Darstellung)

Das Issues Management ist nicht nur als zentraler Bestandteil der *Krisenprävention* zu verstehen, sondern vielmehr als Chancenmanagement. Doch es darf nicht losgelöst von Instrumenten der Public Relations betrachtet werden. Durch das *Medien-Monitoring* erhalten Unternehmen beispielsweise einen Eindruck davon, wie sie in der Öffentlichkeit wahrgenommen werden. Dieser Faktor wird häufig unterschätzt, dabei wirkt er sich unmittelbar auf die im Krisenfall zu wählende Kommunikationsstrategie aus. Denn: Nicht die auf Fakten basierende, neutrale Bewertung eines Vorfalls entscheidet darüber, wie ein Unternehmen aus einer Krise hervorgeht, sondern die öffentliche Wahrnehmung. Hier überlagern Emotionen häufig die Argumente. Die Muster sind bekannt und vorhersehbar, das Verhalten des Unternehmens – hoffentlich – steuerbar. Beides zusammen entscheidet, ob ein kontrovers diskutiertes *Issue* zur Chance oder zum Risiko für ein Unternehmen wird. Erweitert um die Analyse weiterer Interessengruppen aus Politik und Gesellschaft – eine klassische Aufgabe von Public Affairs – sowie den Informationen der Mitarbeiter entsteht so eine Art Frühwarnsystem: ein Seismograph der für das Unternehmen relevanten Entwicklungen inklusive möglicher Krisen.

Ebenso wichtig ist es, die relevanten externen Akteure, so genannte *Stakeholder*, zu erkennen und den Kontakt zu ihnen zu pflegen. Im Idealfall entstehen aus einer transparenten Kommunikation belastbare Strukturen und Netzwerke, auf die eine Firma in der Krise zurückgreifen kann. Nicht zuletzt gilt es, innerhalb des Unternehmens Reaktionswege und -strukturen zu etablieren und regelmäßig zu testen. Einstudierte Prozesse ermöglichen es den verantwortlichen Mitarbeitern, sich im Ernstfall auf das Wesentliche zu konzentrieren: die Überwindung der Krise.

Prävention, Reaktionsmanagement und Evaluation – das sind die drei Phasen der *Krisenkommunikation*. Doch schon in der ersten werden wichtige Weichen für den Ernstfall gestellt. Worauf Unternehmen dabei achten müssen, ist im Folgenden aufgeführt.

## 2 Issues Management: Künftige Entwicklungen erkennen und bewerten

Erlebt die Kernkraft eine Renaissance? Ist Handystrahlung gesundheitsschädlich? Schadet der internationale Kampf gegen den Terror den länderübergreifenden Kapitalströmen? Schon lange bestimmt nicht mehr allein der Markt über den Erfolg oder Misserfolg eines Unternehmens. Zunehmend beeinflussen übergeordnete gesellschaftliche und politische Themen alle Branchen und Geschäftsmodelle. Die *Reputation* wird zur erfolgskritischen Größe. Die Öffentlichkeit erwartet von Firmen, dass sie Verantwortung über ihr Kerngeschäft hinaus wahrnehmen und Stellung zu gesellschaftlich relevanten Zukunftsthemen beziehen – Good Corporate Citizenship ist gefragt.

Erschwerend für die Unternehmen kommt hinzu, dass die Flut der verfügbaren Informationen täglich wächst. Wo verbergen sich Risiken? Welches Thema wird auch in zehn Jahren noch eines sein? Kurzum: Was sind die spezifischen Issues? Es gilt, Wichtiges von Unwichtigem zu trennen und die relevanten Informationen zu analysieren. Issues Management systematisiert diesen Prozess und verankert ihn fest im Unternehmen. So lassen sich die Themen von morgen frühzeitig identifizieren und kommunikativ begleiten. Denn wer seinen Standpunkt schon zu Beginn einer Diskussion einbringt und kontinuierlich vertritt, hat gute Chancen, den Ausgang der Debatte im Sinne der eigenen Interessen zu gestalten. Zudem bietet das Issues Management dem Unternehmen die Chance, seine Organisationsstruktur vorausschauend anzupassen – Veränderung als die eleganteste Form der Prävention.

### *2.1 Die Themen von morgen*

Aber was genau ist ein Issue und was nicht? Generell besteht in der Fachliteratur Einigkeit darüber, dass es sich dabei um Themen von hohem öffentlichen Interesse handelt, die ein Konfliktpotenzial in sich bergen. Sie berühren die Gesellschaft im Ganzen oder in wichtigen Teilbereichen und gehen meist einher mit Erwartungen bestimmter externer Akteure. Issues haben darüber hinaus einen konkreten Bezug zum Unternehmen. Das bedeutet: Sie können Handlungsspielräume beeinträchtigen und verhindern, dass eine Firma ihre strategischen Ziele erreicht.

Das ist die eine Seite. Doch Issues können auch Chancen für die künftige Entwicklung des Unternehmens bergen. Wer vor seinen Wettbewerbern und Interessengruppen ein Thema für sich entdeckt und besetzt, kann dadurch sein Image fördern und zur Profilierung der Marke beitragen. Manche Unternehmen nehmen diese Chancen bereits heute wahr, zum Beispiel die Schweizer Banken. Als vor einigen Jahren heftig über versteckte Konten deutscher Nationalsozialisten bei Schweizer Geldinstituten diskutiert wurde, entwickelte sich das zu einem ernsthaften Reputationsproblem. Kaum war die Krise vermeintlich überwunden, entbrannte die Debatte erneut. Diesmal standen südafrikanische Konten im Fokus: Profiteure der Apartheid hatten ihre Gelder in der Schweiz geparkt. Anders als die Konkurrenz sah die UBS diese Entwicklung voraus. Nach der Nazi-Debatte hatte sie systematisch überlegt. Wo lauern ähnliche Gefahren? Wie hoch ist der Schaden, der uns durch eine neuerliche Debatte entsteht, wie hoch der finanzielle Verlust, wenn wir uns von Kunden mit zweifelhaftem Leumund verabschieden? Im Dialog mit öffentlichen Interessengruppen und elf weiteren Großbanken entstanden die so genannten „Wolfsburg Principles“, ein Verhaltenskatalog gegen die Geldwäsche, auf den sich die beteiligten Unternehmen freiwillig verpflichteten. Die UBS hatte diese Richtlinien intern bereits umgesetzt, als die Diskussion um die südafrikanischen Konten aufkam. Sie stand als Initiator am Ende besser da als ihre Wettbewerber.

Das Beispiel zeigt: Issues Management dient nicht nur der Schadensabwehr, sondern auch der Erfolgssicherung. Wer die Themen von morgen identifizieren will, muss also kritische und chancenreiche Issues gleichermaßen berücksichtigen.

### 2.2 *Frühwarnsystem und mehr*

Wie sieht die Identifikation von relevanten Themen in der Praxis aus? In den meisten Fällen beschränken sich Unternehmen darauf, die Presseberichterstattung kontinuierlich zu beobachten. Ein professionelles *Monitoring* ermöglicht es ihnen, auf dem Laufenden zu bleiben. Sie erhalten eine Momentaufnahme davon, wie das Unternehmen und sein Handeln in der Öffentlichkeit wahrgenommen werden. Die *Medienbeobachtung* darf sich dafür aber nicht nur darauf beschränken, jene Artikel zu erfassen, in denen der Firmenname Erwähnung findet. Mit vorab definierten Schlagwörtern, Branchen- und Krisenthemen betreffend, lässt sich vermeiden, dass sich ein potenzielles Risiko unbemerkt entwickelt. Geht ein entsprechender Bericht ein, kann das Unternehmen Gegenmaßnahmen ergreifen.

Doch für ein umfassendes Issues Management greift auch dieser Ansatz noch zu kurz. Eine Veröffentlichung in der Presse hat in der Regel eine lange Vorgeschichte, eine *Themenkarriere*. Der Journalist berichtet erst dann über ein Ereignis, wenn es die Schwelle zum Nachrichtenwert überschritten hat, wenn also eine zeitliche, räumliche, politische oder kulturelle Nähe gegeben ist oder das Thema eine gewisse Dynamik besitzt. Diese Schwelle liegt bei Lokalmedien niedriger, bei Massenmedien deutlich höher.

Um Themen frühzeitig zu identifizieren, muss also auch das Monitoring früher ansetzen und über die reine Medienbeobachtung hinausgehen. Erste Hinweise liefern beispielsweise Diskussionen in Fachkreisen, politischen Gremien, Institutionen und Verbänden. Auch aus dem eigenen Unternehmen heraus entstehen oftmals wichtige Impulse zu künftigen Handlungsfeldern. Die Erfahrung zeigt: Meist verfügen Mitarbeiter aus unterschiedlichsten Unternehmensbereichen über Fachwissen zu relevanten Zukunftsthemen. Zur Vorbereitung strategischer Entscheidungen sollte dieses Know-how unbedingt genutzt werden. Zudem empfiehlt es sich, außenstehende Experten einzubinden. Denn oft gibt es einen Unterschied zwischen der internen Beurteilung einer Situation und der öffentlichen Wahrnehmung beziehungsweise der medialen Bearbeitung.

### 2.3 *Horizontale und vertikale Integration*

Professionelles Issues Management schafft Strukturen, die interne Wissensträger untereinander vernetzen und externe Fachleute einbeziehen. Es muss daher auf der Führungsebene des Unternehmens angesiedelt sein. Dies ermöglicht es, die notwendigen Ressourcen bereitzustellen – angefangen bei personellen Kapazitäten über die Etablierung von Berichtswegen bis hin zur IT-Unterstützung. Eine weitere Voraussetzung ist eine Unternehmenskultur, die das Issues Management fördert. Nur wenn eine offene, transparente Kommunikation möglich ist, trauen sich Mitarbeiter, kritische und sensible Informationen weiterzugeben. Und es muss sich für sie lohnen. Das Unternehmen muss sich also fragen: Wie motiviere ich Mitarbeiter dazu, aufmerksam zu bleiben und Informationen frühzeitig weiterzugeben? Ziel muss es sein, das Issues Management als Denkweise fest zu verankern und ein Problembewusstsein für kritische Themen zu schaffen. Dies gewährleistet, dass wichtige Themen auf der Führungsebene ankommen. In diesem Sinne ist Issues Management auch ein Resonanzraum für unternehmensinterne Störungen.

### 2.3.1 Exkurs: Interne Ressourcen nutzen

Professionelles Issues Management integriert alle Abteilungen. Nicht nur die Kommunikation, sondern auch die strategische Unternehmensplanung, Investor Relations, Recht, Human Resources sowie Forschung und Entwicklung müssen in das Netzwerk eingebunden sein. Nur wenn es top-down, also von der Führungsebene bis zu den unteren Hierarchien initiiert, aber auch quer zu den einzelnen Ebenen organisiert ist, kann Issues Management erfolgreich sein. Sinnvoll ist es beispielsweise, eine Plattform zum Informationsaustausch einzuführen, etwa einen geschützten Bereich im Intranet. In dieses *Issues Portal* können Meldungen, Berichte und Analysen hinterlegt werden, so dass alle verantwortlichen Mitarbeiter auf dem aktuellen Stand bleiben. Je nach Unternehmensgröße betreuen so genannte *Issues Leader* – Experten aus den entsprechenden Fachbereichen – einen eigenen Themenkomplex. Schließlich braucht ein Unternehmen einen *Issues Manager*, der alle Fäden in der Hand hält und die Informationen der Zuarbeiter auswertet. Er legt seinem Vorstand in regelmäßigen Abständen kurze, präzise Berichte vor, die kommende Chancen und Risiken analysieren und Handlungsempfehlungen geben.

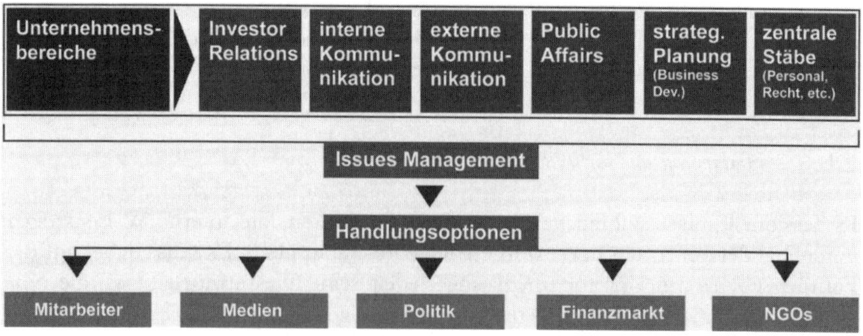


*Abbildung 2*: Professionelles Issues Management bindet unterschiedliche Unternehmensbereiche ein, um Handlungsoptionen abzuleiten (eigene Darstellung)

Um die relevanten Issues für ein Unternehmen zu finden, muss sich der Issues Manager mit vielen unterschiedlichen Abteilungen austauschen. Eine Prioritätenliste gibt ihm einen Überblick über die aktuellen Themen, eine *„Watchlist"* liefert eine Übersicht über Issues, die vermutlich in Zukunft wichtig werden. Mithilfe von Szenarien lassen sich neue und latente Issues frühzeitig erkennen. Die aus dem Issues Management gewonnen Erkenntnisse fließen direkt in die weiteren Maßnahmen zur Krisenprävention ein.

## 3 Kontinuierliche Kommunikation mit Stakeholdern

Es ist eine unbestrittene Tatsache, dass Unternehmen heute nicht mehr allein auf Beschaffungs- und Absatzmärkten agieren, sondern immer auch im öffentlichen Raum. Entscheidungen, die intern getroffen werden, können weit über die Grenzen des eigenen Konzerns hinaus wirken. Oftmals ergeben sich Berührungspunkte zu externen Gruppierungen mit divergierenden Ansichten. Personelle Umstrukturierungen beispielsweise lassen bei Gewerkschaften und Politikern die Alarmglocken läuten; neue, technologisch innovative Produkte rufen Verbraucherschützer auf den Plan; die Zusammenarbeit mit Zulieferern in Fernost wird von Nichtregierungsorganisationen (NGOs) kritisch beobachtet – nur wer es schafft, sich dauerhaft gegenüber diesen Akteuren zu legitimieren, kann wirtschaftlich erfolgreich sei.

Welche Stakeholder für das eigene Unternehmen von Bedeutung sind – eine Antwort auf diese Frage ergibt sich wiederum aus dem Issues Management. Ein Monitoring, das frühzeitig ansetzt, erfasst auch jene Gruppierungen, die ein relevantes Thema bereits besetzen. Dementsprechend muss im Rahmen des Issues Managements eine Bewertung der unterschiedlichen Stakeholder stattfinden: Mit wem lohnt sich der Dialog? Wer kann als Verbündeter gewonnen werden? Welche Gruppierungen oder Einzelpersonen werden auch künftig eine wichtige gesellschaftliche Rolle spielen?

### *3.1 Die Medien: Mechanismen konsequent nutzen*

Unternehmen müssen sich darauf einstellen, dass sie unter permanenter Medienbeobachtung stehen. Public Relations gibt ihnen die Möglichkeit, selbst Aufmerksamkeit herzustellen und die öffentliche Wahrnehmung positiv zu beeinflussen (vgl. den Beitrag von Riecken in diesem Band). Eine kontinuierliche Presse- und Medienarbeit trägt aber auch dazu bei, das Unternehmen als verlässlichen Ansprechpartner zu positionieren und Netzwerke zu Journalisten aufzubauen. Voraussetzung dafür ist eine transparente Kommunikation, keine Abwehrhaltung. Unternehmen müssen darauf bauen, ihre Entscheidungen zu erläutern und nachvollziehbar zu machen. Vertrauen ist die Basis für eine gute Zusammenarbeit mit den Medien. Die Personen, die im Unternehmen für die Kommunikation verantwortlich sind, müssen ihre Ansprechpartner unter den Journalisten gut kennen und für sie verfügbar sein. Dazu gehört zum Beispiel, bei Anfragen schnell zu reagieren. Es gibt aber auch die Möglichkeit ausgewählte Pressevertreter bevorzugt mit Informationen zu versorgen. Hier ist die Kunst, andere Journalisten nicht auszuschließen – eine Gratwanderung.

*Themenmanagement* darf außerdem keine Einbahnstraße sein. Wer zwar permanent offen kommuniziert, aber aus Krisenfällen keine Lehre zieht und keine internen Veränderungen herbeiführt, verliert an Glaubwürdigkeit. PR kann sich nicht darauf beschränken, die Entscheidungen der Unternehmensleitung zu verkaufen. Vielmehr müssen Themen, die von Außen an das Unternehmen herangetragen werden, wieder in das Issues Management einfließen. Kritische Fragen eines Journalisten geben beispielsweise wichtige Hinweise darauf, womit er sich gerade beschäftigt.

Im Krisenfall können Medien wichtige Verbündete sein. Wer sich als verlässlicher Ansprechpartner etabliert hat, findet in der Regel auch Gehör, um seine Position zum Vorfall zu erläutern. Doch die partnerschaftliche Zusammenarbeit hat auch Grenzen. Öffentlichkeitsarbeiter sind in erster Linie ihrem Unternehmen verpflichtet, Journalisten ihrer Zeitung, ihrem Fernsehsender oder ihrem Internetportal.

### *3.2 Die Politik: Die Agenda konsequent verfolgen*

Das die PR für die Beziehungspflege zur Öffentlichkeit ist, sind Public Affairs für die Beziehungspflege zur Politik. Ähnlich wie zu Journalisten müssen Unternehmen ein Netzwerk zu Vertretern aus Politik, von Verbänden und anderen gesellschaftlichen Interessengruppen aufbauen. Auch hier ist die Grundlage eine transparente Kommunikation, die Entscheidungen nachvollziehbar macht. Die Glaubwürdigkeit der Unternehmensvertreter entscheidet über den Zugang zu wichtigen Entscheidungsträgern.

Bei Public Affairs geht es in erster Linie um einen Informationsvorsprung, dafür bedient es sich vor allem der persönlichen Kontaktpflege. Welches Ministerium plant eine neue gesetzliche Regelung? Wer ist politisch verantwortlich für meine Branche? Gibt es Mehrheiten für ein bestimmtes Vorhaben? Unternehmen erkennen oftmals zu spät, dass ein Gesetz ihr Geschäftsfeld neu reguliert oder Märkte beschränkt. Dann kommt es zu so genannten Feuerwehreinsätzen und sie versuchen, in letzter Minute Einfluss auf Vorschriften zu nehmen. Diese Arbeit ist in der Regel aufwändig – und teuer.

Es lohnt sich also, die politische Agenda zu verfolgen. Dann lässt sich zur richtigen Zeit die angemessene Maßnahme ergreifen. Public Affairs sind ein essentieller Bestandteil der Prävention, denn Krisen von Unternehmen – Entlassungen, Werkschließungen, Unglücke – haben oftmals Schnittstellen zur Politik, vielfach sehr konkret und auf lokaler Ebene. Die meisten Unternehmen sind in diesem Bereich immer noch nicht gut aufgestellt, auch Großkonzerne nicht. Doch die Wahrnehmung hat sich verändert. Public Affairs wird zunehmend als Möglichkeit der Krisenprävention in Anspruch genommen.

## 4 Interne Strukturen und Prozesse

Wer ein professionelles Issues Management etabliert hat und den Kontakt zu Schlüsselfiguren in Medien, Politik, Wirtschaft sowie Wissenschaft regelmäßig pflegt, ist vor Krisen selbstverständlich nicht gefeit. Aber er ist besser vorbereitet. Damit Unternehmen eine kritische Situation schnell überwinden und vielleicht sogar Vorteile daraus ziehen können, müssen sie in jedem Fall die entsprechenden internen technischen und personellen Strukturen beziehungsweise Prozesse aufbauen. Denn in Krisenzeiten gelten andere Gesetze. Normale Büroabläufe und Hierarchien sind dann oftmals außer Kraft gesetzt. Schnelle Entscheidungen und eine flexible Reaktion sind gefragt. Eingespielte Handlungsweisen, ein fundiertes Fachwissen und langjährige Erfahrung garantieren einen reibungslosen Verlauf. Im Idealfall definiert ein Unternehmen die Prozesse für den Krisenfall schriftlich in einem Handbuch. Darin sollten alle Abläufe, Verantwortlichkeiten sowie die relevanten Ansprechpartner mit Kontaktinformationen innerhalb und außerhalb des Unternehmens aufgeführt sein. Die für die Überwindung der Krise verantwortlichen Mitarbeiter müssen die Prozesse in- und auswendig kennen und sie regelmäßig trainieren.

### *4.1 Krisenpläne*

Sicher, keine Krise gleicht der anderen. Ihr Verlauf lässt sich nur schwer in Regeln zwingen. Wer jedoch Strukturen und Wege für die Kommunikation und Reaktion im Krisenfall festgelegt hat, kann interne Reibungsverluste minimieren und schneller reagieren (vgl. den Beitrag von Baier-Fuchs in diesem Band).

Weil Qualitätsvorfälle, insbesondere bei Lebensmitteln, einen hohen öffentlichen Aufmerksamkeitswert besitzen, hat beispielsweise die Mehrheit der Konsumgüterhersteller verbindliche Richtlinien für einen Produktrückruf entwickelt. Darin ist festgelegt, wann ein Rückruf notwendig ist, wer ihn veranlassen kann und wer verantwortlich für die Durchführung ist. Meist sind nur noch wenige Anrufe nötig, um ein Produkt aus dem Verkauf zu entfernen. Ähnliche Regeln lassen sich im Vorfeld auch für andere kritische Situationen definieren, zum Beispiel für Naturkatastrophen, Bombendrohungen oder Erpressungen. Krisenpläne gewährleisten, dass jeder Mitarbeiter zu jedem Zeitpunkt weiß, wie er sich zu verhalten hat und welche Aufgaben seinen Kollegen zufallen. Das spart Zeit und sichert oft den entscheidenden Vorsprung, um die kritische Situation zu überwinden. Das Unternehmen bleibt handlungsfähig.

Krisenpläne sollten immer auch die Kommunikation berücksichtigen und frühzeitig einbinden. Klar definierte Sprecherrollen sorgen dafür, dass das Unternehmen geschlossen auftritt. Bei schwer wiegenden Vorfällen, bei denen Menschen zu Schaden gekommen sind, sollte sich beispielsweise die Unternehmensführung der Presse stellen. Bei Bagatellen würde dies nur einen falschen Eindruck erwecken. Unter keinen Umständen darf der Eindruck entstehen, die Firma hätte die Krise nicht im Griff. Deswegen muss die Kommunikation mit allen relevanten Akteuren vernetzt sein, darunter beispielsweise mit dem Notfallmanagement, der Opferbetreuung und der juristischen Beratung.

### *4.2 Krisenstab*

Im Krisenfall müssen die verantwortlichen Mitarbeiter des Unternehmens schnell reagieren und womöglich weit reichende Entscheidungen treffen – meist, ohne dabei alle Fakten zu kennen. Um handlungsfähig zu bleiben, sollte eine Task Force eingerichtet werden, die im Ernstfall erreichbar ist und unverzüglich zusammenkommen kann. Die Zusammensetzung des Krisenstabs ist je nach Unternehmen und Vorfall unterschiedlich. Es sollten jedoch mindestens ein Mitglied der Geschäftsleitung, der Kommunikationsverantwortliche beziehungsweise der Pressesprecher sowie Vertreter der Revision und der Rechtsabteilung dabei sein. Weitere mögliche Mitglieder sind der Betriebsrat, die Personalleitung, die Werkleitung, der Umweltbeauftragte oder die Qualitätssicherung. Jeder im Krisenstab erfüllt festgelegte Aufgaben, wichtige Entscheidungen trifft das Gremium gemeinsam. Dabei sind die beteiligten Kommunikationsdisziplinen ebenso eingebunden wie die betroffenen Abteilungen des Unternehmens. Es ist wichtig, dass alle Mitarbeiter wissen, an wen sie sich im Krisenfall zu wenden haben.

### *4.3 Krisenzentrum*

Bei Krisen mit hoher öffentlicher Aufmerksamkeit ist es erforderlich, dass die Mitglieder des Krisenstabs über einen längeren Zeitraum permanent in Kontakt bleiben. Aus diesem Grund sollten Unternehmen einen festen Raum definieren, der im Notfall sofort freigegeben werden und als Krisenzentrum dienen kann. Es empfiehlt sich, einen abgelegenen Raum im Hause zu wählen, um keine unnötige Aufregung im Unternehmen zu verursachen und den Flurfunk zu minimieren. Idealerweise gibt es separate Räumlichkeiten für Pressekonferenzen, Hintergrundgespräche mit Journalisten und Abstimmungen. Das Krisenzentrum muss über eine technische Mindestausstattung verfügen. Dazu gehören unter anderem Telefone mit eigenen Rufnummern, Faxgeräte, Computer mit Internetzugang und E-Mail-Funktion, Radios, Fernseher und Videoabspielgeräte sowie Papierschredder.

Nicht immer ist es möglich, dass der Krisenstab tatsächlich physisch zusammentrifft. Das ist auch nicht immer notwendig. In jedem Fall sollte die Kommunikation innerhalb des Gremiums über einheitliche Kanäle erfolgen, um Missverständnisse auszuschließen. So lassen sich aktuelle Dokumente und Statusreporte beispielsweise bequem per E-Mail verschicken. In größeren, dezentral organisierten Institutionen empfiehlt es sich, eine IT-Plattform einzurichten. Sie kann gleichzeitig als Archiv, Arbeitsplattform und Dokumentationszentrum dienen. So ist gewährleistet, dass alle Mitglieder des Krisenstabs über den gleichen Kenntnisstand verfügen. Außerdem sollten sie die Informationen vertraulich behandeln. Nur jene Mitarbeiter sollten bei einer Krise eingebunden sein, die auch zur Lösung des Vorfalls beitragen können.

### *4.4 Krisentraining*

Zur systematischen Vorbereitung auf einen Krisenfall gehört auch, die definierten Handlungsabläufe, Verantwortlichkeiten und Strukturen regelmäßig auf den Prüfstand zu stellen. Simulierte Krisen legen Schwachstellen offen. Eine anschließende Manöverkritik ermöglicht es, Krisenpläne zu optimieren. Außerdem können beispielsweise verbesserte Mechanismen zur Qualitätssicherung oder verschärfte Sicherheitsbestimmungen die Wahrscheinlichkeit einer Krise reduzieren.

Das *Mediencoaching* von Pressesprechern, Fachleuten und Geschäftsführern ist ebenfalls ein essenzieller Bestandteil der Krisenprävention. Personen, die das Unternehmen nach Innen und Außen vertreten, müssen auf diese schwierige Rolle vorbereitet werden. Denn Medienvertreter registrieren nicht nur die Inhalte von Statements, sondern auch nonverbale Signale wie Körpersprache und Kleidung. Das korrekte Verhalten, etwa bei einem Statement vor Fernsehkameras, lässt sich trainieren. So ist im Ernstfall ein souveräner Auftritt möglich. Hierbei gilt: Unternehmensvertreter agieren in der ihnen zugewiesenen Rolle, sie sind keine Schauspieler, die sich verstellen müssen. Die Authentizität in Mimik, Gestik und Sprache signalisiert Glaubwürdigkeit.

## 5 Das Beste zum Schluss

Kein Unternehmen ist vollständig vor Krisen geschützt. Auch das beste Präventionsprogramm kann nicht verhindern, dass eine Situation eskaliert oder ein Vorfall plötzlich eintritt. Häufig bestimmen kleine und mittlere Probleme sogar den Arbeitsalltag. Sie werden zwar als Krisen wahrgenommen, lassen sich aber – hoffentlich – meist unkompliziert lösen.

Auf wirkliche Krisen und Issues, die ihre Reputation und ihren Erfolg bedrohen, können sich Unternehmen aber gut vorbereiten. Und darin besteht der Kern der Krisenprävention: kritische Situationen überzeugend, nachhaltig und glaubwürdig zu lösen – und zwar vor ihrem Entstehen. Noch besser ist, wenn das gut dirigierte Orchester der Kommunikationsinstrumente die Krise zu einer Chance wendet und das Unternehmen damit nachhaltig profiliert.

# Issues Management

*Ulrike Röttger und Joachim Preusse*

„...in today's world, it is not a question of if
or whether an organization will experience a crisis;
it is only a matter of what type of crisis will occur,
what form it will take, and how and when it will happen."
(Mitroff/Pearson/Harrington 1996)

## 1 Einleitung

Unglücke, Produktfehler und Rückrufaktionen, Finanzskandale oder Verbraucherproteste zeigen immer wieder, wie schnell insbesondere Organisationen des Wirtschaftssystems – aber auch diejenigen anderer Gesellschaftsbereiche – von unvorhergesehenen Ereignissen und Krisen überrascht werden können. Die daraus resultierenden finanziellen Einbußen am Güter- und ggf. am Kapitalmarkt sowie Reputationsschäden sind in der Regel selbst nur dann schwer wieder gutzumachen, wenn sich herausstellt, dass Unternehmen ohne eigenes Verschulden in die Krise geraten sind oder öffentlich geäußerte Vorwürfe haltlos sind. Beispiele für Organisationen, die sich mehr oder weniger unvorbereitet in einer Krise wieder gefunden haben und in dieser Situation in materieller, personeller und kommunikativer Hinsicht weitgehend überfordert waren, existieren zahlreich.

Kommunikative Überforderung in Krisensituationen – so unsere These – basiert zu einem erheblichen Anteil auf einer fehlenden kontinuierlichen und systematischen Beobachtung der Organisationsumwelt, d. h. vor allem auf nicht vorhandenen oder nicht funktionierenden strategischen Frühaufklärungssystemen in der Unternehmenskommunikation. So zeigt eine Analyse von Unternehmenskrisen der 1980er und 1990er Jahre, dass jeder dritte untersuchte Krisenfall eine Ursache im sozioökonomischen Umfeld des Unternehmens hatte, d. h. die Krise wurde entweder durch Medienberichterstattung über tatsächliches oder vermeintliches Fehlverhalten des Unternehmens (25%) oder durch die Aktionen von Bürgerinitiativen (15,6%) ausgelöst (vgl. Roselieb 1999). Und in vielen Fällen hatten diese Krisenursachen eine Vorgeschichte: Proteste von Politiker- und Bürgerinitiativen wurden in vier von zehn Fällen vorab angekündigt und bei jeder zehnten Krise bestanden im Vorfeld Eingriffsmöglichkeiten des Unternehmens aufgrund bereits vorhandener negativer Medienberichterstattung. Die Analyse zeigt, dass viele Unternehmenskrisen mit erheblichem Vorlauf entstehen und häufig „*schwache Signale*" vorhanden sind, die auf mögliche Diskontinuitäten in der Organisationsumwelt hinweisen. Die Entstehung von Krisen ist durch Organisationen grundsätzlich antizipier- und beobachtbar; Entstehung und Verlauf von Krisen sind beeinflussbar.

An dieser Stelle setzt das *Issues Management* an, das darauf abzielt, Themen bzw. *Issues*[1], die Einfluss auf den Handlungsspielraum und die Reputation einer Organisation haben können, frühzeitig durch systematische Beobachtung der relevanten Umweltbereiche zu erkennen und zu bearbeiten. Ziel ist die Früherkennung von möglichen Gefahren – aber auch Chancen – und die Einflussnahme auf die Entwicklung dieser Issues. Nach einer allgemeinen Darstellung der Grundlagen, Inhalte, Prozesse und Organisationsformen des Issues Managements werden im folgenden Beitrag Überlegungen zur Notwendigkeit und den Potenzialen des Issues Managements für mittelständische Unternehmen diskutiert und geprüft.

Die Bedeutung eines systematischen Issues Managements für die Krisenprävention und Reputationssicherung von Organisationen wird in der Fachliteratur einstimmig und nachhaltig betont. Insbesondere für bundesweit und international agierende Großunternehmen liegen mittlerweile eine ganze Reihe empirischer Befunde und praxisorientierter Einzelfallstudien vor (vgl. bspw. Armbrecht/ Hollweg 2001; Kuhn 2001; die unternehmenspraktischen Beiträge in Kuhn/ Kalt/Kinter 2003; Ingenhoff 2004)[2]. Mit Blick auf kleinere, insbesondere mittelständische Unternehmen stellt sich die Situation hingegen noch immer sehr vage dar. Theoretische Überlegungen und empirische Befunde zum Issues Management in mittleren bzw. mittelständischen Unternehmen liegen, trotz der mittlerweile relativ etablierten Issues Management-Forschung als Teilbereich der PR-Forschung, nicht vor. Fraglich ist also, ob und unter welchen Bedingungen Issues Management auch in *mittelständischen Unternehmen* von Bedeutung ist, sind doch über 99 Prozent der gesamten deutschen Unternehmen dieser Größenkategorie zuzurechnen (vgl. Wallau 2006). Die bisher nicht vorhandene Auseinandersetzung mit dem Issues Management mittelständischer Unternehmen in der Kommunikationswissenschaft wird ihrer viel zitierten volkswirtschaftlichen Bedeutung als „Rückgrat der deutschen Wirtschaft" nicht gerecht; die Forschung blendet bisher noch weitgehend aus, dass auch Mittelständler vermehrt von wesentlichen Issues Management-begründenden Rahmenbedingungen (vgl. Kap. 2) betroffen sind: Die – aus betriebswirtschaftlicher Perspektive insbesondere mit Blick auf die Nutzung von IuK-Technologien – aufgestellte These, dass sich der Mittelstand „an der Schwelle

1 Der Begriff „Issue(s)" ist im englischen Sprachraum vieldeutig und sehr weit gefasst, eine einheitliche Übersetzung liegt folglich nicht vor. Üblicherweise wurde in der deutschsprachigen Literatur lange der Begriff „Thema" verwendet. Die neuere Literatur verwendet auch im deutschen Sprachraum verstärkt den Begriff „Issue".

2 Gleichwohl belegen empirische Studien mit Blick auf die Praxis des Issues Managements nach wie vor erhebliche Umsetzungsdefizite: Nur wenige Unternehmen „leisten" sich heute ein systematisches Issues Management (vgl. Abschnitt 5).

zur Informationsgesellschaft" (Welter 2005) befinde, steht bei genauerem Hinsehen vollkommen außer Frage: Mittelständische Unternehmen agieren ebenso wie Großunternehmen in einer Informations- bzw. Mediengesellschaft und sind ihren Bedingungen in ebensolchem Maße unterworfen.

## 2 Mediengesellschaft als Begründungsrahmen

Die zunehmenden Kommunikationsrisiken für Organisationen und der damit verbundene Bedeutungszuwachs des Issues Managements sind maßgeblich von den Bedingungen der so genannten Mediengesellschaft beeinflusst. Als deren zentrales Merkmal kann gelten,

> „dass der mögliche Zugriff auf Realität tendenziell immer mehr abnimmt und das dadurch entstehende Defizit durch das wirklichkeitskonstituierende Informationsangebot der Medien laufend kompensiert und substituiert wird. Damit unauflösbar verbunden ist eine Zunahme von Fiktionalität, die gleichwohl in die Definition von Realität hineinwirkt und somit auch massiv faktisch wirksam wird." (Merten 2001: 44)

Elementare Folge und gleichsam das „prozessorientierte, dynamische Pendant" (Donges 2005: 323; vgl. Eisenegger 2005: 62 ff.) zum Konzept der Mediengesellschaft ist der – insgesamt sehr vielschichtige – Prozess der Medialisierung. Dieser bezeichnet zusammengefasst den hohen Stellenwert medienvermittelter Erfahrungen in allen Gesellschaftsbereichen, die verstärkte Orientierung von Akteuren und Organisationen aller gesellschaftlichen Teilsysteme an den Regeln des Mediensystems und die wachsende Durchdringung von medialer und sozialer Wirklichkeit. Medialisierungseffekte, die aus Organisationssicht zumeist treffender als Medialisierungsdruck zu bezeichnen sind, zeigen sich auch und gerade in Bezug auf Akteure und Organisationen des Wirtschaftssystems.

Unternehmen aller Branchen und Größen können sich heute – ob sie es wollen oder nicht – der (medien-)öffentlichen Beobachtung und damit öffentlicher Kommunikation dauerhaft nicht entziehen. Zugleich können sie im weitgehend medial induzierten Wettbewerb um Aufmerksamkeit, Reputation und Legitimation auf öffentliche, d. h. vor allem medienvermittelte Kommunikation, nicht verzichten. Die Medienöffentlichkeit umschließt alle Bereiche der Gesellschaft und sie ist der Ort, an dem die Gesellschaft sich selbst beobachten kann. Nicht nur für politische, sondern auch ökonomische Akteure und Organisationen steigt daher der Druck, in der (Medien-)Öffentlichkeit Position zu beziehen – wird doch über ökonomischen Erfolg in Mediengesellschaften nicht nur auf Absatz- und Beschaffungsmärkten entschieden.

Dieser hängt zunehmend auch davon ab, inwieweit sich Unternehmen in der Öffentlichkeit gegenüber konfligierenden Ansprüchen von Stakeholdern behaupten können. Organisierte und nicht organisierte Aktivisten sowie Nicht-Regierungs-Organisationen haben es heute einfach, digitale Medien zur Vernetzung, Verbreitung und Veröffentlichung ihrer Meinungen zu nutzen. Stakeholder gewinnen – nicht zuletzt aufgrund der Informations- und Kommunikationsmöglichkeiten des Internets – tendenziell an Informationsautonomie und Unternehmen können die Frage, wann sie wie viel Transparenz zulassen, immer weniger eigenständig entscheiden. Zugleich hat die Globalisierung der Medienkommunikation zur Folge, dass Organisationen auf immer mehr Ereignisse und Informationen mit immer größerem räumlichen Bezug in immer kürzerer Zeit reagieren müssen. Im Extremfall kann ein einziges (medien-)öffentlich kontrovers diskutiertes Thema die Reputation und Glaubwürdigkeit von Unternehmen über Jahre hinaus zunichte machen.

Darüber hinaus können wir in Bezug auf Unternehmen – wie auch in der Politik – eine Tendenz der (medien-)öffentlichen Diskussion zur Personalisierung und Moralisierung beobachten: Die Quantität und Pluralität der Ansprüche, die von unterschiedlichen Anspruchsgruppen an die „quasi-öffentliche Institution" Unternehmen (Ulrich 1977) herangetragen werden, sind expandiert. Durch diese Anspruchsinflation und Moralisierung öffentlicher Kommunikation ist der Skandalisierungsdruck auf Unternehmen in den letzten Jahren immens angestiegen. Das Bewusstsein, dass wirtschaftliches Handeln nicht nur i.e.S. wirtschaftliche, sondern auch soziale oder ökologische Konsequenzen hat und Unternehmen dafür Verantwortung tragen, führt dazu, dass ganz allgemein die gesellschaftspolitische Dimension wirtschaftlichen Handelns an Bedeutung gewonnen hat.[3]

In der Gesamtsicht ist die Reputation von Unternehmen heute ein entscheidender strategischer Erfolgsfaktor und zugleich latent in Gefahr. Den wachsenden Reputationsrisiken begegnen Unternehmen mit der Ausbildung des Issues Managements als spezialisiertem Verfahren zur systematischen Beobachtung von Unternehmensumwelten und öffentlichen Thematisierungsprozessen.

3 Mitunter wird in diesem Zusammenhang auch von einer „massenkommunikativen Neukonstitution der Ökonomie" (Eisenegger/Imhof 2004: 248, i.O.t.k.) gesprochen, die sich insbesondere durch eine Zunahme der medialen Skandalisierungskommunikation, eine verstärkte Personalisierung der Berichterstattung, einer verstärkten und zunehmend gleichförmigen Rekurrierung auf bestimmte Nachrichtenwerte und eine weitgehende Angleichung der Selektions- und Interpretationsmechanismen von Wirtschafts- und Politikberichterstattung auszeichnet.

## 3 Issues Management als Verfahren der systematischen Umweltbeobachtung

Issues Management lässt sich

> „als eine organisationsbezogene Technik kommunikativer Vorsorge begreifen, mit der eine Organisation versucht, politische, wirtschaftliche oder gesellschaftliche Issues (Themen, Probleme oder Ereignisse) und die dazu einsetzende Meinungsbildung in der Öffentlichkeit zu identifizieren oder zu implementieren mit dem Ziel, Nutzen für eine Organisation zu vermehren und/oder Schaden von ihr abzuwenden." (Merten 2001: 42)

Dieses Verständnis entstammt einer primär kommunikationswissenschaftlichen Perspektive, in der Issues Management als Verfahren der Public Relations beschrieben wird bzw. eine starke funktionale Nähe zwischen Issues Management und PR konstatiert wird. Issues entstehen durch Diskrepanzen zwischen Unternehmen und Stakeholdern. Ihr Lebenszyklus entwickelt sich im öffentlichen Raum. Issues sind adäquat nur vor dem Hintergrund der Regeln und der Dynamik öffentlicher Thematisierungs- und Meinungsbildungsprozesse zu verstehen.[4]

### *3.1 Beobachtungsgegenstand: Issues*

Ähnlich wie der Risikobegriff (vgl. den Beitrag von Baumgartner in diesem Band), der überwiegend negativ belegt ist, werden Issues im Kontext des Issues Managements häufig als Gefahr beschrieben und ihr konflikthaltiger Charakter und ihr Schadenspotenzial werden betont.

Die Begrenzung von Issues ausschließlich auf Gefahr und Risiko greift jedoch zu kurz. In Anlehnung an Renn (1981: 61), der Risiko als die Wahrscheinlichkeit von negativen oder positiven Konsequenzen definiert, die sich aus Ereignissen oder Handlungen ergeben können, werden Issues hier als öffentlich relevante Themen verstanden, die negative oder positive Konsequenzen für die Handlungs-

4 Vom kommunikationswissenschaftlich geprägten Issues Management-Verständnis ist eine betriebswirtschaftliche, die strategische Unternehmensplanung betonende Begriffsdefinition zu unterscheiden (vgl. im Überblick Ingenhoff/Röttger 2006). Die betriebswirtschaftlich ausgerichtete Forschungsrichtung ist durch eine starke strategische Orientierung gekennzeichnet und fokussiert die Konsequenzen eines Issues für die strategische Unternehmensplanung. Starke Impulse gingen in diesem Zusammenhang von Ansoffs „Strategic Issue Analysis" (Ansoff 1975) aus, die das Aufspüren von Diskontinuitäten, die sich frühzeitig durch so genannte „schwache Signale" ankündigen, erstmals in den Mittelpunkt stellte. Schwache Signale werden in der Literatur höchst unterschiedlich definiert, sie können jedoch ganz allgemein als „Vorboten strategischer Diskontinuitäten" (Liebl 1994: 365) verstanden werden, die noch zu vage und unstrukturiert sind, um mit klassisch entscheidungstheoretischen Modellen von Unternehmen bearbeitet werden zu können.

spielräume einer Organisation und die Erreichung ihrer strategischen Ziele haben können. In diesem weiten Verständnis trägt ein proaktives Issues Management zur Marktwertsicherung und -steigerung bei, indem es Reputationsrisiken identifiziert bzw. vermeiden hilft sowie Chancen zur Positionierung aufzeigt. Zentrale handlungsleitende Frage des Issues Managements ist damit: Welche öffentlich verhandelten Themen können unternehmerische Handlungsspielräume nachhaltig positiv oder negativ beeinflussen?

Die Bewertung der Konsequenzen von Ereignissen oder Handlungen und der Bedeutung von Themen für die Organisation ist dabei in hohem Maße wahrnehmungs- und beobachterabhängig. Ihre Bedeutung wird von verschiedenen Anspruchsgruppen auf der Basis von beobachtbaren Sachverhalten und Ereignissen sowie Äußerungen von Akteuren ausgehandelt, interpretiert und in einen bestimmten Kontext gestellt (Bentele/Rutsch 2001: 143). Damit wird deutlich, dass Issues aus Organisations-Umfeld-Beziehungen entstehen und nur im Kontext der unterschiedlichen Positionen, Interessen und Erwartungen von Organisation und Stakeholdern zu verstehen sind. Im Detail sind Issues durch folgende Merkmale gekennzeichnet (vgl. u. a. Ingenhoff/Röttger 2006):

- *Relevanz für organisationale Handlungsspielräume*: Issues sind Themen, die mit hoher Wahrscheinlichkeit Auswirkungen auf die Reputation bzw. die Freiheitsgrade organisationalen Handelns haben und damit für die Organisation von hoher Relevanz sind.
- *Erwartungslücken*: Nach Wartick/Mahon (1994) können sich Erwartungslücken – verstanden als Differenz zwischen den Erwartungen von Stakeholdern an die Leistungen der Organisation und dessen tatsächlichen Leistungen – aus Veränderungen der gesellschaftlichen Erwartungen an die Organisationsentwicklung oder durch eine Veränderung der Organisation selbst ergeben. Erwartungslücken sind jedoch keine hinreichende Bedingung für ein Issue. Erst wenn diese tatsächliche Auswirkungen für die Organisation zeigen und konflikthaft sind, kann von einem Issue im eigentlichen Sinn gesprochen werden.
- *Konfliktcharakter mit Risiko- und/oder Chancenpotenzial*: Issues sind (potenziell) Gegenstand von Auseinandersetzungen zwischen Anspruchsgruppen und Organisation. Ob aus Erwartungslücken Konflikte entstehen, hängt zum einen maßgeblich von der Involviertheit, der Betroffenheit, dem Problembewusstsein und Restriktionsempfinden der einzelnen Anspruchsgruppen ab. Zum anderen ist ihre Organisations- und Strategiefähigkeit für die Entstehung von Konflikten entscheidend, die in hohem Maße auch vom jeweiligen Zugang zu materiellen und personalen Ressourcen bestimmt wird.
- *Öffentliches Interesse*: Issues sind keine private Angelegenheit zwischen den Beteiligten, sondern sie sind von öffentlichem Interesse. Ausgehend von einer Ausdifferenzierung von Öffentlichkeit können Issues in sehr unterschiedlichen

Öffentlichkeitsarenen bzw. auf unterschiedlichen Öffentlichkeitsebenen verankert sein (vgl. Gerhards/Neidhardt 1991).

Als *Issues* werden zusammenfassend Themen verstanden, die die organisationalen Handlungsspielräume tatsächlich oder potenziell betreffen (Relevanz), mit unterschiedlichen Ansprüchen auf Seiten der Stakeholder und der Organisation belegt sind (Erwartungslücke) und unterschiedlich interpretiert werden können, Konfliktpotenzial aufweisen (Konflikt) und von öffentlichem Interesse (Öffentlichkeit) sind (vgl. Wartick/Mahon 1994; Liebl 1996: 8; Bonfadelli 1999: 223 ff.; Lütgens 2001; Röttger 2001; Ingenhoff/Röttger 2006).

### *3.2 Issue-Lebenszyklus*

Die Entwicklung eines Issues ist zwar grundsätzlich kontext- und situationsabhängig, dennoch kann ein idealtypischer Lebenszyklus beschrieben werden, der insbesondere durch den Grad der öffentlichen Aufmerksamkeit, die ihm im Zeitverlauf entgegengebracht wird, gekennzeichnet ist. Die einzelnen Lebenszyklusphasen unterscheiden sich aus Unternehmenssicht nach dem Grad der Dringlichkeit, mit dem ein Issue einer Lösung bedarf.

Zu Beginn des Lebenszyklus sind die Aufmerksamkeit für das Thema oder Ereignis und die Zahl der Betroffenen sehr gering – die allgemeine Öffentlichkeit hat von den *potenziellen Issues* noch keine Kenntnis genommen. In dieser strategisch entscheidenden Phase lassen sich aber bereits erste Hinweise auf mögliche Diskontinuitäten beobachten. Diese so genannten schwachen Signale sind sehr unstrukturiert, es sind erste Anzeichen, die noch keine definitive Aussage über ihre weitere Entwicklung zulassen. Es folgt eine Aufschwungphase, in der das Thema zunehmend Aufmerksamkeit über den Kreis der direkt Betroffenen hinaus erhält – z. B. im Rahmen einer wissenschaftlichen Fachöffentlichkeit (*bevorstehende Issues*). Aus diesen Fachöffentlichkeiten diffundieren Issues häufig in die allgemeine Medienöffentlichkeit, gewinnen damit Aufmerksamkeit bei einer größeren Zahl von Rezipienten (*aktuelle Issues*). Je nach gesellschaftlicher Relevanz und Konfliktpotenzial des Themas kann bereits zu diesem Zeitpunkt von einer Krise gesprochen werden. Spätestens jedoch wenn aktive und aktivistische Teilöffentlichkeiten sich in die öffentliche Diskussion einschalten und auf Lösung der konfligierenden Positionen in ihrem Sinne drängen, hat der Issue-Lebenszyklus seinen Höhepunkt erreicht (*kritisches Issue*). In dieser Phase kann ein betroffenes Unternehmen im Prinzip kaum noch auf den Issue-Verlauf und die Art und Weise der öffentlichen Debatte einwirken. Schließlich endet der idealtypische Lebenszyklus eines Issues mit der Abschwungphase – die gekennzeichnet ist durch ein stark abnehmendes öffentliches Interesse am Thema. Diese *latenten Issues* können jedoch durch semantische

Verbindungen mit ähnlichen Issues jederzeit wieder aufleben und sind insoweit nur vorläufig gelöst.

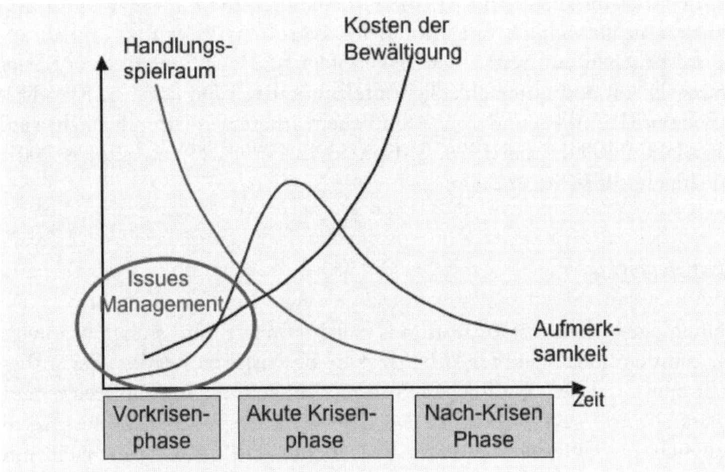


*Abbildung 1*: Idealtypischer Issue-Lebenszyklus (vgl. Achleitner 1985: 94; Liebl 2000: 22; Lütgens 2001: 65)

### *3.3 Workflows und Prozesse des Issues Managements*

Die Struktur des IM-Prozesses weist grundsätzlich die gleichen Prozesselemente wie strategische PR-Konzepte auf – der Situationsanalyse folgt eine Bewertung der Ausgangssituation, die Entwicklung einer Strategie und deren Implementierung. Den Abschluss bildet die Evaluation des Prozesses und seiner Ergebnisse (vgl. u. a. Hainsworth 1990; Liebl 1994). Die einzelnen Konzeptualisierungen unterscheiden sich in den Details, im Zentrum stehen aber überwiegend folgende sechs Phasen, die auf frühe Überlegungen des US-amerikanischen PR-Beraters Howard Chase (1977) zurückgehen. Dabei gilt für den IM-Prozess wie für alle anderen strategischen Modelle, dass die Unterscheidung von einzelnen Phasen idealtypischen Charakter hat.

### 3.3.1 Issue-Identifikation

Ziel eines jeden IM-Prozesses ist es, Issues systematisch und möglichst frühzeitig zu identifizieren. Dazu werden insbesondere die Methoden des Scanning und Monitoring angewandt. Scanning umfasst die induktive und an wenig Vorgaben gebundene Umweltbeobachtung im Sinne eines ungerichteten „360°-Abtastens" der Umwelt. Die breit angelegte Suche konzentriert sich darauf, in bereits bekannten Umweltbereichen neue Trends und Issues zu identifizieren und zugleich neue, bislang nicht gescannte, aber (potenziell) relevante Umweltbereiche zu entdecken (vgl. Liebl 2000: 71). Eine zentrale Herausforderung besteht in dieser Phase darin, relevante Umweltinformationen in maximaler Vielfalt in die Organisation einzubringen und verarbeitbar zu machen und anschließend aus dieser Vielfalt in einem Selektionsprozess die jeweils relevanten Daten herauszufiltern. Hierbei helfen Kriteriensysteme, anhand derer beurteilt werden kann, ob und in welchem Ausmaß Issues tatsächlich unternehmensrelevant und kritisch sind. Nur diejenigen potenziellen Issues, die für die Organisation relevant werden und von strategischer Bedeutung sein können, werden dann kontinuierlich und gezielt i.S. einer deduktiven Umweltbeobachtung verfolgt und analysiert (Monitoring). Unterstützt und ergänzt werden Scanning und Monitoring durch unterschiedliche Formen der Befragung (u. a. Experten-, Bevölkerungsbefragung, Delphi-Befragungen) sowie durch Kreativitätstechniken (z. B. Brainstorming, Mind Mapping) (vgl. Lütgens 2002: 169 ff.).

### 3.3.2 Issue-Analyse und Priorisierung

Im Anschluss an die systematische Identifizierung werden die Issues tiefer gehend analysiert und interpretiert, um zu einer Einschätzung über deren Relevanz und Dringlichkeit zu gelangen (= Erstellung einer Issues-Agenda). Bewertungskriterien sind beispielsweise ihr tatsächliches bzw. mögliches Restriktionspotenzial für unternehmerisches Handeln, das öffentliche Aufmerksamkeitspotenzial (Nachrichtenwerte) und die Anschlussfähigkeit des Themas sowie der Aktivitätsgrad der involvierten Stakeholder. Die Bewertung von Issues erfolgt dabei immer aus Perspektive des Unternehmens, gleichwohl gilt es sowohl die mediale Diffusionslogik als auch die allgemeine öffentliche Stimmungs- und Ereignislage zu berücksichtigen. Denn einzelne Themen können – je nach Ereignislage und öffentlicher Problemwahrnehmung – im Kontext sehr unterschiedlicher Deutungsmuster interpretiert werden und mit verschiedenen anderen Themen gekoppelt werden. Weiterhin wird auf der Basis der aktuellen und vergangenen Entwicklung eine Einschätzung über die weitere, zukünftige Entwicklung der Issues mittels Prognosetechniken (z. B. Szenarioanalysen) vorgenommen (*Forecasting*).

Aus der Analyse und Interpretation ergibt sich die Selektion derjenigen Issues, für die das Unternehmen unmittelbar Handlungsentscheidungen und Positionen entwickeln muss sowie derjenigen Issues, die das Unternehmen zunächst (nur) weiter beobachten (monitoren) möchte. Die hierbei erzielte permanente Informationsverdichtung ermöglicht eine Anpassung und Verfeinerung des Scanning und Monitoring und bildet damit eine Rückkopplungsschlaufe.

### 3.3.3 Entwicklung von Handlungs- und Kommunikationsstrategie

Die Entwicklung und Implementierung von adäquaten Strategien steht im Zentrum der dritten und der folgenden vierten Phase, die beide allerdings in der IM-Literatur nur am Rande behandelt werden. Dies mag auch darauf zurückzuführen sein, dass sowohl die Strategieentwicklung wie auch -implementierung im Grunde keine eigenständigen, spezifischen Verfahren darstellen. Vielmehr gelten hier im Grundsatz die allgemeinen Prinzipien strategisch-konzeptioneller PR. Die konkrete Strategiewahl ist abhängig von situativen internen (z. B. Veränderungsbereitschaft) und externen Faktoren (z. B. Branchenzugehörigkeit) sowie dem Lebenszyklus des Issues und damit nicht allgemein zu entscheiden. In der Regel wird für die Strategieentwicklung eine Task Force aus den verschiedenen, durch das Issue betroffenen Bereichen, Abteilungen und Business Units gebildet, die die verschiedenen Aspekte des Issues beleuchtet.

### 3.3.4 Implementierung der Handlungs- und Kommunikationsstrategie

Auch bei der Umsetzung sind die betroffenen Bereiche, Abteilungen und Business Units beteiligt. Sie werden i.d.R. vom Leiter der Task Force unterstützt und koordiniert. Bei der Umsetzung der Strategie in Handeln greift das Issues Management schließlich auf alle Instrumente der Public Relations zurück, dies beginnt bei der klassischen Medienarbeit, geht über die Kampagnenkommunikation bis hin zu Formen des Lobbying.

### 3.3.5 Evaluation

Der idealtypische IM-Prozess endet mit der Evaluationsphase, die zum einen eine ex post-Evaluation im Sinne einer Ergebniskontrolle (summative Evaluation) umfasst und zum anderen die kontinuierliche Beurteilung des Issues Management-Prozesses als solchen (formative Evaluation). Effektives Issues Management verlangt eine fortlaufende Anpassung des Scannings und Monitorings an Umwelt- und Organisationsveränderungen. Die Evaluation betrifft dabei sowohl ein formales Ablaufcontrolling wie auch ein inhaltliches, auf die intendierten Wirkungen des

Issues Managements abzielendes Controlling (vgl. Merten 2001: 50). Das Thema Evaluation wurde aber in der IM-Literatur bislang nur am Rande behandelt. Es fehlen – wie allgemein auch in der PR – konsensualisierte Verfahren und Kennziffern zur Messung und Bewertung der Effekte des Issues Managements. Problematisch ist die Analyse der Ergebnisse des Issues Managenments, weil sich erfolgreiches Issues Management letztendlich gerade darin zeigt, dass ein Issue nicht zu einem organisationalen Krisenherd wird und somit als solches gar nicht erst (messbar) wahrgenommen wird.

### *3.4 Zentrale Rollen und Funktionen des Issues Managements*

Issues Management ist im Idealfall systemisch angelegt und betrifft das ganze Unternehmen. Die Auseinandersetzung mit kommunikativen Risiken (Krisenprävention) und Chancen (Imageoptimierung) ist Aufgabe aller Unternehmensbereiche, die einen Anspruch auf Mitgestaltung der Unternehmensstrategie und des strategischen Handelns formulieren. Aufgrund der hohen Anforderungen, die die Identifikation und Bearbeitung von Issues stellen, kann Issues Management nicht ausschließlich an eine einzelne Abteilung delegiert werden. Gleichzeitig verlangt die Aufgabenkomplexität eine klare Formulierung von Rollen, Funktionen und Verantwortungsbereichen (Aufbauorganisation) im Issues Management-Prozess.

Die organisatorische Gestaltung setzt zwar die klare Zuständigkeit einer Organisationseinheit für den IM-Prozess voraus, darf aber dabei nicht stehen bleiben: Effektives Issues Management verlangt, dass eine große Zahl von Mitarbeitern aus unterschiedlichen Unternehmensbereichen involviert werden. Als fachliche Experten sind sie besser als jeder Issues Manager in der Lage, ihr Spezialgebiet systematisch zu beobachten und schwache Signale frühzeitig zu identifizieren. Die Einbeziehung zahlreicher unternehmensinterner „Networker", die kritische Themen aufspüren, ermöglicht es Unternehmen, die eigenen Beobachtungskapazitäten zu maximieren. Die so geschaffene Perspektivenvielfalt hilft, die aus der stets gegebenen Systemrelativität der Beobachtung resultierenden blinden Flecken zu minimieren.[5]

In der Unternehmenspraxis haben sich zahlreiche unterschiedliche Rollen und Rollenbezeichnungen etabliert, die von Unternehmen zu Unternehmen zum Teil stark variieren. Allgemeingültige Gestaltungsempfehlungen zur Organisation der IM-Funktion in Unternehmen können aufgrund der zahlreichen unternehmens- und branchenspezifischen Einflussfaktoren kaum formuliert werden. Folgenden

5 Ergänzend kann hier die Simulation der Systemperspektive z.B. durch die Kooperation mit Meinungsforschungsinstituten oder Agenturen, die sich auf die Beobachtung spezieller Umweltbereiche spezialisiert haben, einen erheblichen Beitrag zur Reduktion blinder Flecken der Beobachtung leisten.

Rollen und Funktionen können jedoch als zentral für den Issues Management-Prozess angesehen werden (vgl. z. B. Ingenhoff 2004):

- *Scanner bzw. Networker*: Mitarbeiter aus allen Teilen des Unternehmens, die innerhalb ihrer täglichen Arbeit potenziell relevante Themen auf ihren Expertisegebieten beobachten. Als fachliche Experten sind sie besser als jeder Issues Manager in der Lage, ihr Spezialgebiet systematisch zu beobachten und schwache Signale frühzeitig zu identifizieren.
- Der *Network Manager* koordiniert und unterstützt die Vernetzung der Scanner/Networker, damit diese sich auf ihren jeweiligen Expertisegebieten austauschen können.
- *Coordination Board*: Die in der Phase der Identifizierung potenzieller Themen gewonnenen Informationen fließen an einer zentralen Stelle zusammen und werden hier gebündelt, um einen Überblick über die unternehmensrelevanten Issues (sog. Corporate Issues) in den verschiedenen Ländern und Bereichen zu erhalten und zu koordinieren. Das Coordination Board besteht in der Regel aus einem je nach Unternehmen und Branche unterschiedlich großen Team aus hauptamtlich und langjährig im Unternehmen tätigen Experten der oberen Managementebene. Sie treffen auf der Grundlage weiterer Analysen gemeinsam mit dem Top Management im Advisory Board die Entscheidung darüber, welche Issues Aufnahme in den Prozess finden und z. B. in einer Task Force (siehe unten) weiter analysiert und bearbeitet werden.
- *Advisory Board*: Entscheidet über die Priorisierung, die Verantwortlichkeiten und die finale Positionierung zu den Issues und überwacht und evaluiert den Prozess. Es kann aus einem multifunktionalen und multigeographischen Team aus Senior Managern der Geschäftseinheiten bestehen.
- *Task Force*: Wird zur Bearbeitung einzelner Issues temporär als multidisziplinäres Team gebildet. In der Task Force sind Vertreter aller durch das Issue betroffenen Unternehmensbereiche vertreten.
- *Issue Owner*: Führender interner Experte auf dem Gebiet des Issues, der innerhalb der Task-Force die Generierung, Überwachung und Koordination der Inhalte und Entwicklungen verantwortet sowie im Austausch mit allen weiteren internen und externen Experten, insbesondere mit dem Communications Manager, steht.

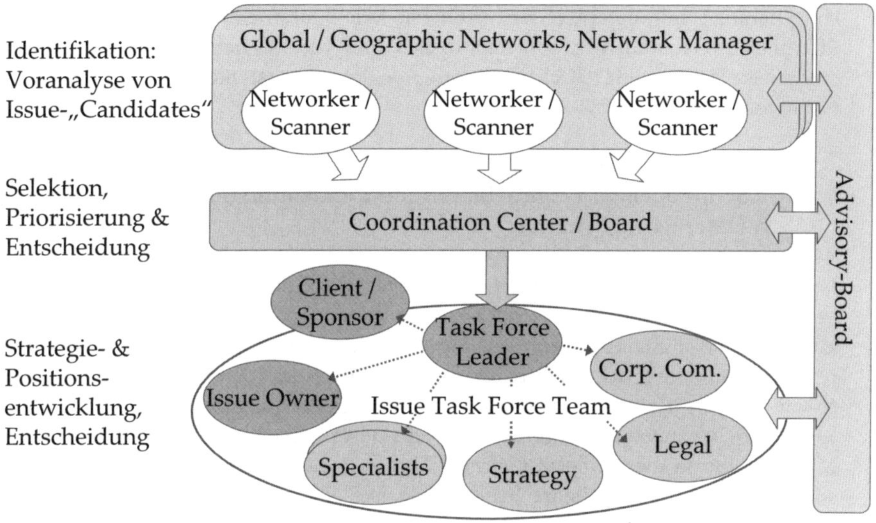


*Abbildung 2:* Zentrale Rollen im Issues Management (Ingenhoff 2004: 208)

## *3.5 Technologische Unterstützung des Issues Managements*

Eine systematische, effiziente und erfolgreiche Umweltbeobachtung kann heute – insbesondere auch auf Grund der wachsenden Bedeutung der Online-Kommunikation für öffentliche Thematisierungsprozesse auf den Einsatz von Informations- und Kommunikationstechnologien nicht verzichten (vgl. den Beitrag von Köhler in diesem Band). Sie können u. a. die Arbeit abteilungs- oder auch länderübergreifender Teams unterstützen, die Einbindung von Networkern erleichtern und kommunikative Bearbeitungszeiten verkürzen. Das Potenzial von IT-Systemen liegt insbesondere in ihrem Beitrag zur Dokumentation und Vereinheitlichung des IM-Prozesses. Eine auf das Issues Management abgestimmte IuK-Technologie erhöht den Formalisierungsgrad, führt zu kodifizierten Prozessabläufen und kann damit zur stärkeren Strukturierung des IM-Prozesses beitragen, Komplexität reduzieren und insgesamt einen effizienten und effektiven Umgang mit Issues fördern.

IT-gestützte Systeme sind fraglos ein Erfolgsfaktor des Issues Managements. Es wäre jedoch verkürzt, Issues Management auf technologische Lösungen zu reduzieren. Auch ausgereifte Technologien können die skizzierten Beobachtungs- und Bewertungsprobleme im Umgang mit Issues nicht vollständig lösen. Zudem impliziert Issues Management immer auch eine inhaltliche Auseinandersetzung von

Unternehmen mit externen Erwartungen. Wie Unternehmen sich im Kontext öffentlicher Debatten positionieren wollen und wie sie sich vor diesem Hintergrund als Teil der Gesellschaft legitimieren können, ist nicht technologisch zu beantworten.

## 4 Schnittstellen: Unternehmenskommunikation und Unternehmenskultur

Issues Management ist ein zentrales Verfahren der Unternehmenskommunikation, ist doch die dem IM zugewiesene Rolle des „boundary spanners" bzw. der organisationalen Grenzstellenfunktion – idealtypisch – bereits umfassend in der UK realisiert und bedarf der IM-Prozess nach der Phase der Identifizierung und Analyse von Issues einer engen Verschränkung mit den klassischerweise in der UK angelegten Möglichkeiten der kommunikativen (De-)Thematisierung von Issues. Issues Management ist aber zugleich nicht auf Unternehmenskommunikation beschränkt, sondern eine interdisziplinäre Schnittstelle, die alle von einem Issue betroffenen Unternehmensbereiche einbezieht. Seine Effektivität und Performance ist maßgeblich davon abhängig, ob und inwieweit Issues Management als unternehmensweit verankerter Prozess, als Denkhaltung, die sich durch das ganze Unternehmen zieht, etabliert ist. Unternehmensstruktur und insbesondere auch die Unternehmenskultur müssen die geforderte bereichsübergreifende Zusammenarbeit, interne Kontakt- und Informationsnetzwerke sowie hohes Involvement und Commitment der Mitarbeiter ermöglichen und fördern.

Im Mittelpunkt der Unternehmenskultur stehen gemeinsame grundlegende Überzeugungen der Unternehmensangehörigen, die im alltäglichen Handeln und Verhalten angewendet und „gelebt" werden. Unternehmenskultur ist nicht gleichzusetzen mit Leitbildern, die von der Leitung im Sinne einer idealisierten Selbstbeschreibung formuliert werden. Unternehmenskultur entsteht im alltäglichen Handeln der Unternehmensmitglieder durch die Anwendung von und die Bezugnahme auf Ressourcen, Regeln, Werte und Normen. Unternehmenskultur ist damit nicht vollständig planbar und „machbar". Dies bedeutet auch, dass sie sich nicht funktionalisieren lässt.

Die „Unternehmenskultur als Problemlösungsprogramm von Unternehmen" (Schmidt 2004) beeinflusst, welche Issues wie wahrgenommen werden, welcher Sinn und welche Bedeutung ihnen zugewiesen wird, wie über sie im Unternehmen und gegenüber Anspruchsgruppen kommuniziert wird. Zentrale Werte einer Issues

Management-affinen Unternehmenskultur sind: Transparenz, Offenheit, Flexibilität sowie die Möglichkeit zur Partizipation.[6]

## 5 Aktueller Stand der IM-Praxis: Implementierungsprobleme

Soweit die Theorie. Der Blick in die Praxis belegt, dass Issues Management in Deutschland vor allem in Branchen betrieben wird, die als sensibel einzustufen sind (Pharma, Chemie etc.), überwiegend in Großunternehmen mit mehr als 5.000 Mitarbeitern etabliert ist und in der Mehrzahl der befragten Unternehmen in PR-Abteilungen angesiedelt ist, gefolgt von Vorstand/Unternehmensführung (vgl. Bentele/Rutsch 2001).[7] Einschränkend zeigt sich allerdings, dass Issues Management in den meisten Unternehmen – wenn es überhaupt Anwendung findet – zunächst nur als isoliertes Verfahren und operatives Instrument eingesetzt wird (Tischendorf 2004) und ein ganzheitliches, unternehmenskulturell verankertes Verständnis nur selten zu finden ist. Jenseits der Issues Manager sind dann in der Regel nur die Geschäftsleitung und die Rechtsabteilung am Prozess beteiligt.

Gleichwohl deutet eine Vergleichsstudie zwischen deutschen und US-amerikanischen Firmen mit dem Ziel, Rückschlüsse auf potenzielle Entwicklungslinien in Deutschland zu ziehen (vgl. Rutsch 2003; Rutsch 2004) darauf hin, dass die Größe des Unternehmens nicht zwangsläufig einen Einfluss auf die Durchführung von Issues Management haben muss: In den USA zeigt sich eine breite Verteilung des Verfahrens über Unternehmen verschiedener Größen, was perspektivisch, so die Autorin, auch in Deutschland der Fall sein wird. Vergleichende Daten zur Implementierung des IM in mittelgroßen bzw. mittelständischen Unternehmen liegen für den deutschsprachigen Raum jedoch bisher ebenso wenig vor wie Einzelfallstudien, die die Spezifika mittelständischer Unternehmen im Hinblick auf die Etablierung und Durchführung des Issues Management berücksichtigen.

Erste Hinweise zur Verkleinerung dieser Forschungslücke zu geben ist das Ziel des folgenden Abschnitts. Dabei lassen wir uns von der weitgehend unstrittigen, in der Literatur jedoch selten reflektierten Überlegung leiten, dass auch mittelständische Unternehmen den eingangs geschilderten Rahmenbedingungen der Mediengesellschaft mit ihren vielschichtigen Folgen für organisationale Handlungsspielräume unterliegen. Über diese allgemeine Rahmenbedingung hinaus ergibt sich

6 Eine aktuelle Studie zum Issues Management in multinationalen Unternehmen zeigt, dass in Unternehmen, die durch starre Hierarchien und fehlendes gegenseitiges Vertrauen geprägt sind, proaktives Issues Management selten zu finden ist (vgl. Ingenhoff/Rossberg 2004).

7 Die Autoren verweisen jedoch darauf, dass der Fragebogen von Vornherein nur an 124 der 150 im Frühjahr 1999 nach Mitarbeiterzahl und Umsatzvolumen größten deutschen Unternehmen verschickt wurde (Rücklauf 37,1%; n = 46) . Mittelständische Unternehmen sind in der Studie nicht explizit berücksichtigt worden, da diese, so die Vermutung der Autoren, nur selten über PR-Abteilungen verfügen (vgl. Bentele/Rutsch 2001: 149).

ein systematischer, weit über die aus betriebswirtschaftlicher Sicht diskutierte Markt- und Konkurrenzbeobachtung (vgl. Kayser 2005: 34 f.) hinausgehender IM-Bedarf aus den spezifischen Herausforderungen, vor denen weite Teile der mittelständischen Wirtschaft heute stehen. Diese verstärken neben dem Megatrend „Medialisierung" die zunehmende Notwendigkeit für mittelständische Betriebe, ein professionelles Issues Management zu etablieren. Dazu zählen u. a.

- die durch die ökonomische Globalisierung ausgelöste Internationalisierung des Mittelstandes, d. h. vor allem die Aktivität auf ausländischen Absatz- und Beschaffungsmärkten sowie die damit verzahnten Anpassungen der Unternehmensstruktur (vgl. u. a. Köhler 1999; Gutmann/Kabst 2000), die impliziert, dass potenzielle Issues nicht mehr nur in regional abgrenzbaren Räumen, sondern weltweit erwachsen können und potenzielle Issue-Raiser prinzipiell weltweit zu verorten sind;
- der zunehmende Zwang zu kontinuierlichen Prozess- sowie Produkt- und Dienstleistungsinnovationen (vgl. u. a. Meiler 1999; Böhler/Scigliano 2004), der eine möglichst frühzeitige Identifikation von Innovationspotenzialen sowie der mit Innovationen verbundenen Chancen und Risiken erfordert.

Grundsätzlich ist der idealtypische Prozessablauf des Issues Managements sowie dessen Zielsetzung in mittelständischen Unternehmen derselbe wie in Großunternehmen. Dennoch ergeben sich durch die Spezifika mittelständischer Unternehmen eine Reihe von Besonderheiten, die die Implementierung und Durchführung des Issues Managements begünstigen, aber auch erschweren können.[8] Anders als die derzeitige Literaturlage dies ausdrückt ist Unternehmensgröße allein kein Kriterium, an Hand dessen sich über die organisationsspezifische Sinnhaftigkeit der Implementierung und Durchführung von Issues Management entscheiden lässt.

Im Folgenden werden zunächst zentrale, IM-relevante Spezifika mittelständischer Unternehmen herausgearbeitet und schließlich Überlegungen dahingehend angestellt, wie sich ein Issues Management unter den spezifischen Handlungsbedingungen mittelständischer Unternehmen optimal etablieren lässt. Dazu ist zunächst zu klären, was genau unter mittelständischen Unternehmen zu verstehen ist.

8 Damit wird freilich nicht bestritten, dass unabhängig von der Unterscheidung in mittelständische und Großunternehmen weitere Faktoren wie bspw. die Branchenzugehörigkeit die unternehmensspezifische Ausprägung des Issues Management beeinflussen.

# 6 Issues Management im Mittelstand

## *6.1 Was sind mittelständische Unternehmen?*

Der mit vielseitigen Bedeutungsgehalten versehene Begriff „Mittelstand" wird – wenn auch terminologisch nicht ganz korrekt – in einem allgemeinen Zugriff i.d.R. gleichgesetzt mit kleinen und mittleren Unternehmen (KMU). Gleichwohl eine einheitliche Definition des „Mittelstandes" angesichts der Heterogenität der subsumierbaren Unternehmen kaum zu leisten ist, können diese von Großunternehmen an Hand einer Reihe in der betriebswirtschaftlichen Literatur diskutierter quantitativer und qualitativer Kriterien abgegrenzt werden, die sich prinzipiell beliebig miteinander kombinieren lassen (vgl. u. a. Mugler 1995; Pfohl 1997).[9]

Allerdings ist zu bedenken, dass auch Unternehmen, die gemäß bestimmter quantitativer Schwellenwerte nicht mehr als mittelständisch zu klassifizieren wären, „ihrem Wesen und Verhalten nach" (Wallau 2006: 15) eigentlich noch mittelständisch sein können und vice versa. Außerdem ist zu beachten, dass die Klassifizierung nach einem oder wenigen quantitativen Gesichtspunkten die Zuordnung zu einer bestimmten Größenklasse stets nur im Hinblick auf die zu Grunde gelegten Kriterien erlaubt. Es ist durchaus denkbar, dass zwei insgesamt sehr heterogene Unternehmen auf Grund der mehr oder weniger zufälligen Übereinstimmung eines bestimmten quantitativ erfassbaren Merkmals der gleichen Größenklasse zugeordnet werden. Insoweit ist auch im Hinblick auf die Analyse des Issues Managements eine quantitative Bestimmung mittelständischer Unternehmen erforderlich, ohne die Ergänzung um qualitative Merkmale aber wenig zielführend. Mit Blick auf Fragen des Issues Managements bietet es sich an, zunächst dem quantitativen Definitionsvorschlag der Europäischen Kommission zu folgen. Die seit dem 1. Januar 2005 genutzte KMU-Definition der EU unterscheidet drei Unternehmensgrößen, die an Hand bestimmter Schwellenwerte in den Kategorien Personal sowie Umsatz oder Bilanzsumme klassifiziert werden[10]:

- *Mittlere bzw. mittelgroße Unternehmen*: Bis zu 249 Mitarbeiter und Umsatz bis 50 Mio. Euro oder Bilanzsumme bis 43 Mio. Euro
- *Kleine Unternehmen*: Bis 49 Beschäftigte, Umsatz bis 10 Mio. Euro oder Bilanzsumme bis 10 Mio. Euro
- *Kleinst- bzw. Mikrounternehmen*: Mehr als 1 und höchstens 9 Mitarbeiter, Umsatz oder Bilanzsumme bis 2 Mio. Euro.

9 Zu den regelmäßig genannten Kriterien quantitativer Art zählen u. a. die Beschäftigtenzahl, der Jahresumsatz, die Bilanzsumme, die Bruttowertschöpfung und das Anlagevermögen.

10 Aus quantitativer Sicht ist darüber hinaus die Definition des Instituts für Mittelstandsforschung Bonn von Bedeutung (vgl. http://ifm-bonn.de/).

Darüber hinaus gilt für alle KMU gemäß dieser Definition, dass sie nicht zu 25% oder mehr des Kapitals oder der Stimmanteile im Besitz von einem oder mehreren Unternehmen gemeinsam stehen dürfen, die die KMU-Definition nicht erfüllen.[11]

Zukünftige mittelstandsbezogene Issues Management-Forschung sollte sich auf „mittelgroße" Unternehmen konzentrieren, da der Bedarf für Issues Management als *systematischem* und *geplantem* Verfahren in Klein- und Kleinstunternehmen nicht ersichtlich ist. Zudem wären in empirischen Studien qualitative Unternehmensmerkmale verstärkt zu berücksichtigen. So können bspw. der Führungsstil oder der Organisationsstrukturtyp durchaus Einfluss auf die Ausprägung des Issues Managements haben. Im Zentrum einer qualitativen Begriffsbestimmung steht zumeist die leitende Person bzw. die leitenden Personen des Unternehmens. Dabei kann es sich sowohl um einen Alleininhaber als auch eine Reihe von geschäftsführenden Gesellschaftern handeln, die nicht selten Mitglieder einer Familie sind. Mittelständisch sind aus dieser Perspektive solche Unternehmen, in denen einerseits eine weitgehende Einheit zwischen Eigentum / Leistung und Haftung / Risiko besteht und andererseits die Führungsperson(en) für alle unternehmensrelevanten Entscheidungen direkt verantwortlich sind und damit weitgehend konzernunabhängig agieren. In der Literatur besteht überwiegend Einigkeit darüber, dass die Führung des Unternehmens durch Inhaber das am besten geeignete qualitative Kriterium ist, um KMU von zumeist managementgeführten Großunternehmen abzugrenzen.[12]

Es wird an dieser Stelle deutlich, dass eine einheitliche Definition bzw. ein abschließender Merkmalskatalog typisch mittelständischer Unternehmen einerseits und Großunternehmen andererseits und damit auch ein einheitliches Begriffsverständnis mittelständischer Unternehmen nicht existiert. Dennoch muss es zukünftig Ziel empirischer Issues Management-Forschung sein, Unternehmen stärker zu differenzieren sowie Gemeinsamkeiten und Unterschiede im Hinblick auf die Praxis des IM herauszuarbeiten.

---

11 Nach der Definition der EU-Kommission besteht der Kernbereich der europäischen wie auch der deutschen Wirtschaft aus dem Mittelstand. Mehr als 99% aller Unternehmen in den nichtlandwirtschaftlichen Sektoren der Europäischen Union sind kleine und mittlere Unternehmen mit bis zu 250 Beschäftigten. Sie bieten 65 Millionen Arbeitsplätze und erwirtschaften 55 % der gesamten Wertschöpfung in der Europäischen Union (vgl. http://europa.eu/scadplus/leg/de/lvb/n26001.htm; http://europa.eu.int/eur-lex/pri/de/oj/dat/2003/l_124/l_12420030520de00360041.pdf).

12 Unterschiede zu Großunternehmen bestehen vor allem im Hinblick auf die Unternehmensstruktur und -ziele sowie die Entscheidungsrundlagen der Unternehmensführung. Die exakten Kriterien, an Hand derer ein Unternehmen als eigentümer- bzw. familiengeführt einzustufen ist und unter welchen Voraussetzungen es als managementgeführt zu werten ist werden in der betriebswirtschaftswissenschaftlichen Literatur sehr kontrovers diskutiert (vgl. Wallau 2006: 15).

### 6.2 *Issues Management in mittelständischen Unternehmen: Annahmen und Perspektiven*

Aus der spezifischen mittelständischen Unternehmensgröße heraus ergeben sich bestimmte Merkmale, die die Implementierung und Durchführung des Issues Managements fördern, aber auch behindern können. Zunächst ist eine im Vergleich zu Großunternehmen tendenziell geringere Ressourcenbasis finanzieller, materieller und personeller Art zu konstatieren. Daraus folgt jedoch nicht zwingend, dass Mittelständler lediglich ein unsystematisches „Issues Management light", eine im Vergleich zu Großunternehmen abgespeckte Version, betreiben können oder sollten. Anders als die vorhandene Literaturlage dies reflektiert ergibt sich auch für Mittelständler perspektivisch die zunehmende Notwendigkeit, Issues Management als geplantes und systematisches Verfahren der Unternehmenskommunikation zu etablieren. Aufgabe zukünftiger Forschung ist es demnach, die spezifischen Implementierungshindernisse und -potenziale des Verfahrens in mittelständischen Unternehmen aufzuzeigen und praxisnahe Lösungsstrategien bereitzustellen.

Kernfragen in Bezug auf Issues Management im Mittelstand sind: (1) Welche Spezifika mittelständischer Unternehmen sind bei der Implementierung und Durchführung von Issues Management zu berücksichtigen und welche Vor- und Nachteile ergeben sich hier aus mittelständischen Unternehmensstrukturen? (2) Welche Minimalanforderungen sind angesichts der im Vergleich zu Großunternehmen geringeren Ressourcenbasis an ein funktionierendes IM-System zu stellen, damit es auch in mittelständischen Unternehmen seinen spezifischen Erfolgsbeitrag leisten kann?

#### 6.2.1 Spezifika des IM in mittelständischen Unternehmen

Bringt die relative Kleinheit der mittelständischen Unternehmen in Bezug auf betriebswirtschaftlich bedeutsame Parameter wie bspw. Finanzierungsmöglichkeiten am öffentlichen Kapitalmarkt in vielen Fällen eher Nachteile mit sich, kann ihre in vielerlei Hinsicht geringere Größe in Bezug auf das Issues Management eher als Vorteil gelten: Stärken mittelständischer Unternehmen im Hinblick auf Issues Management bestehen u. a.

- *In vergleichsweise kurzen Entscheidungs- und Kommunikationswegen*: Die Vernetzung von Issues Manager bzw. Task Force ist in mittelständischen Unternehmen weniger problembehaftet als in Großunternehmen. Sowohl die Platzierung von Issues auf der Unternehmensagenda bzw. auf der Agenda der Unternehmensführung als auch die finale Managemententscheidung über die Behandlung eines Issues kann regelmäßig in direktem Austausch zwischen Issues Management und Geschäftsleitung erfolgen. Instanzen wie das Advisory Board und das Coordination Board (vgl. Abschnitt 3.4) sind tendenziell entbehrlich und sparen somit wertvolle Ressourcen ein, ohne dass die Funktionsfähigkeit des Issues Managements tangiert wird.

- *In der regelmäßig höheren Flexibilität bei der Entwicklung und Implementierung von Handlungs- und Kommunikationsstrategie*: Mittelständische Unternehmen sind, sofern eine funktionsfähige Unternehmenskommunikation vorhanden ist, generell flexibler bei der Entwicklung und Implementierung von issuesbezogenen Kommunikationsstrategien. Auch hier ist der aufzubringende personelle, finanzielle und materielle Ressourcenaufwand für die Abstimmung der beteiligten Akteure geringer und die externe Unternehmenskommunikation kann variabler (re)agieren.
- *In der Möglichkeit, die Unternehmenskultur und -struktur zügiger und nachhaltiger IM-affin auszugestalten*: Die Unternehmenskultur in mittelständischen Unternehmen ist stark durch die Unternehmensführung geprägt. Tendenziell ist die Beziehung zwischen Geschäftsführung und Belegschaft weniger anonym, das Verhalten des Managements hat regelmäßig direkte Vorbildwirkung. Bezogen auf das Issues Management folgt daraus, dass eine wahrnehmbar offen, transparent und vernetzt agierende Unternehmensleitung diese Eigenschaften auch bei den Mitarbeitern fördern wird. Die IM-affine Ausgestaltung der Unternehmenskultur ist damit auch stärker als in Großunternehmen direkt durch das Verhalten der Unternehmensführung beeinflussbar. Auch hier ist also die Notwendigkeit, finanzielle Ressourcen bspw. zur IM-affinen Gestaltung der Unternehmenskultur aufzubringen, deutlich geringer.
- *In der geringeren Standortanzahl*: Die für ein funktionierendes Issues Management notwendige bereichsübergreifende Zusammenarbeit mit offenen Strukturen ist auf Grund der zumeist geringeren Anzahl an Standorten in mittelständischen Unternehmen tendenziell besser zu bewerkstelligen. Auch hier entfällt ein in Großunternehmen erheblicher Ressourcenaufwand zur Koordination und Vernetzung der auf verschiedene Standorte verteilten Scanner bzw. Networker.
- *In der insgesamt geringeren Anzahl an Produkten und Dienstleistungen*: Sofern sich das Unternehmen darauf beschränkt, Marktnischen zu besetzen oder nur eine geringe Anzahl an Produkten herzustellen bzw. eine geringe Anzahl an Kunden zu beliefern, sinkt tendenziell auch die Gefahr, dass Issues in bisher nicht gescannten und dem Issues Management damit unbekannten Umweltbereichen erwachsen. Insoweit können im Rahmen der Issues-Identifizierung insgesamt geringere Anforderungen an das Issues Management und damit ein geringerer Ressourcenaufwand personeller und finanzieller Art konstatiert werden.
- *In der Nähe zu Stakeholdern*: Insbesondere bei regional begrenzt agierenden Mittelständlern besteht regelmäßig eine vergleichsweise große räumliche Nähe zwischen Unternehmen und Stakeholdern. Stakeholdergebundene „schwache

Signale" lassen sich folglich auch früher und mit weniger Aufwand erkennen und bearbeiten als in bundesweit oder multinational agierenden Großunternehmen.

Es zeigt sich also, dass Issues Management in mittelständischen Unternehmen insgesamt geringere Anforderungen an die aufzubringenden Ressourcen stellt und das Größenkriterium alleine kein Grund zu sein scheint, auf Issues Management zu verzichten.

### 6.2.2 Hinweise für optimales IM unter Berücksichtigung spezifischer Gegebenheiten in mittelständischen Unternehmen

Unter Berücksichtigung der spezifischen Bedingungen mittelständischer Unternehmen ergeben sich in einem ersten Zugriff folgende Handlungsempfehlungen für die Implementierung und Durchführung eines systematischen Issues Management:

- Zunächst bietet es sich an, auf Grund der tendenziell größeren räumlichen und persönlichen Nähe zwischen Belegschaft und Geschäftsführung einerseits sowie der zumeist geringeren Anzahl an zu koordinierenden Standorten andererseits auf bestimmte idealtypisch herausgearbeitete Rollenausprägungen (vgl. Abschnitt 3.4) zu verzichten. Dies gilt insbesondere im Hinblick auf das Advisory Board, das Coordination Board und die Issues Task Force. Advisory Board und Coordination Board nehmen in Großunternehmen idealiter eine Vermittlungsposition zwischen der individuellen Ebene der dezentral agierenden Networker bzw. Scanner und der Ebene der Entscheidungsträger im Top-Management ein. Beide Funktionen, d. h. konkret die zentralisierte Sammlung von Beobachtungen der Scanner, deren Verdichtung zu unternehmensrelevanten Issues und schließlich die Priorisierung der Issues, können in mittelständischen Unternehmen auch direkt beim Issues Manager angesiedelt sein, der im Idealfall als Bestandteil der Unternehmenskommunikation in direkter Anbindung an die oberste Managementebene agiert. Auch an die Issues Task Force sind insgesamt geringere Anforderungen hinsichtlich der bereichsübergreifenden Zusammensetzung zu stellen, die ihre Wirksamkeit jedoch nicht einschränken.
- In mittelständischen Unternehmen kann, wiederum auf Grund der geringeren Zahl an Standorten, zudem tendenziell von einer geringeren Notwendigkeit der IT-Unterstützung des Issues Managements ausgegangen werden. Die Funktion IT-basierter Steuerungssysteme liegt vor allem in der Unterstützung abteilungs- und ggf. länderübergreifener Issues Task Forces und der Einbin-

dung abteilungsgebundener Scanner. Der physische Standort von Scannern und Issues Task Force wird sich in der weit überwiegenden Zahl mittelständischer Unternehmen auf einen Standort konzentrieren, so dass die IT-gestützte Koordination und Vernetzung hier zunächst im direkten Dialog oder über vorhandene Intranetlösungen erfolgen kann. Auch im Rahmen der IT-gestützten Identifikation und Analyse von Issues ergeben sich insbesondere bei regional begrenzt agierenden Mittelständlern geringere Anforderungen: Die zu scannenden Umweltbereiche sind insgesamt kleiner, die Issues-Identifikation und -Analyse muss daher nicht zwangsläufig IT-gestützt erfolgen. Im Einzelfall ist dabei allerdings zu prüfen, ob und inwieweit für das jeweilige Unternehmen netzbasierte Kommunikation als Entstehungsort von schwachen Signalen bzw. Issues bedeutsam ist und ausgewählte Bereiche des Internet IT-gestützt analysiert werden müssen. Dies dürfte in erster Linie branchenabhängig sein.

Insgesamt ist also das Zusammenspiel von individueller Ebene (Scanner bzw. Networker), kollektiver Ebene (Advisory Board, Coordination Board, Task Force) und Entscheidungsträgerebene (Top-Management) weniger koordinationsaufwändig als in Großunternehmen. Hier sind für die Etablierung des Issues Managements im Mittelstand also ressourcenschonende Vorteile bei uneingeschränkter Funktionsfähigkeit des Issues Managements zu sehen.

### *6.3 Weiterer Forschungsbedarf*

Die vorstehenden Überlegungen haben gezeigt, dass die – mittels verschiedener Indikatoren bestimmbare – Unternehmensgröße ein Kriterium ist, an dem sich zukünftige empirische Forschung zum Issues Management stärker ausrichten sollte. Im Einzelnen sind hier folgende Fragen zu beantworten:

- Unter welchen unternehmensexternen und internen Bedingungen macht IM für Mittelständler Sinn und welche sprechen ggf. gegen die Implementierung des Verfahrens? Hier sind insbesondere unterschiedliche Führungsstrukturen mittelständischer Unternehmen im Hinblick auf die Funktionsfähigkeit des Issues Management zu untersuchen.
- Welche personellen, materiellen und finanziellen Minimalvoraussetzungen müssen gegeben sein, um IM so zu implementieren, dass es seinen spezifischen Beitrag zum Unternehmenserfolg leisten kann?
- Fraglich ist darüber hinaus, ob es unterschiedliche Anforderungen an ein IM-System im Hinblick auf die Tätigkeit des Unternehmens als Handwerks-, Handels-, Dienstleistungs- oder Gewerbeunternehmen gibt.

- Um typisch mittelständische Erfolgspotenziale des Issues Managements zu ermitteln, gilt es herauszuarbeiten, welche Gemeinsamkeiten mittelständische Unternehmen auszeichnen, die ein systematisches Issues Management betreiben.

In der Gesamtsicht ist also im Hinblick auf die zukünftige empirische Forschung zum Issues Management eine über den status quo hinausgehende Differenzierung der Untersuchungsobjekte zu fordern. IM-betreibende Unternehmen, aber auch Organisationen anderer gesellschaftlicher Handlungsfelder, sollten verstärkt nach quantitativen und qualitativen Größenmerkmalen differenziert werden, um potenzielle Stärken und Schwächen verschiedener Typen von Unternehmen in Bezug auf die Etablierung des Issues Management herausarbeiten zu können und diese mit konkreten Handlungsempfehlungen für die Praxis verknüpfen zu können.

## 7 Fazit

Jenseits der hier nur kursorisch skizzierbaren Forschungsperspektiven zum Issues Management ist im vorliegenden Beitrag deutlich geworden, dass insbesondere aus der Bedeutungssteigerung medienvermittelter Kommunikation als konstitutivem Merkmal der modernen Mediengesellschaft und zahlreichen damit verknüpften Entwicklungen für Unternehmen ein latentes (kommunikatives) Krisenpotential erwächst. Ökonomischer Erfolg hängt in immer höherem Maße auch davon ab, inwieweit sich Wirtschaftsorganisationen gegenüber gesellschaftlichen Gruppierungen mit konkurrierenden und konfliktären Ansprüchen, die ihrerseits zu einer Moralisierung öffentlicher Kommunikation und anhaltenden Anspruchsinflation beitragen, legitimieren können. Angesichts dieser sich rasant wandelnden Rahmenbedingungen unternehmerischen Handelns hat die systematische Beobachtung und Analyse der Unternehmensumwelt jenseits der reinen Markt- und Konkurrenzbeobachtung in der modernen Gesellschaft eine herausragende strategische Relevanz gewonnen, die erwartbar weiter zunehmen wird. Das Issues Management als systematisches und geplantes Verfahren der Umweltbeobachtung und -analyse trägt ganz wesentlich zur Verhinderung bzw. Abschwächung insbesondere kommunikativer Krisen, aber auch der kommunikativen Aspekte anderer Krisentypen im Unternehmenskontext bei und kann daher auch als Krisenpräventions- bzw. Risikominimierungsverfahren der Unternehmenskommunikation bezeichnet werden. Ziel ist es, maximale zeitliche und inhaltliche Handlungsspielräume bezüglich potentiell konflikthaltiger Issues zu sichern, indem Diskontinuitäten in der Unternehmensumwelt frühzeitig erkannt, analysiert und deren wesentlicher Gehalt organisationalen Entscheidungskreisläufen zur Verfügung gestellt wird. Im Idealfall gelingt es Unternehmen, auf Basis der durch das systematische Scanning und Monitoring gewonnenen „schwachen Signale" in der Unternehmensumwelt Krisen zu verhindern, indem durch geeignete kommunikative Strategien auf die mit ihnen in Verbindung stehenden Stakeholder eingewirkt wird, bevor sie sich zu einem konflikthaltigen Issue verdichten und in den in Abschnitt 3.2 idealtypisch skizzierten Lebenszyklus eintreten. Neben der Krisenvermeidung dient das Issues Management aber in Fällen, in denen eine Krise dennoch eingetreten ist, auch der optimierten Krisenbewältigung, indem das Einwirkpotential krisenhaltiger Issues auf Basis gesicherter Informationen eingeschätzt wird, die weitere Issueentwicklung prognostiziert wird und schließlich der Organisationsführung diejenigen Informationen bereitgestellt werden, auf deren Basis über eine ggf. erforderliche Veränderung der Organisationspolitik bzw. organisationaler Entscheidungsprogramme entschieden und so die Legitimation der Organisation gegenüber seiner Umwelt dauerhaft erhalten werden kann. Ein funktionierendes Issues Management-System entwickelt sich, so kann bilanziert werden, in modernen Mediengesellschaften zu *dem* erfolgskritischen Faktor der Krisenkommunikation bzw. Krisen-PR.

## Literatur

Achleitner, Paul (1985): Soziopolitische Strategien multinationaler Unternehmungen. Diss. Hochschule St. Gallen. Bern/Stuttgart: Haupt.

Ansoff, H. Igor (1975): Managing Strategic Surprise by Response to Weak Signals. In: California Management Review, 18. Jahrgang, Nr. 2, 21-33.

Armbrecht, Wolfgang/Hollweg, Dirk (2001): Clean Energy - ein unternehmensstrategisches Issue. In: Röttger, Ulrike (Hrsg.): Issues Management. Theoretische Konzepte und praktische Umsetzung. Eine Bestandsaufnahme. Wiesbaden: Westdeutscher Verlag, 177-190.

Bentele, Günter/Rutsch, Daniela (2001): Issues Management in Unternehmen: Innovation oder alter Wein in neuen Schläuchen? In: Röttger, Ulrike (Hrsg.): Issues Management. Theoretische Konzepte und praktische Umsetzung. Eine Bestandsaufnahme. Wiesbaden: Westdeutscher Verlag, 141-160.

Böhler, Heymo/Scigliano, Dino (2004): Innovationsmanagement in KMU - Ansätze zur Umsetzung einer Balanced Strategy. In: Schlüchtermann, Jörg/Tebroke, Hermann-Josef (Hrsg.): Mittelstand im Fokus. 25 Jahre BF/M-Bayreuth. Wiesbaden: Gabler, 199-214.

Bonfadelli, Heinz (1999): Medienwirkungsforschung I: Grundlagen und theoretische Perspektiven. Konstanz: UVK.

Chase, W. Howard (1977): Public Issue Management. The new Science. In: Public Relations Journal, 32. Jahrgang, Nr. 10, 25-26.

Donges, Patrick (2005): Medialisierung der Politik - Vorschlag einer Differenzierung. In: Rössler, Patrick/Krotz, Friedrich (Hrsg.): Mythen der Mediengesellschaft - The Media Society and its Myths. Konstanz: UVK, 321-339.

Eisenegger, Marc (2005): Reputation in der Mediengesellschaft. Konstitution - Issues-Monitoring - Issues-Management. Wiesbaden: VS Verlag für Sozialwissenschaften.

Eisenegger, Marc/Imhof, Kurt (2004): Reputationsrisiken moderner Organisationen. In: Röttger, Ulrike (Hrsg.): Theorien der Public Relations. Grundlagen und Perspektiven der PR-Forschung. Wiesbaden: VS Verlag für Sozialwissenschaften, 239-260.

Gerhards, Jürgen/Neidhardt, Friedhelm (1991): Strukturen und Funktionen moderner Öffentlichkeit. Fragestellungen und Ansätze. In: Müller-Doohm, Stefan/Neumann-Braun, Klaus (Hrsg.): Öffentlichkeit, Kultur, Massenkommunikation. Beiträge zur Medien- und Kommunikationssoziologie. Oldenburg: Universität Oldenburg, 31-89.

Gutmann, Joachim/Kabst, Rüdiger (2000) (Hrsg.): Internationalisierung im Mittelstand. Chancen - Risiken - Erfolgsfaktoren. Wiesbaden: Gabler.

Hainsworth, Brad E: (1990): The Distribution of Advantages and Disadvantages. In: Public Relations Review, 16. Jahrgang, Nr. 1, 33-39.

Ingenhoff, Diana (2004): Corporate-Issues-Management in multinationalen Unternehmen. Eine empirische Studie zu organisationalen Strukturen und Prozessen. Wiesbaden: VS Verlag für Sozialswissenschaften.

Ingenhoff, Diana/Rossberg, Nadja (2004): Kultur - die unterschätze Dimension im Issues Management. In: PR Magazin, 10/2004, 47-54.

Ingenhoff, Diana/Röttger, Ulrike (2006): Issues Management - Ein zentrales Verfahren der Unternehmenskommunikation. In: Schmid, Beat F./Lyczek, Boris (Hrsg.): Unternehmenskommunikation. Kommunikationsmanagement aus Sicht der Unternehmensführung. Wiesbaden: Gabler, 319-350.

Kayser, Gunter (2005): Mittelstand an der Schwelle zum Kommunikationszeitalter? In: Welter, Friederike (Hrsg.): Der Mittelstand an der Schwelle zur Informationsgesellschaft. Veröffentlichungen des Round Table Mittelstand, Bd. 3. Berlin: Duncker & Humblot, 31-43.

Köhler, Richard (1999): Internationale Kooperationsstrategien kleinerer Unternehmen. In: Meiler, Rudolf Carl (Hrsg.): Mittelstand und Betriebswirtschaft. Beiträge aus Wissenschaft und Praxis. Wiesbaden: Deutscher Universitätsverlag, 1-28.

Kuhn, Michael (2001): Global Issues Management bei DaimlerChrysler. In: Röttger, Ulrike (Hrsg.): Issues Management. Theoretische Konzepte und praktische Umsetzung. Eine Bestandsaufnahme. Wiesbaden: Westdeutscher Verlag, 191-204.

Kuhn, Michael/Kalt, Gero/Kinter, Achim (2003) (Hrsg.): Chefsache Issues Management. Ein Instrument zur strategischen Unternehmensführung - Grundlagen, Praxis, Trends. Frankfurt am Main: Frankfurter Allgemeine Buch.

Liebl, Franz (1994): Issue Management. Bestandsaufnahme und Perspektiven. In: Zeitschrift für Betriebswirtschaft, 64. Jahrgang, Nr. 3, 359-383.

Liebl, Franz (1996): Strategische Frühaufklärung. Trends, Issues, Stakeholders. München: Oldenbourg.

Liebl, Franz (2000): Der Schock des Neuen. Entstehung und Management von Issues. München: Murmann Verlag.

Lütgens, Stefan (2001): Das Konzept des Issues Managements: Paradigma strategischer Public Relations. In: Röttger, Ulrike (Hrsg.): Issues Management. Theoretische Konzepte und praktische Umsetzung. Eine Bestandsaufnahme. Wiesbaden: Westdeutscher Verlag, 59-77.

Lütgens, Stefan (2002): Potentiellen Krisen rechtzeitig begegnen - Themen aktiv gestalten. Strategische Unternehmenskommunikation durch Issues Management. Schifferstadt: mt Verlag.

Meiler, Rudolf Carl (1999): Führungsverhalten und Innovation in kleinen und mittleren Unternehmen. In: Ders. (Hrsg.): Mittelstand und Betriebswirtschaft. Beiträge aus Wissenschaft und Praxis. Wiesbaden: Deutscher Universitätsverlag, 165-181.

Merten, Klaus (2001): Determinanten des Issues Managements. In: Röttger, Ulrike (Hrsg.): Issues Management. Theoretische Konzepte und praktische Umsetzung. Eine Bestandsaufnahme. Wiesbaden: Westdeutscher Verlag, 41-57.

Mitroff, Ian I./Pearson, Christine M./Harrington, L. Katharine (1996): The essential guide to managing corporate crises: a step-by-step handbook for surviving major catastrophes. New York: Oxford University Press.

Mugler, Josef (1995): Betriebswirtschaftslehre der Klein- und Mittelbetriebe, 2., überarb. Auflage. Wien, New York: Springer.

Pfohl, Hans-Christian (1997): Abgrenzung der Klein- und Mittelbetriebe von Großbetrieben. In: Ders. (Hrsg.): Betriebswirtschaftslehre der Mittel- und Kleinbetriebe. Größenspezifische Probleme und Möglichkeiten zu ihrer Lösung, 3., neu bearb. Auflage. Berlin: E. Schmidt, 1-25.

Renn, Ortwin (1981): Zur Theorie der Risikoakzeptanz. Forschungsansätze und Modelle. Wahrnehmung und Akzeptanz technischer Risiken. Bd. 1. Jülich: Spezielle Berichte der Kernforschungsanlage Jülich.

Roselieb, Frank (1999): Frühwarnsysteme in der Unternehmenskommunikation. Kiel: Manuskripte aus den Instituten für Betriebswirtschaftslehre der Universität Kiel, Nr. 512.

Röttger, Ulrike (2001): Issues Management - Mode, Mythos oder Managementfunktion? Begriffsklärungen und Forschungsfragen - eine Einleitung. In: Dies. (Hrsg.): Issues Management. Theoretische Konzepte und praktische Umsetzung. Eine Bestandsaufnahme. Wiesbaden: Westdeutscher Verlag, 11-39.

Rutsch, Daniela (2003): Issues Management als Verfahren der PR. Eine empirische Studie in deutschen und US-amerikanischen Unternehmen. In: Kuhn, Michael/Kalt, Gero/Kinter, Achim (Hrsg.): Chefsache Issues Management. Ein Instrument zur strategischen Unternehmensführung - Grundlagen, Praxis, Trends. Frankfurt am Main: Frankfurter Allgemeine Buch, 86-94.

Rutsch, Daniela (2004): Issues Management als Verfahren der Public Relations. Eine empirische Studie in deutschen und US-amerikanischen Unternehmen. In: PR Magazin, 3/2004, 45-50.

Schmidt, Siegfried J. (2004): Unternehmenskultur. Die Grundlage für den wirtschaftlichen Erfolg von Unternehmen. Göttingen: Velbrück.

Tischendorf, Eva (2004): Issues Management als PR-Verfahren. Eine qualitative Expertenbefragung in Unternehmen der Nahrungs- und Genussmittelbranchen. Westfälische Wilhelms-Universität Münster: Unveröffentlichte Magisterarbeit.

Ulrich, Peter (1977): Das Großunternehmen als quasi-öffentliche Institution. Stuttgart: Poeschel.

Wallau, Frank (2006): Mittelständische Unternehmen in Deutschland. In: Schauf, Malcolm (Hrsg.): Unternehmensführung Im Mittelstand. Rollenwandel kleiner und mittlerer Unternehmen in der Globalisierung. München: Mering, 9-33.

Wartick, Steven L./Mahon, John F. (1994): Toward a Substantive Definition of the Corporate Issue Construct. A Review and Synthesis of the Literature. In: Business and Society, 33. Jahrgang, Nr. 3, 293-312.

Welter, Friederike (2005) (Hrsg.): Der Mittelstand an der Schwelle zur Informationsgesellschaft. Berlin: Veröffentlichungen des Round Table Mittelstand, Bd. 3..

# Frühwarnsysteme in der Krisenkommunikation

*Bernhard Fischer-Appelt*

## 1 Einleitung

Viele Unternehmen haben in den vergangenen Jahren ihre Entscheidungsstrukturen vereinfacht und Hierarchiestufen abgebaut, um die internen Kommunikationswege zu verkürzen. Dadurch soll das Management in die Lage versetzt werden, schneller und flexibler auf externe wie interne Veränderungen reagieren zu können. Trotz alledem werden die meisten Organisationen aber immer wieder überrascht von scheinbar unvorhersehbaren Ereignissen in ihrem Umfeld oder durch interne Vorfälle. Für die Kommunikation heißt es dann nur noch, schnellst möglich „Stellung halten", „Konflikte abwehren" und den „Schaden begrenzen", um zu retten was noch zu retten ist. Erst im Nachhinein, wenn die Wogen sich wieder geglättet haben, wird erkannt, dass selbst den „urplötzlich" auftretenden Krisenfällen so genannte „schwache Signale" vorausgegangen waren, die man bei entsprechender Sensibilität hätte im Vorfeld erkennen können. Dies benötigt allerdings ein systematisches Aufspüren und Bewerten solcher Vorboten möglicher Krisen, um Entscheider frühzeitig zu warnen. Nur so kann Kommunikation proaktiv aufkeimenden Konfliktherden begegnen und wertvolle Zeit für gezielte Gegenmaßnahmen gewinnen.

## 2 Grundlagen

### *2.1 Begriffsbestimmung*

In der betriebswirtschaftlichen Literatur werden zur Beschreibung entsprechender Vorgehensweisen der Krisenprävention häufig die Begriffe *Frühwarnung, Früherkennung* sowie *Frühaufklärung* gebraucht. Die beiden letzt genannten bezeichnen dabei oftmals inhaltlich identische Konzepte. Krystek/Müller schlagen dazu die folgende Begriffhierarchie vor, die hier im weiteren Verlauf als Orientierungsrahmen verwendet wird (vgl. Krystek/Müller 1999: 178):

- *Frühwarnung* meint primär die Aufdeckung potenzieller *Bedrohungen* zu einem möglichen frühen Zeitpunkt und weist vom Sprachverständnis her noch deutlich auf seine Verwendung in militärischen Kontexten hin.

- *Früherkennung* beinhaltet dagegen neben der Beobachtung von Bedrohungspotenzialen auch die Ortung möglicher zukünftiger *Chancen*, mit denen sich ein Unternehmen z. B. frühzeitig Wettbewerbsvorteile sichern kann. Werden diese außer Acht gelassen, entstehen für eine Unternehmung ggf. existenzielle Geschäftsrisiken wie der Verlust von Marktanteilen.
- *Frühaufklärung* schließlich erweitert die Wahrnehmung und Interpretation potenzieller Bedrohungen und/oder Chancen um den Aspekt der *systematischen Planung und Realisierung von Reaktionsstrategien und (Gegen-) Maßnahmen.* Bisweilen wird Frühaufklärung sogar „nicht als eigenständiges, zusätzliches Informationssystem, sondern als durchgängige, bzw. umfassende Kernfunktion des strategischen Managements, sozusagen als strategische Grundhaltung“ (Loew 2003: 22) verstanden.

Entsprechend dem Fokus auf das Thema Krisenmanagement wird im Folgenden primär der Begriff Frühwarnung verwendet. Die aufgeführten Konzepte können allerdings prinzipiell auch für Aufgabenstellungen der umfassenderen Frühaufklärung verwendet werden.

## 2.2 *Grundprinzip*

Zentrales Ziel der Frühwarnung ist zunächst die *Ausdehnung* der eigenen Reaktionszeit vor einer möglichen Krise. Ansoff schlägt hierfür das Konzept der frühzeitigen Wahrnehmung von *schwachen Signalen* vor (vgl. Ansoff 1976: 129 ff.). Im Kern ist damit gemeint,

> „dass sich Diskontinuitäten im z. B. ökonomischen, technologischen, politischen oder sozialen Bereich noch vor ihrem tatsächlichen Eintreten bereits durch so genannte *weak signals* (schwache Signale) abzeichnen. Nach dieser Sichtweise hat jedes Ereignis (und damit jede Krise) seine Entwicklungsgeschichte, die sich u. a. in bloßen Vermutungen, mehr oder weniger abgesicherten Prognosen oder Ereignissen in anderen Themengebieten bemerkbar machen. Dieses können z. B. die Verbreitung neuartiger Meinungen in den Medien, die Häufung gleichartiger Ereignisse mit strategischer Relevanz oder erkennbare Initiativen zur Veränderung der Gesetzgebung sein“ (vgl. Loew 2003: 29).

Der wichtigste Vorteil dieses Ansatzes ist somit die Gewinnung von Zeit, die ein Unternehmen für die Ergreifung von (Gegen-) Maßnahmen nutzen kann. Dem steht die Herausforderung gegenüber, die meist vagen und unscharfen Frühinformationen überhaupt als krisenrelevant wahrzunehmen bzw. als solche zu bewerten. Um konkret die Wahrnehmung schwacher Signale zu schärfen, sollten daher die folgenden Aspekte berücksichtigt werden (vgl. Fink/Siebe/Kuhle 2002: 10 f.):

- *Qualitative Daten*: Längst nicht alle krisenrelevanten Entwicklungen lassen sich quantifizieren, so dass auch qualitative Faktoren, Trends und Entwicklungstendenzen in die Betrachtung einbezogen werden müssen.
- *Externe Einflüsse*: Die häufigsten Störursachen kommen in der Regel aus dem externen Umfeld, wobei hierunter nicht alleine das unmittelbare Geschehen in den relevanten Unternehmensmärkten zu verstehen ist. Auch die Entwicklungen in anderen Branchen bis hin zu allgemeinen Veränderungen in Politik und Gesellschaft (Stichwort Geburtenrückgang) können auf den Handlungsspielraum von Unternehmen entscheidenden Einfluss nehmen.
- *Neue Perspektiven*: All zu oft führt die Fixierung auf eine einmal festgelegte Strategie und die dahinter liegenden Umfeldprämissen zu einer erheblichen Einengung des Blickfeldes. Daher ist es wichtig, dass Unternehmungen ihren Beobachtungsfokus über die gegenwärtige Strategie hinaus ausdehnen. Hier hilft z. B. die Verwendung von Zukunftsszenarien den unternehmenseigenen Blick über den sprichwörtlichen Tellerrand zu richten und sich immer wieder auf neue Perspektiven und Sichtweisen auf das Umfeld einzulassen.

Der generelle Aufbau eines Frühwarnsystems, mit dem die Wahrnehmung schwacher Signale systematisch unterstützt werden kann, wird nun im nächsten Kapitel skizziert.

Neben der bloßen Ausdehnung des Handlungsspielraums ist ferner die optimale *Nutzung* der gewonnen Zeit die zweite wesentliche Herausforderungen im Vorfeld einer potenziellen Krise. Im Sinne der unter 2.1. aufgeführten Begriffsdefinition führt dies allerdings über die „reine" Frühwarnung hinaus. Im Kern geht es hierbei darum, dass auf Basis des erkannten Gefahrenpotenzials entsprechende Entscheidungen gefällt und zügig umgesetzt werden. Was dies für die Praxis in Hinblick auf die Kommunikation bedeutet, wird in Kapitel 4 näher erläutert.

## 3 Aufbau und Prozess

Der Zweck eines Frühwarnsystems ist es, eine Unternehmung bei der Aufnahme, Aufbereitung und Nutzung schwacher Signale bzw. relevanter Frühwarninformationen für die Krisenprävention zu unterstützen. Für die konkrete Ausgestaltung existieren unterschiedliche Konzepte, die in ihren Kernfunktionen allerdings einander sehr ähneln (vgl. Krystek/Müller 1999: 181 oder Fink/Siebe/Kuhle 2002: 11 ff.). In diesem Sinne wird im Folgenden ein Prozessmodell beschrieben (vgl. Abb. 1), welches die vier zentralen Phasen eines solchen Frühwarnsystems darlegt.

*Erfassung der schwachen Signale*

Die Grundaktivitäten eines Frühwarnsystems bilden das *Scanning* und *Monitoring*. Das Scanning umfasst, ähnlich einem 360° Radar, das ungerichtete Abtasten sowohl der Unternehmensin- als auch -umwelt. Im Unterschied dazu beinhaltet das Monitoring die gezielte Beobachtung anhand konkreter Suchfelder (wie Prämissen für bestehende Strategien, Indikatoren für das Eintreten von Krisen oder spezifische Unternehmenskennwerte). Oftmals ergeben sich die Themengebiete des Monitorings aus den durch das Scanning aufgespürten schwachen Signalen.

*Aufbereitung der identifizierten Daten*

Die erfassten Daten werden nun entlang unternehmensspezifischer inhaltlicher Themenfeldern zugeordnet und strukturiert. Durch geeignete Bewertungskriterien sollten zudem besonders relevante Nachrichten identifiziert und im Prozess der Datenaufbereitung priorisiert bzw. bereits vorhandene Daten auf ihre Aktualität hin überprüft werden. Das Sammeln, Dokumentieren und Verdichten der Früherkennungsinformation erfolgt dabei arbeitsteilig und in standardisierter Form von so genannten *Beobachter-Teams*.

*Analyse der erhobenen Informationen*

Im dieser Phase geht es darum, in den verdichteten Frühwarninformationen mögliche Interpretationsmuster zu erkennen, die konkrete Anhaltspunkte für mögliche Krisenherde geben können. Hierbei können Trendlandkarten oder verwandte Visualisierungstechniken wie das Zukunftsraum-Mapping (vgl. Fink/Schlake/Siebe 2001) eingesetzt werden, um die Mustererkennung zu unterstützen. Ferner gilt es die Ursachen für die identifizierte Wirkungszusammenhänge zu bestimmen und ggf. Prognosen über deren potenzielle Auswirkung zu erstellen, z. B. mit Hilfe der Szenario-Technik.

*Beurteilung des analysierten Frühwarnwissens*

Im letzten Schritt erfolgt auf Basis der durchgeführten Ursachen-/Wirkungsanalyse und Interpretation des erfassten Frühwarnwissens eine nachvollziehbare Einschätzung der möglicherweise aufkeimenden Krisensituationen in Hinblick auf ihre strategische Relevanz für die eigene Unternehmung, um so eine Einordnung in die spezifische Bewertungsmechanik bzw. Entscheidungskultur der Organisation zu erlangen. Dabei können unterschiedliche Bewertungsportfolios eingesetzt werden, entlang derer sich z. B. die Eintrittwahrscheinlichkeit einer potenziellen Krise vs. Relevanz für das Unternehmen abschätzen lassen. Die konkrete Durchführung der Phasen drei und vier wird durch ein so genanntes *Vorausschau-Team* getätigt, welches seine Ergebnisse direkt an die Geschäftsführung in einer Organisation berichtet.

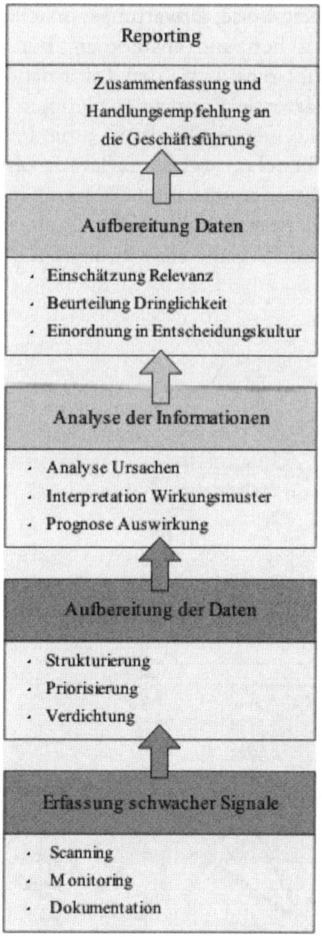


*Abbildung 1*: Prozesse eines Frühwarnsystems (eigene Darstellung)

# 4 Einsatz in der Praxis

## *4.1 Allgemeine Rahmenbedingungen*

Wichtig für den Erfolg eines Frühwarnsystems ist letztlich, dass Frühwarninformation nicht lediglich in einer Richtung aufgenommen, weiterverarbeitet und genutzt werden kann. Notwendig ist vielmehr ein mehrfaches Feedback innerhalb einer Organisation, bei dem sich Geschäftsführung, Vorausschau-Team und Beobachter-Team regelmäßig über Arbeitsweise, Erwartungsvorstellung, Ziele und Erfolge der Frühwarnaktivitäten austauschen und abstimmen. Für die konkrete Konzeption eines Frühwarnsystems heißt dies z. B., den Informationsbedarf der Entscheider optimal festzulegen und passende Formate zu definieren, wie neue Krisenvermutungen aufgezeigt werden können. Dabei ist u. a. die Frage zu klären, ob regelmäßig oder situationsbedingt berichtet werden soll, d. h. ob ein Unternehmen permanente Vorwarnung benötigt oder nur für bestimmte Projekte. Entsprechend der spezifischen Planungs- und Entscheidungskultur in einer Organisation lassen sich somit der genaue Aufbau und Ablauf eines Frühwarnsystems nur individuell festzulegen.

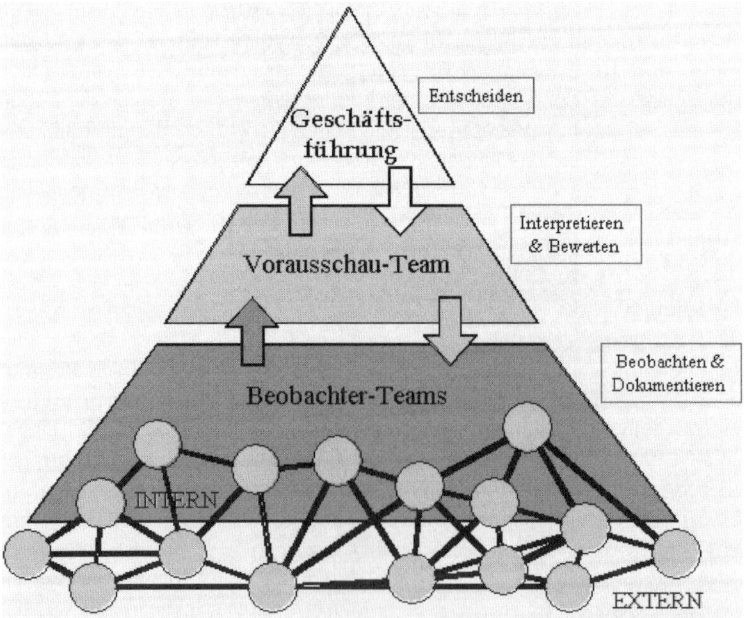


*Abbildung 2*: Organisation eines Frühwarnsystems (eigene Darstellung)

### 4.2 *Rolle und Aufgaben des Vorausschau-Teams*

Die größte Herausforderung eines Frühwarnsystems bildet die sinnvolle Eingrenzung des zu scannenden Bereiches. Dabei sind der Aufwand einer maximalen Erfassung *aller* erdenklichen internen und externen Einflüsse den realen Kosten dafür kritisch gegenüber zu stellen. Hier gilt es seitens des Vorausschau-Teams immer wieder zu überprüfen, welche Themenfelder für die Aktivitäten einer Unternehmung letztendlich krisenrelevant sind. Orientierungshilfe können dabei die in Kapitel 2 aufgeführten Kriterien – qualitative Daten, externe Einflüsse und vor allem die stete Suche nach neuen Perspektiven – liefern. Darüber hinaus sind aber *alle Mitarbeiter* einer Organisation aufgerufen, schwache Signale aufzunehmen und in ein Frühwarnsystem einzuspeisen.

Der Aufbau und die Führung eines leistungsstarken Vorausschau-Teams ist somit zentraler Kern eines leistungsstarken Frühwarnsystems. Zu seinen Aufgaben gehört einerseits, ein effizientes Beobachtersystem aufzubauen und den Einsatz der verschiedenen Beobachter zu koordinieren. Dazu identifiziert es die krisenrelevanten Indikatoren für das Monitoring, legt Warnbereiche fest und vergibt konkrete Beobachtungsaufträge gemäß den Vorgaben der Führungsebene. Andererseits muss das Team einen „guten Draht" zu den Unternehmensentscheidern pflegen und frühzeitig in die strategisch relevanten Projekte und Aktivitäten eingeweiht sein, um mögliche Krisenpotenziale abzuschätzen. Zudem sollte es Sprache und Entscheidungskultur des Vorstandes kennen, um aufziehende Krisensituationen frühzeitig kommunizieren und vermitteln zu können. Hierzu zählt auch die Fähigkeit, schnell und auf den Punkt entsprechende Materialien für die Kommunikation vorbereiten zu können. Ferner sollte ein Vorausschau-Team regelmäßige Trainings für Schlüsselpersonen im Umgang mit den Medien organisieren, um den möglichen Ernstfall einer Krisensituation zu simulieren.

## 5 Ausblick

Viele Unternehmen neigen noch immer dazu, auf Basis von quantitativen Prognosen – also scheinbar sicher messbaren Zukunftsannahmen – zu planen und zu kommunizieren. Dabei reduzieren sie allzu leichtfertig die Komplexität und Ungewissheit vieler Entscheidungssituationen. Sie werden blind gegenüber aufkommenden Veränderungen und erfahren diese dann als „plötzliche" Krisensituationen. Im Rahmen eines Frühwarnprozesses lernen Organisationen dagegen bewusst mit „unscharfen Entscheidungssituationen" flexibel umzugehen. Ein funktionierendes Frühwarnsystem ermöglicht die zielgerichtete Erzeugung von Orientierungswissen „auf Vorrat", auf welches zu einem späteren Zeitpunkt zurückgegriffen werden kann.

Frühwarnsysteme sollten daher nicht nur auf den Bereich der Krisenprävention begrenzt werden. Um vor der Konkurrenz neue Chancen zu erkennen und damit Wettbewerbsvorteile zu sichern, lässt sich das im Rahmen der erweiterten, *strategischen Frühaufklärung* generierte Wissen auch im Bereich des Business Development oder Technologiemanagement einsetzen, um zukünftige Kundenbedürfnisse zu untersuchen, die Potenziale neuer Technologien zu beleuchten und daraus neue Geschäftsideen zu entwickeln.

Ein solch erweiterter Einsatz der Frühaufklärung bietet gerade für die Führungskräfte einer Unternehmung eine Reihe von Vorteilen, vor allem auch in kommunikativer Hinsicht. Ein zentrales Merkmal erfolgsversprechender Führungs- und Wandlungsprozesse sind kreative und offene Dialoge über die Perspektiven und Strategien des Unternehmens (vgl. Zohar 2000). Sie überwinden traditionelle Denkgrenzen, führen die Entscheider zu neuen Fragestellungen und fördern die Toleranz gegenüber unterschiedlichen Standpunkten. Solche strategische (Kommunikations-)Prozesse initiieren bewusst ein dynamisches Wechselspiel zwischen Strategieumsetzung (Planung) und Strategie-Infragestellung (Frühwarnung). Gleichzeitig ermöglichen Sie den „im operativen Tagesgeschäft gefangenen" Entscheidern, sich von ihrer oft zu eng gefassten Sicht auf die Dinge zu lösen und ihre Perspektiven systematisch zu erweitern. Schließlich lassen sich alle aktiv an der Frühaufklärung beteiligten Mitarbeiter in der Organisation für die Veränderungsprozesse in den internen und externen Umfeldern sensibilisieren und über das Alltagsdenken hinaus für ein ganzheitliches Verständnis der Unternehmung gewinnen.

## Literatur

Courtney, Hugh (2001): 20/20 Foresight. Crafting Strategy in an Uncertain World. Boston: Harvard Business School Publishing.

Fink, Alexander/Schlake, Oliver/Siebe, Andreas (2001): Erfolg durch Szenario-Management. Prinzip und Werkzeuge der strategischen Vorausschau. Frankfurt/Main: Campus.

Fink, Alexander/Siebe, Andreas/Kuhle, Jens-Peter (2002): Szenarien als Basis strategischer Früherkennungsprozesse. In: SEM-RADAR – Zeitschrift für Systemdenken und Entscheidungsfindung im Management. Wissenschaftlicher Verlag Berlin. 1/2002, 5-26.

Krystek, Ulrich/Müller-Stewens, Günther (1997): Grundzüge einer Strategischen Frühaufklärung. In: Hahn, Dietger/Taylor, Bernd (Hrsg.): Strategische Unternehmungsplanung – Strategische Unternehmungsführung. Stand und Entwicklungstendenzen. Berlin: Springer.

Liebl, Franz (1996): Strategische Frühaufklärung. Trends Issues Stakeholder. München: Oldenbourg.

Loew, Hans-Christian (2003): Frühwarnung, Früherkennung, Frühaufklärung – Entwicklungsgeschichte und theoretische Grundlagen. In: Schatz, Roland/Bronner, Rolf (Hrsg.): Frühwarnsysteme. Bonn: InnoVatio.

Zohar, Danah (2000): Am Rande des Chaos: Neues Denken für chaotische Zeiten. St. Gallen: Midas Management Verlag.

# Brandschutz ist die beste Feuerwehr

*Udo Röbel*

## 1 Die Krisenfeuerwehr

Krisenkommunikation und Krisenmanagement sind oft vergleichbar mit einem Feuerwehreinsatz. Und wie bei einem wirklichen Brand wird es hauptsächlich auf drei Faktoren ankommen, die darüber entscheiden, ob Ihr Haus bis auf die Grundmauern niederbrennt – oder ob Sie mit ein paar rußgeschwärzten Wänden davon kommen:

*Faktor 1*: Wie schnell wird die Krise in Ihrem Haus bemerkt? Sind alle Feuermelder intakt und haben sie rechtzeitig Alarm ausgelöst? Kann man die aufflackernden Flammen noch austreten – oder quillt schon weithin sichtbar Rauch aus den Fenstern?

*Je eher Sie eine Krise erkennen, umso größer sind Ihre Chancen, sie schon im Keim zu ersticken.*

*Faktor 2*: Wie schnell wird in Ihrem Haus nach der Feuerwehr gerufen? Rennen Ihre Mitarbeiter selbst dann noch mit ein paar Eimern Wasser über den Flur, wenn die Flammen schon längst auf die nächste Etage übergegriffen haben? Oder haben sie den Mut rechtzeitig einzusehen, ab wann sie die Situation nicht mehr im Griff haben und auf die Mithilfe anderer angewiesen sind?

*Je eher Sie erkennen, dass Sie Hilfe brauchen, umso besser kann Ihnen geholfen werden.*

*Faktor 3*: Wie professionell und schlagkräftig ist die Feuerwehr, die Sie nun rufen? Erscheint an Ihrem Krisen-Brandherd die Dorf-Feuerwehr mit einem altersschwachen Spritzenwagen oder der hochmoderne Löschzug, der schon Erfahrung mit ähnlichen oder viel schlimmeren Einsätzen gehabt hat? Und vor allen Dingen: Sind Sie bereit, die Profis am Einsatzort ihren Job machen zu lassen oder reden Sie ihnen ständig hinein?

*Je mehr Sie Vertrauen in Ihre Feuerwehr haben, umso besser kann die auch löschen.*

## 2 Die Medien als Beobachter des Feuerwehreinsatzes

Krise = Feuer. Krisenkommunikation = Feuerwehreinsatz. Oder von der anderen Seite her betrachtet: Wo es brennt, sind auch schnell die Medien vor Ort. Für die

Kameras gibt es kaum schönere Bilder als meterhohe Flammen, die aus einem Dach schlagen. Und so macht auch dieser Vergleich sehr gut deutlich, zwischen welchen Fronten Sie sich in einer Krise bewegen:

Während Sie alles daran setzen, den Schaden in Ihrem Haus so gering wie möglich zu halten, warten die Medien nur darauf, dass Ihnen jetzt auch noch der Heiztank explodiert.

*Denn Ihre Krise nährt Auflage/Quote und somit den Gewinn des Medienunternehmen. So simpel ist das. Und allein schon deshalb haben Sie von den Medien kein Verständnis zu erwarten.*

Umso wichtiger ist, dass Ihre Feuerwehrleute Profis sind, die jetzt genau wissen:

1. Mit welchen Medien und Journalisten haben wir es eigentlich zu tun?
2. Was haben die Medien in der Hand – oder vielleicht auch nicht?
3. Auf welche Antwort, auf welchen Fehler lauern sie?
4. Von wem haben wir vielleicht Sympathie zu erwarten und von wem nicht?
5. Wer führt die „Meute" an – und wer bellt nur mit?

Aus den Antworten auf all diese (und mehr) Fragen heißt es jetzt, die richtige Strategie zu entwickeln, und die kann von Fall zu Fall total verschieden sein:

Ist es heute vielleicht richtig, mit völlig offenen Karten zu spielen und zu versuchen, auch die eigene Sichtweise und Argumente einigermaßen fair in die Berichterstattung einfließen zu lassen, ist es morgen vielleicht sogar angeraten, total zu mauern, abzublocken und mit juristischen Schritten zu drohen.

## 3 Der Brandschutz

Wie auch immer – auch die beste Krisenfeuerwehr vermag allerdings Eines nicht: Die Krise, den Ausbruch der Flammen, ungeschehen zu machen.

So gesehen beginnen eine wirklich strategische Krisenkommunikation und ein perfektes Krisenmanagement – um im Bild zu bleiben – schon vor dem Rufen der Feuerwehr, nämlich mit dem Brandschutz!

*Es darf erst gar nicht zum Ausbruch eines Feuers, einer Krise kommen.*

Ein geradezu lehrhaftes Beispiel für die eklatante Vernachlässigung von Brand/Krisen-Schutz ist der tiefe Fall von Ex-Bundeskanzler Gerhard Schröder, der kurz nach seiner Abwahl im Herbst 2005 in die Dienste des russischen Energieriesen Gazprom trat. Die öffentliche Empörung über dieses „schamlose Verhalten" war nicht nur für Medienprofis geradezu voraussehbar:

Denn wer nur wenige Tage vor seiner Abwahl mit seiner Unterschrift ein Milliarden-Pipeline-Projekt besiegelt, dem er nun nach Ende seiner Amtszeit als Aufsichtsratsvorsitzender mit 250.000 Euro Jahres-Salär vorstehen soll, braucht sich nun wirklich nicht zu wundern, seinen guten Namen und Ruf verspielt zu haben.

Alle Hinweise und Beteuerungen, dass das Eine nichts mit dem Anderen, dass der Bau der Pipeline lebenswichtig für die zukünftige Energieversorgung Deutschlands sei, fruchteten nichts: Hier hatte sich in der öffentlichen Meinung ein Politiker noch schnell die Taschen voll gestopft und seine Altersrente auf den Weg gebracht, bevor er seinen Sessel räumen musste.

Schröder, der erfahrene Medienkanzler. Der Politiker, der oft genug Vorstände und Manager gegeißelt hat, die in einem Atemzug Massenentlassungen und die Erhöhung ihrer Bezüge verkünden. Er hat wissen müssen, welchen Schaden sein Name bei dieser Geschichte nimmt. Zumindest hätte er eine Schamfrist zwischen dem Ende seiner Kanzlerschaft und dem Antritt auf den neuen Posten legen müssen. Warum er es nicht getan hat, lässt sich eigentlich nur damit erklären, dass ihm die Reaktionen von vorneherein völlig Wurst waren.

Der Fall Schröder/Gazprom ist aber auch in anderer Hinsicht interessant und beispielhaft. Weil er zeigt, wie schnell sich sogar solch eine Krise, solch ein verheerender Image-Schaden, plötzlich drehen kann und bei entsprechender strategischer Planung sogar ins Positive umkehren hätte lassen:

Anfang des Jahres 2006, keine zwei Wochen nachdem sogar der Bundestag das Gazprom-Engagement Schröders debattiert hatte, beherrschte der russische Energieriese nämlich plötzlich erneut die Schlagzeilen und Fernsehnachrichten. Im Streit um neue Gaspreise hatte Gazprom seine Drohungen wahr gemacht und der Ukraine über Nacht den Gashahn zugedreht. Mit der Folge, dass die Gaslieferungen nach Deutschland kurzeitig unterbrochen waren. Und sofort setzte eine besorgte öffentliche Diskussion ein, die wir ein Jahr später dann erneut erleben sollten, als Gazprom seine Gaslieferungen nach Weißrussland stoppte und so tagelang auch kein Erdgas mehr nach Deutschland floss:

Wie abhängig ist auch Deutschland, das 40 Prozent seines Gases von Russland bezieht, von Gazprom? Wie wichtig sind die Beteiligung und die Kontrolle über Pipelines, über die das so wichtige Erdgas zu uns kommt? Alles Argumente, die in der öffentlichen Schelte über den „Schamlos-Kanzler" Schröder noch wenige Wochen zuvor keiner hören wollte.

Bei geschickter Planung und Vorbereitung der öffentlichen Diskussion, hätten – das wage ich einmal zu behaupten – gewiefte Kommunikationsprofis es sogar hingekriegt, dass auf den politischen Ebenen wie ganz selbstverständlich der Ruf nach Schröder laut geworden wäre.

Der Ruf nach einem erfahrenen Politiker und Elder Statesman, der bei einem so wichtigen Projekt wie dem Bau einer neuen Erdgasleitung von Russland direkt nach Deutschland unsere Interessen vertritt! Und wenn sogar als Aufsichtsratsvorsitzender – umso besser!

Theoretisch hätte es so laufen können. Ob in der Praxis auch, das hätte maßgeblich davon abgehangen, ob Kommunikationsprofis in die Preiserhöhungs-Pläne der Gazprom-Bosse (und damit auch der Spitzen der russischen Regierung) eingeweiht gewesen wären und das Timing hätten mitbestimmen können. Das ist allerdings zu bezweifeln, wenn man russische Hierarchien kennt.

Doch auch in den Chef-Etagen vieler westlicher Konzerne sieht es nicht besser aus. Die teuren Kommunikations-Abteilungen, die man sich hält, werden nach wie vor oft genug vor vollendete Tatsachen und Entscheidungen gestellt, statt sie bereits mit in die strategischen Planungen einzubinden. Sie haben nach wie vor wirklich den Status einer Krisen-Feuerwehr. Erst wenn es brennt, werden sie gerufen. Und das auch oft noch viel zu spät. Siehe oben.

Warum ist das so?

„Offensichtlich geht es vielen Branchen und Unternehmen immer noch zu gut", sagen viele Kommunikations-Profis. „Besonders der deutschen Energiewirtschaft."

In der Tat. Kaum eine andere Branche hat in den letzten Jahren soviel an Reputation verloren wie die Strom- und Gasversorger, mit ihren vier Monopol-Riesen E.ON, RWE, EnBW und Vattenfall Europe an der Spitze. Offensichtlich blind geworden durch die Arroganz ihrer Marktmacht haben sie es sogar geschafft, dass sich in einer Talkrunde bei Sabine Christiansen zwei so unterschiedliche Politiker wie Umweltminister Siegmar Gabriel (SPD) und der hessische Ministerpräsident Roland Koch (CDU) nicht die Köpfe einschlugen – sondern sich fast verbündeten gegen die Energieriesen und offen mit der Verstaatlichung ihrer Versorgungsnetze drohten.

Klar, durch ihre hartnäckige aggressive und uneinsichtige Preispolitik haben die Energie-Riesen über Jahre nicht nur Millionen Verbrauchern vor den Kopf gestoßen, sondern auch Millionen von Wählern!

Ist der Ruf erst ramponiert, lebt es sich eben *nicht* ungeniert. Im Gegenteil: Wer so uneinsichtig seine wachsenden Kommunikationskrisen verdrängt, wie die Energie-Riesen, verliert selbst in der Politik irgendwann seine (Lobby)Freunde.

Um diesen Imageschaden wieder gut zu machen, wird es viele Jahre und viel Geld brauchen. Aber es geht!

Das beweist eine andere Branche, die über Jahre hinweg mit ähnlich schlechten Image-Werten und dem Attribut des „Abzocker" lebte wie die Versorger heute: Die Pharmaindustrie.

Doch dort hat man begriffen. Vor allen Dingen, dass man auch in der Politik alle Sympathien verspielt hatte. Und über alle Firmen-Einzelinteressen hinweg hat man endlich auf Verbandsebene gehandelt. Jeder kennt mittlerweile die Fernsehspots mit Frauen und Männern in roten T-Shirts, die öffentlich bekennen: „Ich hatte Krebs." Oder: „Ich hatte einen Schlaganfall."

Die Botschaft ist klar: Pharmaunternehmen machen nicht nur Gewinne. Mein Geld, das ich für ein Medikament zahle, wird auch in die Forschung gesteckt. Dass es in Zukunft noch bessere Medikamente gibt. Dass ich in Zukunft vielleicht auch wieder gesund werde. Selbst wenn ich an Krebs erkranke.

Die Imagewerte für die Pharmaindustrie sind nach Auskunft der sie beratenden Agentur nach dieser (ersten) TV-Kampagne nach oben geschnellt.

Das ist schon einmal gut. Denn Sympathiewerte spielen in einer Krisensituation oft die wichtigste Rolle. Erinnert sei nur an Ex-Außenminister Fischer und sein „Überlebenskampf" im Visa-Untersuchungsausschuss. Einen nicht so beliebten Politiker hätte diese Affäre damals wahrscheinlich den Kopf gekostet. Doch „Joschka" kam trotz heftigen Medienfeuers noch einmal davon. Genauso wie sein (noch) beliebter Nachfolger Frank-Walter Steinmeier trotz allem Beschuss im Fall Kurnaz immer noch auf relativ stabilen Beinen steht.

*Wir lernen also: Brandschutz und Sympathie sind die beste Krisenfeuerwehr.*

# Krisenkommunikation im Ernstfall – Die Rolle der Kommunikationsverantwortlichen

*Klaus-Peter Johanssen und Ana Dujić*

Nicht ein unglücklicher Vorfall oder ein Skandal an sich, fast immer sind es Kommunikationsfehler, die zur Krise einer Institution oder eines Unternehmens führen. Sachgerechte Kommunikation ist unverzichtbar. Kommunikation hat daher bei Unternehmen, Verbänden, der Politik und anderen Organisationen heute einen ungleich größeren Stellenwert als noch vor einigen Jahren. Sie wissen um die Notwendigkeit angemessener Kommunikation als Voraussetzung für ihren Erfolg.

Das wirft die Frage auf, wieso es dennoch immer wieder zu Krisen kommt. Sollten die Kommunikationsverantwortlichen die oben aufgezeigten Grundsätze nicht kennen oder sie in einer kritischen Situation vergessen? Sind sie so naiv, nicht vorherzusehen, dass eine Taktik des Verschweigens, der zögerlichen Information nicht aufgehen kann, sondern geradewegs in die Katastrophe führen muss?

Nach einer Reihe von Skandalen in Politik und Wirtschaft (Rücktritt von Volkswagen-Vorstand Peter Hartz nach Prostitutionsskandal; Rücktritt von Infinion-Vorstand Andreas von Zitzewitz wegen des Vorwurfs der Untreue und Bestechlichkeit, Korruptionsskandal bei Siemens) kommt immer wieder der – möglicherweise nicht unberechtigte – Vorwurf auf, dass die Kommunikationsverantwortlichen durch falsches Krisenmanagement eine heikle Affäre erst zu einem handfesten Skandal aufblühen lassen.

Der folgende Beitrag widmet sich der Frage, wie die Kommunikationsabteilung innerhalb einer Institution oder eines Unternehmens positioniert sein muss, damit sie in Krisensituationen effektiv wirken und ihre Organisation vor einem nachhaltigen Imageschaden schützen kann.

## 1 Definition von Krisen

Der Philosoph Karl Popper unterscheidet in seiner Abhandlung über die Erkenntnis und Gestaltung der Wirklichkeit drei „Welten“, die miteinander verbunden sind und aufeinander einwirken. Zur ersten Welt, der physischen Welt, zählt er alle materiellen Dinge des Universums, unabhängig davon, ob sie lebend oder nichtlebend sind. Die zweite – psychische – Welt umfasst Erlebnisse und Erfahrungen, die die Menschen während ihres Lebens gesammelt haben. Die dritte Welt, die Welt der geistigen Produkte, besteht aus den Produkten des menschlichen Geistes. Diese können immateriell oder materiell sein (vgl. Popper 1980). Wendet man diese Unterscheidung auf den Prozess der Krisenkommunikation an, so müssen für die Existenz einer Krise drei Bedingungen erfüllt sein: Zum ersten müssen bestimmte materielle Gegebenheiten („Fakten") vorliegen (erste Welt), die nach vorherigen Erlebnissen und Erfahrungen (zweite Welt) als krisenhaft interpretiert werden können. Die Lösung einer auf diese Weise definierten Krise muss mit den in einer Gesellschaft dominierenden Ideen, Vorstellungen und Wahrnehmungen übereinstimmen (vgl. Mathes /Gärtner /Czaplicki 1991: 21).

Während Öffentlichkeit und Medien schon längst die Krise ausgemacht haben, neigen die Betroffenen häufig dazu, diese zu negieren. Nicht selten findet bei Krisen – ob in Politik oder Wirtschaft – die interne Interpretation der Fakten und somit die Entscheidung, ob eine Krise überhaupt vorliegt, zunächst ausschließlich innerhalb der Führungsebene ohne den Kommunikationsverantwortlichen statt. Bei Krisen mit starker medialer Aufmerksamkeit verliert das Management dabei sehr schnell das Monopol auf die Interpretation der Ereignisse mit der Folge, dass nur noch defensiv reagiert werden kann.

Die erste entscheidende Aufgabe des Krisenmanagements ist es also, eine eingetretene Krise überhaupt als solche zu erkennen. Voraussetzung hierfür ist nicht nur, dass es einen Krisenstab mit einem Kommunikationsexperten gibt, der die Haltung der Öffentlichkeit, ihre Erwartung, Ängste und Empörungen richtig einschätzen kann. Vielmehr muss der Kommunikationsverantwortliche innerhalb des Unternehmens so positioniert sein, dass seine Beurteilung der Situation auch auf höchster Ebene Gehör findet und entsprechende Handlungen nach sich zieht (vgl. Johanssen 2002: 75).

## 2 Ziel: Vertrauen schaffen – Schaden begrenzen

Wer sich in der öffentlichen Konflikt- und Krisenkommunikation behaupten will, muss die Spielregeln kennen, und er muss vor allem wissen, was öffentliche Krisenkommunikation nicht ist, nämlich ein rationaler Diskurs oder eine akademische Auseinandersetzung, sondern rhetorische Kommunikation, die mit einem klaren Ziel geführt wird: das Publikum von der Richtigkeit der eigenen Position und Argumente zu überzeugen.

Entscheidende Voraussetzung dafür ist die genaue Analyse der Reaktion der Außenwelt. Wie beurteilen Öffentlichkeit, Stakeholder, Medien und wichtige Multiplikatoren den Fall? Kommen die eigenen Informationen bei ihnen an? Was ist zu tun, um ihr Verständnis zu erreichen? In Krisen bestimmen emotionale Faktoren die Sicht des einzelnen mehr als die Fakten, die nur ein Teil der Wahrnehmung sind. Werden ihre emotionalen Erwartungen nicht erfüllt, wenden sich die Betrachter enttäuscht ab. Sie verlieren ihr Vertrauen, hören dem Absender nicht mehr zu, so dass am Ende auch seine Sachinformationen nicht mehr richtig durchdringen.

Die Kommunikation wird zunehmend unsachlicher, emotionaler und aggressiver, bis schließlich nur noch Empörung übrig bleibt. Empörte Leute interessieren sich aber erst recht nicht für Fakten. Die Kommunikation bricht schließlich ganz ab. Allein das eigene Auftreten bestimmt, wie man von den anderen wahrgenommen wird. Erfolgreiche Krisenkommunikation ist nicht die Tätigkeit an sich, sondern ihr Ergebnis. Wer von der Öffentlichkeit Verständnis für seine Lage will, dies aber trotz aller Information nicht erreicht, hat seine Aufgabe nicht erfüllt. Nur der Absender ist dafür verantwortlich, dass Kommunikation ihr Ziel erreicht.

Wichtigstes Ziel der Krisenbewältigung ist der Erhalt des Vertrauens der Stakeholder oder dessen Wiedergewinnung. Vertrauen ist die Voraussetzung für den Erfolg jeden unternehmerischen Handelns. Wer Vertrauen erlangen will, muss glaubwürdig sein. Glaubwürdig ist nur, wer sich aus Sicht der Öffentlichkeit nachvollziehbar verhält.

Konkret bedeutet dies, Verantwortung für den krisenhaften Vorgang zu übernehmen, Konsequenzen daraus zu ziehen und diese vollständig umzusetzen. Ein eigenes Fehlereingeständnis ist immer besser als der gegnerische Vorwurf. Fehler, zu denen man steht und für deren Beseitigung man sorgt, werden auch eher verziehen. Hierfür ist eine proaktive Kommunikationsstrategie zwingend erforderlich, bei der das Unternehmen die Initiative übernimmt, Themen selbst bestimmt und konstruktive Diskussionsangebote macht, die Kritiker in die Situation versetzen, selbst Antworten geben zu müssen, statt nur zu fragen (Mathes/Gärtner/Czaplicki 1991: 22). Unternehmen müssen in diesem Zusammenhang unbedingt darauf achten, mit *einer* Sprache zu sprechen. Zudem darf es keinen Gegensatz zwischen tatsächlichem Verhalten und den kommunizierten Botschaften geben. Bei der Wahl der Begriffe ist zu beachten, dass jeder Konflikt auch ein Kampf um Worte ist. Die Wahl der Begriffe und das Besetzen von semantischen Feldern ist in Krisensituationen folglich ein wichtiges Instrument in der Auseinandersetzung zwischen Unternehmen und deren Kritikern.

## 3 Krisenprävention und Krisenbewältigung

Die weiteren Grundsätze und Arbeitsschritte der Krisenkommunikation, die hieraus folgen, sind hinreichend erforscht und unter Kommunikationsexperten bekannt.

Unstrittig ist, dass man Krisen am besten meistert, indem man ihnen zuvorkommt. Das beginnt mit der Schaffung eines Issues Managements, das Risiken, die dem Unternehmen gefährlich werden könnten, identifiziert, erfasst und bewertet. Issues Management (vgl. den Beitrag von Röttger/Preusse in diesem Band) hat sich konstant zu einem effektiven Instrument kommunikativer Prävention entwickelt, das von verschiedenen Organisationen in Wirtschaft, Politik und Gesellschaft betrieben wird. Issues als direkt oder indirekt mit einer Organisation in Verbindung stehende Themen und Sachverhalte haben grundsätzlich die Möglichkeit, zum Bestandteil der Diskussion von Teilöffentlichkeiten zu werden. Jedes Issue verfügt dabei über ein spezifisches Entwicklungspotenzial, das durch viele interne wie externe Parameter beeinflusst wird. Es gilt, diese Parameter möglichst genau zu bestimmen und ihren Einfluss auf das Issue ständig zu beobachten. In der Analyse zur Bewertung der Relevanz sind denkbare Szenarien für die Entwicklung des Issues und die daraus resultierende Wirkung auf die Organisation durchzuspielen. Darauf aufbauend werden – keineswegs immer nur kommunikative – Strategien für den angemessenen Umgang mit den wichtigsten Issues formuliert. So verstanden ist Issues-Management ein unverzichtbares Kontroll- und Vermittlerelement in jedem organisationsinternen Strategiebildungsprozess, der Kommunikation als Teil der Organisationsführung definiert (vgl. Heath 2003: 31-39).

Krisenkommunikation bedeutet für ein Unternehmen Kommunikation unter Stress. Der Stress resultiert aus den sowohl quantitativ als auch qualitativ erhöhten Anforderungen, die an Krisenkommunikation gestellt werden müssen. Die quantitativ erhöhten Ansprüche ergeben sich aus der Masse der zu bearbeitenden Informationsanforderungen. In Krisenfällen besitzt die Öffentlichkeit ein erhöhtes Informationsbedürfnis, das es zu befriedigen gilt. Solche sprunghaft ansteigenden Informationsanforderungen nach dem Ausbruch einer Krise müssen als Parameter im Rahmen der Krisenprävention berücksichtigt werden.

Neben dem Issues Management stellt daher die Einführung eines vorausschauenden und umfassenden Krisenmanagement-Systems die zweite zentrale Maßnahme zur Krisenprävention dar. Dieses schließt ein Krisenhandbuch, Medientrainings, Krisenübungen und Communication-Audits ein. Das Krisenhandbuch, als wahrscheinlich wichtigstes Instrument, legt die im Ernstfall geltenden Regeln und Verantwortlichkeiten verbindlich fest und beschreibt die generelle Krisenpolitik und sowie für die Kommunikation geltenden Grundsätze.

## 4 Kommunikation als Führungsaufgabe

Die wachsende Bedeutung der Kommunikation für den Unternehmenserfolg ist nicht zu übersehen: Unternehmens- und Finanzkommunikation, Mitarbeiter- und Markenkommunikation sowie Public Affairs ermöglichen nicht nur die laufende Wertschöpfung, sie schaffen zugleich schwer imitierbare, immaterielle Werte wie Reputation, Vertrauen, Präferenz und Veränderungsbereitschaft. Mit den steigenden Aufgaben für Kommunikation wachsen die Anforderungen an ihre Messbarkeit und Steuerung. Eindimensionale Nachweise, dass Botschaften bei Zielgruppen angekommen sind und Meinungen beeinflusst wurden, reichen nicht mehr aus. Gefragt sind vielmehr integrierte Methoden für die Evaluation und Steuerung und vor allem Ansätze, die den Zusammenhang zwischen gelungener Kommunikation und übergeordneten strategischen Unternehmenszielen nachweisen und so eine entsprechende Steuerung der Aktivitäten ermöglichen. (vgl. Pfannenberg/Zerfaß 2005: 14).

Die in ihrer ökonomisch desaströsen Wirkungsmacht liegende negative Wertschöpfung von Kommunikation zeigt sich am häufigsten bei fehlerhafter oder unprofessioneller Krisenkommunikation. Krisenpolitik ist eine Disziplin, die in jedem Unternehmen einen hohen Stellenwert haben sollte. Sie muss die Instrumente entwickeln, die sicherstellen, dass eine kritische Entwicklung bereits im Ansatz erkannt und die richtigen Schritte eingeleitet werden, um der Krisenentwicklung zu begegnen. Erfolgreiche Krisenkommunikation zeichnet sich also sowohl durch eine angemessene Strategiedimension als auch durch eine effektive Organisationsdimension aus (Mathes/Gärtner/Czaplicki 1991: 35-36). Ein Krisenmanagement-System einführen heißt insgesamt, einen Prozess festlegen, der sicherstellt, dass die Krise und die Maßnahmen zu ihrer Bekämpfung in den Mittelpunkt aller Aktivitäten rückt, die Krise also nicht nebenbei gemanagt wird. Die technisch organisatorische Bewältigung der Krise gehört dabei in die Hände entsprechender Fachleute. Das Bekenntnis zur Verantwortung für den Vorfall ist dagegen Chefsache. Daher steht der Unternehmensleiter an der Spitze des Krisenstabes. Er muss die Maßnahmen treffen, die verhindern, dass zu den materiellen Schäden der Krise immaterielle Folgen wie ein Imageschaden oder ähnliches mit negativen Auswirkungen für das ganze Unternehmen treten.

Ist das Verständnis von Kommunikation als Führungsaufgabe nicht vorhanden, steht der Kommunikationsverantwortliche auf verlorenem Posten. Die Rolle der Kommunikation muss auf einem gemeinsamen Verständnis von Organisationsleitung und Kommunikationsverantwortlichen beruhen und ihrem gemeinsamen Willen entsprechen, danach zu handeln.

Erfolgreiche Unternehmen haben das erkannt und setzen es entsprechend um. Bei ihnen kann man in der Regel davon ausgehen, dass zwischen Unternehmensleitung und Unternehmenskommunikation ein gemeinsames Bewusstsein über die Wichtigkeit von Kommunikation und ihre Bedeutung für den Unternehmenserfolg herrscht. Das ist sogar wichtiger als die Institutionalisierung von Macht und Einfluss. Anderenfalls wird man sich tagtäglich immer wieder in Kämpfe und Auseinandersetzungen verwickeln. In erfolgreich agierenden Organisationen, in erfolgreichen Unternehmen gibt es das nicht, weil allen bewusst ist, welchen entscheidenden Beitrag die Kommunikation für die Zielerreichung ihrer Organisation leistet.

Das erfordert auch entsprechende Befugnisse für die Kommunikation. Es reicht nicht, Kommunikation als eine reine kommunikative Exekution von Plänen und Vorhaben zu verstehen, die an anderer Stelle ausgedacht werden. Wenn Entscheidungen von Organisationen erfolgreich sein sollen, muss die Kommunikation

Teil des Entscheidungsprozesses sein. Vor allem in Krisensituationen müssen Kommunikationsverantwortliche die Möglichkeit haben, die Stimme zu erheben und selbst als gleichberechtigter Partner Einfluss auf die Entscheidungsfindung zu nehmen. Bei jeder strategischen Entscheidung der Organisation muss die Kommunizierbarkeit der Vorgänge mit bedacht werden. Eine Strategie, ein Vorhaben, das sich nicht kommunizieren lässt, weil es in der Öffentlichkeit auf Widerspruch stößt, wird sich auch nicht umsetzen lassen.

Kommunikationsleute brauchen nicht zuletzt auch Macht – gerade in Krisensituationen. Dieses Wort ist bewusst gewählt, weil es in allen Organisationen Machtspiele gibt, egal, ob es sich um Organisationen handelt, die mit ihrem Tun Geld verdienen, oder um solche, die eher nichtmonetären Zielen nachgehen. Es geht immer um Macht, denn es geht immer um Wichtigkeit. Das wird festgemacht an der Höhe von Budgets – das größere Budget macht vermeintlich wichtiger. Kommunikation braucht eine entsprechende Position innerhalb des Organisationsgefüges, die ihr die für ihre Aufgaben notwendige Macht zuweist. Es darf nicht sein, dass man die Wichtigkeit seiner Aufgabe bei jeder Gelegenheit erneut einfordern, immer wieder dafür argumentieren muss.

Entsprechend dem Verständnis von Kommunikation als Führungsaufgabe bedeutet das organisatorisch die Einrichtung einer Stabsstelle Unternehmenskommunikation mit der Gesamtverantwortung für alle Kommunikationsaufgaben im Unternehmen. Idealerweise ist diese direkt auf der obersten Führungsebene angesiedelt, mindestens aber berichtet sie dahin. Eingebunden sein muss die Verantwortung für die Marketingkommunikation, um unterschiedliche Sichtweisen zwischen Corporate und Marketing zu vermeiden. Die Unternehmensziele bestimmen die Marketingziele, nicht umgekehrt. Ausgehend von den übergeordneten Zielen erfolgt die Umsetzung durch die jeweiligen Experten für PR, Marketing, interne Kommunikation etc. in den Linienfunktionen (vgl. Johanssen 2005: 169-172).

Wird Kommunikation als Führungsaufgabe verstanden, steigen auch die Anforderungen an Kommunikationsverantwortliche: Wenn sie in der Lage sein wollen, Kommunikationsprozesse nachhaltig in die Wertschöpfungskette der eigenen Organisation zu integrieren, sind heute neben dem Kommunikationshandwerk auch der Umgang mit Zahlen und Bilanzfestigkeit unumgänglich.

## 5 Fazit

„Nächste Woche wird es keine Krise geben. Mein Terminkalender ist bereits voll". Diese Henry Kissinger zugeschriebene Aussage wird wohl nie der Realität politischer Organisationen oder Unternehmen entsprechen. Damit die eigentliche Krise nicht erst durch den falschen Umgang mit der Öffentlichkeit ausgelöst wird, brauchen Kommunikationsverantwortliche eine führende Position innerhalb ihrer Organisation.

Denn eines ist klar: Natürlich wissen in einer Krisensituation die Kommunikationsverantwortlichen in der Regel, was getan werden muss. Sie kennen die Bedeutung einer guten Reputation, eines positiven Images. Sie können den Schaden einschätzen, der als Folge enttäuschter Erwartungen eintritt. Es müssen jedoch auch Strukturen vorhanden sein, die das effektive Umsetzen solcher Strategieempfehlungen erlauben.

## Literatur

Heath, Robert (2003): Issues Management – Its Past, Present, and Future. In: Kuhn, Michael/Kalt, Gero/Kinter, Achim (Hrsg.): Chefsache Issues Management. Ein Instrument zur strategischen Unternehmensführung – Grundlagen, Praxis, Trends. Frankfurt/Main: Frankfurter Allgemeine Buch, 31-39.

Johanssen, Klaus-Peter (2002): Krise – ein produktiver Vorgang? In: Becker-Sonnenschein, Stephan/Scharzmeier, Manfred (Hrsg.): Vom schlichten Sein zum schönen Schein? Kommunikationsanforderungen im Spannungsfeld von Public Relations und Politik. Wiesbaden: VS Verlag für Sozialwissenschaften, 71-78.

Johanssen, Klaus-Peter (2005): Unternehmenskommunikation. In: Althaus, Marco/Geffken, Michael/Rawe, Sven (Hrsg.): Handlexikon Public Affairs. Münster: Lit-Verlag, 169-172.

Mathes, Rainer/Gärtner, Hans-Dieter/Czaplicki, Andreas (1991) (Hrsg.): Kommunikation in der Krise. Autopsie eines Medienereignisses. Das Grubenunglück in Borken. Frankfurt/Main: Frankfurter Allgemeine Buch.

Pfannenberg, Jörg/Zerfaß, Ansgar (2005): Kommunikations-Controlling: Neue Herausforderungen für das Management. In: Pfannenberg, Jörg/Zerfaß, Ansgar (Hrsg.): Wertschöpfung durch Kommunikation. Wie Unternehmen den Erfolg ihrer Kommunikation steuern und bilanzieren. Frankfurt/Main: Frankfurter Allgemeine Buch.

Popper, Karl (1980): Auf der Suche nach einer besseren Welt. München: Piper.

# Zwölf Faktoren erfolgreicher Medienarbeit in Krisensituationen

*Martin Riecken*

„There cannot be a crisis next week. My schedule is already full."
(Henry Kissinger, in seiner Zeit als US-amerikanischer Staatssekretär)

Fragt man unter Fachkollegen nach, welche Bedeutung der Kommunikation in einer Krisensituation beizumessen sei, sind die Meinungen zumeist einhellig: Sie habe entscheidenden Anteil daran, in welchem Zustand das Unternehmen aus einer Krise hervorgeht; die Kommunikation sichere die Reputation und in der Folge die Treue der Kunden, ist Basis für die Bereitschaft der Kreditgeber, die Vorhaben des Unternehmens weiter zu finanzieren, und so weiter. Doch kommt es tatsächlich bei einem Unternehmen zu einer Schieflage, sieht die Praxis oft völlig anders aus: Immer wieder werden Firmen öffentlich kritisiert, weil Geschäftsführer nicht den richtigen Ton finden, erste Informationen lange auf sich warten lassen und im schlimmsten Fall das betroffene Unternehmen in Chaos verfällt, statt vernünftig und effizient auf die Krise zu reagieren. Rasch wird dann die Kommunikation selbst zum Gegenstand der Krise.

Nur selten gelingt es Unternehmen, unbeschadet oder gar gestärkt aus einer Krisensituation herauszugehen. Dies begründet sich in der Tatsache, dass zwar in der Reaktion meist *einige* Dinge richtig gemacht werden, aber auch nur einige. Dabei gilt es, in der Krisenkommunikation unterschiedlichste Teilaspekte zu berücksichtigen, die ineinander greifen und ein schlüssiges Gesamtbild erzeugen. Es müssen nicht nur *strategische* Prinzipien bedacht und umgesetzt werden, sondern auch *organisatorische* Faktoren – die manchmal banal scheinen und als nebensächlich betrachtet werden, in der Praxis aber erfolgsentscheidend sein können. Schließlich gibt es eine Reihe *kommunikativer* Fähigkeiten und Techniken, die es zu berücksichtigen gilt. Nur wenn es gelingt, im Gleichklang auf allen drei Gebieten zu punkten, sind die Voraussetzungen geschaffen, einer Krise kommunikativ erfolgreich zu begegnen. Im Folgenden sind – aus Sicht der Praxis – die wichtigsten Erfolgsfaktoren zusammengestellt.

## Faktor 1: Eine gute Vorbereitung

„If you fail to prepare, you prepare to fail."
(Mark Spitz, amerikanischer Schwimmathlet)

Was für Schwimmwettkämpfe gemeint war, gilt auch für Krisenkommunikation: Sie lässt sich nicht aus dem Stand bewerkstelligen. Gerade die Bewältigung von Ad-hoc-Krisen erfordert definierte Prozessabläufe und Regeln, die allen beteiligten Akteuren bekannt und bereits im Vorfeld abgestimmt sind. Idealerweise sind diese Verfahren in einem gemeinsamen Krisenplan festgelegt, der Teil eines Krisenmanuals ist. In ausdifferenzierten Unternehmen gibt es zumeist einen eigenen *Krisenkommunikationsplan*, auf den dann im allgemeinen Krisenplan Bezug genommen wird. In diesem Kommunikationsplan sind die ersten erforderlichen Schritte der Krisenkommunikation festgelegt, ebenso die Abfolge und die Verantwortlichkeiten für die einzelnen zu ergreifenden Maßnahmen. Viele Pläne arbeiten mit Entscheidungsbäumen, um Aktion und Reaktion auf verschiedene Situationen darzustellen. Häufig werden solche Pläne auch entsprechend des typischen Verlaufs einer erwarteten Krise strukturiert.

Kritischer Erfolgsfaktor ist jedoch nicht allein das Vorhandensein eines Krisenkommunikationsplans oder -manuals. Vielmehr gehört es zu einer guten Vorbereitung, den handelnden Personen, also in der Regel den Mitarbeitern der Kommunikationsabteilung und deren engsten Schnittstellen, den Plan nahe zu bringen, ihnen das dazugehörige Manual auszuhändigen und sie mit dessen Gebrauch vertraut zu machen. Nach einem angemessen Zeitraum sind Aktualisierungen des Manuals erforderlich, zugleich sollten auch die Kenntnisse der Mitarbeiter aufgefrischt werden. Dies kann etwa in Form von kurzen Schulungen erfolgen, per Rundbrief oder sogar durch webbasierte Lernprogramme. Mindestens einmal im Jahr sollten die im Krisenkommunikationsplan definierten Aktivitäten und Abläufe geübt werden, entweder in Form von Tabletop Exercises oder durch *Simulationen*, die den Ablauf eines vorher entwickelten Krisenszenarios über mehrere Stunden unter realistischen Bedingungen nachstellen. Hier werden wichtige Erkenntnisse darüber gewonnen, wo sich Schwachstellen befinden und wie sich Abläufe optimieren lassen. Diese Erkenntnisse sollten dokumentiert und priorisiert abgearbeitet werden: Fehler in den Plänen werden behoben, während Verbesserungen der Abläufe im Manual dokumentiert werden.

Schließlich umfasst eine gute Vorbereitung auch die Schulung von Schlüsselpersonen im Umgang mit den Medien. Je nach Aufstellung eines Unternehmens kann es erforderlich sein, neben den eigentlichen Pressesprechern auch andere, exponierte Personen auf Medienkontakte vorzubereiten. Hierzu können etwa Niederlassungs- oder Werksleiter, Länderrepräsentanten oder andere hochrangige Vertreter gehören, im Inland ebenso wie im Ausland. Regelmäßig erweist es sich als Trugschluss, dass die Medien in Krisensituationen die vorgefertigten Kommunikationspfade befolgen und artig beim Pressechef in der Unternehmenszentrale nach einem Statement fragen (und später noch mal anrufen, wenn dieser nicht erreichbar ist…). Stattdessen klopfen sie bei der nächstgelegenen Niederlassung an und befragen den Leiter oder einfach einen Angestellten. Jede verfügbare Telefonnummer wird plötzlich zur „Unternehmensquelle". Hier bedarf es einer Vorbereitung der entsprechenden Akteure auf derartige Situationen.

Die kontinuierliche Vorbereitung auf Krisensituationen, regelmäßige Schulungen, Updates und Simulationen können dazu beitragen, dass im Laufe der Zeit eine regelrechte *Krisenkultur* entsteht. Im Idealfall wissen alle Kommunikationsmitarbeiter im Krisenfall sofort, welche Maßnahmen zu erfolgen haben, und entwickeln ein Gespür dafür, dass ein scheinbar harmloser Vorfall in Windeseile zu einer echten Krise eskalieren kann.

## Faktor 2: Interner Informationsfluss

„Dig in deep, learn the facts, find out what the truth is!"
(Ari Fleischer, ehem. Sprecher des Weißen Hauses)

Entscheidende Bedeutung bei der Bewältigung einer Krise hat die Frage, inwieweit ein Unternehmen in der Lage ist, Informationen schnell und effizient bereitzustellen und zielgruppengerecht aufzubereiten. Eine extern kommunizierende Kommunikationseinheit muss nach innen einen unmittelbaren und vollständigen Zugriff auf Fakten und Hintergründe erhalten. Hier ist es wichtig zu betonen, dass solche internen Informationsflüsse zwar formal definiert sein mögen, in der Praxis aber vor allem auf einem etablierten, informellen Netzwerk der PR-Organisation basieren.

Umgekehrt muss die PR-Organisation aber auch in die andere Richtung Beobachtungen über Medienberichte an den Krisenstab weitergeben, damit diese bei der Entwicklung oder Adjustierung der Kommunikationsstrategie berücksichtigt werden können. Zugleich ist es oft ratsam, die Kommunikation in einer Krise im Sinne einer *One-Voice-Policy* nur von einer Stelle aus zu steuern. Während sonst oft Callcenter, Marketingabteilungen, Außendienstmitarbeiter und Ländergesellschaften über eigene kommunikative Hoheitsgebiete verfügen, müssen in der Krise die Sprachregelungen über eine einzige Clearingstelle laufen. Das bedeutet nicht zwingend ein Maulkorb für alle anderen, auch zielgruppenspezifische „Tonlagen" sollen berücksichtigt werden, aber ein solches Konzept beinhaltet die klare Anweisung, nur entlang der freigegebenen Sprachregelungen zu kommunizieren und eigene, darüber hinausgehende Aussagen zuerst mit der Clearingstelle abzustimmen. Daraus leitet sich allerdings auch die Verpflichtung der Clearingstelle ab, die vorhandenen und gewünschten Informationen proaktiv den übrigen Kommunikatoren bereitzustellen.

Bei der Wahl der Instrumente zum Sicherstellen eines Kommunikationsflusses ist übrigens der beliebte weil einfach zu erstellende E-Mail-Verteiler mit Vorsicht einzusetzen. Die Einfachheit, mit der E-Mails per Knopfdruck massenhaft weitergeleitet werden können, verleitet zum ziellosen Streuen von Informationen, die sich wie ein Kettenbrief potenzieren und damit gleichzeitig an Wert verlieren, weil der Überblick über die tatsächlichen Empfänger zunehmend verloren geht. Gerade bei großen und internationalen Strukturen sollte einer Informationsplattform im *Intranet* der Vorzug gegeben werden, auf der sämtliche relevanten Dokumente, Informationen und Anweisungen bereitgestellt und jederzeit von autorisierten Personen aktiv abgerufen werden können.

## Faktor 3: Einbindung der Unternehmenskommunikation

„In the kingdom of the blind, the one-eyed man is king."
(Erasmus, Philosoph)

Kommunikation vom Katzentisch aus funktioniert nicht. Daher ist es dringend erforderlich, dass der PR-Vertreter einen festen Sitz in einem üblicherweise zu bildenden *Krisenstab* hat. Er berät dieses Gremium, in welcher Form und mit welchen Inhalten welche Zielgruppen angesprochen werden müssen. Zugleich erhält der Vertreter der Kommunikation im Krisenstab die erforderlichen Informationen, kann sehr schnell Pressemeldungen, Sprachregelungen und andere geplante Maßnahmen mit allen Beteiligten abstimmen und hat zudem laufend einen Überblick über die Gesamtlage. Ein Krisenplan, der diesen wichtigen Faktor nicht berücksichtigt, ist von vornherein zum Scheitern verurteilt.

Entscheidenden Anteil am Erfolg der Kommunikation hat die Tatsache, ob und inwieweit der Kommunikator Einblick in das gesamte Bild erhält. Nicht nur für den Sprecher eines Unternehmens selbst, sondern auch für das Unternehmen wird es problematisch, wenn eine am Vortag verkündete Botschaft am folgenden Tag durch Enthüllungen oder Untersuchungsergebnisse als Falschinformation entlarvt wird. Die Glaubwürdigkeit des Unternehmens als grundlegendes Fundament für eine funktionierende Krisenkommunikation geht in solchen Situationen rasch verloren.

## Faktor 4: Abgestimmte Kommunikationspolitik

„Let our advance worrying become advance thinking and planning!“
(Winston Churchill, britischer Premierminister)

Oft verstummen Unternehmen in Krisensituationen, weil sich intern zwei Lager bilden. Während der Kommunikator zu einer offenen, transparenten Kommunikation rät, empfehlen Hausjuristen den totalen Informations-Stopp, um auf der sicheren Seite zu sein. Auch wenn die Entscheidung nicht immer leicht zu treffen ist, und in der Tat auch juristische Tatbestände aus dem erwachsen können, was ein Unternehmen offiziell von sich gibt, so ist man dennoch nie gut beraten, aus Angst vor möglichen Fehlern gar nicht zu kommunizieren. Das immer noch beliebte „no comment!“ ist nur dazu geeignet, den Ehrgeiz der Medien anzufachen, eigene Erkundigungen und „comments“ einzuholen, nicht aber dazu, kommunikativen Schaden vom Unternehmen abzuwenden. Die Fragestellung, wie ein Unternehmen sich in einer Krise verhält, muss bereits im Vorfeld einer Krisensituation hinreichend mit allen Beteiligten im Unternehmen erörtert und klar beantwortet werden. Eine fallbezogene Erörterung anhand der konkreten Faktenlage in einer Krise kann dann leichter von statten gehen. Grundsätzlich sollte es ein Einverständnis darüber geben, *dass* in einer Krise zu kommunizieren ist, wenn auch gegebenenfalls mit Einschränkungen, anstatt dass man erst Sinn und Nutzen der Kommunikation belegen muss, bevor man an die Öffentlichkeit tritt.

## Faktor 5: Nutzung von Technologie

„Today, technology makes it possible to gain control over everything, except over technology.“
(John Tudor, amerikanischer Wissenschaftler)

Um den heutigen Anforderungen an eine schnelle und umfassende Kommunikation gerecht werden zu können, bedarf es, die bestehenden Möglichkeiten der Technik zu nutzen. Zu allererst muss hier die Alarmierung der Akteure („first responders“) genannt werden: Das Abtelefonieren einer Liste ist unsicher und zeitraubend, hier bietet sich die Nutzung einer *Alarmierungssoftware* an, die binnen weniger Sekunden einen vordefinierten Nummernkreis anruft und eine Nachricht abspielt, die zuvor durch den Alarmierenden aufgesprochen oder bereits im Vorfeld allgemein formuliert und gespeichert wurde. Je nach Tageszeit werden hintereinander private, berufliche oder mobile Telefonnummern angerufen, bis der Angerufene den Erhalt des Anrufs quittiert. Zusätzlich oder alternativ können SMS, Faxnachrichten oder E-Mails versendet werden. Auf Basis der Bestätigungen der Angerufenen und der Eingabe von Wegezeiten bis zum Eintreffen in deren Büros erstellt das System eine Statusliste, die dem Alarmierenden binnen kürzester Zeit einen Überblick gibt, ab wann er mit welchen personellen Ressourcen zu rechnen hat. Es gibt eine Anzahl entsprechender Anbieter, die solche Services zu überschaubaren Kosten anbieten.

Um während einer akuten Krise die wichtigsten Akteure im Unternehmen über Lageveränderungen auf dem Laufenden zu halten, bietet sich ein *webbasiertes Informationstool* an, das ständig aktualisiert wird und z. B. den letzten Informationsstand, aktuelle Sprachregelungen und Pressemeldungen sowie Verhaltensanweisungen enthalten kann. E-Mail-Verteiler sind nur in kleinen Organisationen geeignet. Bei zu vielen Adressaten und Akteuren besteht die Gefahr, dass das sich die Beteiligten durch weitergeleitete Mails gegenseitig bombardieren.[1]

Der *Unternehmenswebsite* wird in einer Krisensituation viel Aufmerksamkeit geschenkt, aus technischer Sicht oft zuviel. Das führt dann zum Stillstand des Servers, der die Website „hostet“ und führt beim Nutzer zur Anzeige einer Fehlermeldung. Hingegen kann eine funktionierende Website, richtig eingesetzt, einen überwiegenden Teil der Informationsbedürfnisse der Öffentlichkeit, aber auch der Medien abdecken. Ein Chemiewerk kann etwa die Nachbarschaft im Fall eines Unfalls über Schutzmaßnahmen informieren, die Fluglinie kann beim Generalstreik gestrichene Flüge auflisten und der Lebensmittelhersteller kann die von einer Kontaminierung betroffenen Chargen eines Produktes auflisten. Einerseits entlastet die Website also die Pressesprecher, andererseits erhalten diese durch die gewonnene Zeit die Möglichkeit, proaktiv auf Medien zuzugehen und tatsächliche Presse-„arbeit“ zu leisten. Voraussetzung für ein reibungsloses Aktivieren einer entsprechenden Website sind zum einen vorbereitete Seiten, die im Hintergrund vorgehalten werden und im Ernstfall schnell ergänzt und dann aktiviert werden können. Zum anderen sind Vorkehrungen erforderlich, die es erlauben, diese so genannten *Darksites* auch ohne Hilfe eines IT-Beauftragten oder gar eines externen Serviceproviders zu aktivieren. Darksites verzichten auf aufwändige Gestaltungselemente, um die Last auf dem Server zu reduzieren. So wird vermieden, dass Nutzer erfolglos auf die entsprechenden Seiten zugreifen und sich frustriert anderen Quellen zuwenden.

Bei allen Erleichterungen, welche die Nutzung von Technologie mit sich bringt, darf nicht vergessen werden, dass sie selbst zum Problem werden kann. Daher sollte es für alle technischen Einrichtungen, die eine elementare Bedeutung im Krisenbewältigungsprozess haben, ein oder mehrere Backup-Szenarien geben. Oft wird beispielsweise blind darauf vertraut, dass sämtliche Kommunikationsmedien (Telefon, E-Mail) unbegrenzt zur Verfügung stehen. Dies ist nicht immer der

1 Ein Kollege berichtete neulich, er habe noch rund 200 ungelesene interne E-Mails in seiner Mailbox, die aus den ersten zwei Wochen nach den Anschlägen auf das World Trade Center am 11.9.2001 stammten. Er sei nie dazu gekommen, sie alle zu lesen, habe aber auch nicht das Gefühl, dass er eine wichtige Information verpasst habe.

Fall: Mobilfunknetze können bei Großschäden rasch überlastet, bei Terroranschlägen bewusst abgeschaltet werden. Computer und Telefonanlagen benötigen Strom, dessen Nichtvorhandensein möglicherweise Teil der Krisensituation ist. Schließlich will auch die Bedienung von technologischen Systemen gelernt und geübt sein. Eine Software, die ausschließlich in seltenen Krisenfällen zum Einsatz kommt, muss zumindest kritisch betrachtet werden, da sie nur von Nutzen sein kann, wenn sie einfach und intuitiv bedient werden kann. Es ist also wichtig, Abläufe und technische Einrichtungen unter diesen erschwerten Bedingungen zu bedenken und entsprechend zu planen.

Außerdem muss heutzutage Berücksichtigung finden, dass vor allem die elektronischen Medien (TV, Hörfunk, Internet) mittlerweile grundlegend andere Produktionsbedingungen aufweisen als noch vor zehn Jahren. Hier seien nur die Foto- und Videohandies erwähnt, die während der Bombenanschläge auf die Londoner U-Bahn im Juli 2005 fast ohne Zeitverzug Bilder direkt vom Ort des Geschehens lieferten; die Notlandung eines Airbus A320 des Billigfliegers JetBlue im September 2005 in Los Angeles, die die Passagiere des Flugzeugs über Live-TV bis wenige Minuten vor der eigentlichen Landung an Bord selbst beobachten konnten; oder die mittlerweile vielerorts gängige Praxis von Boulevardzeitungen, von Lesern gemachte Fotos als festen Bestandteil der redaktionellen Berichterstattung zu nutzen. Gleichzeitig hat die Bedeutung der elektronischen Medien massiv zugenommen, klassische Medien verweisen in ihrer Berichterstattung zunehmend auf Beiträge aus dem Internet.

### Faktor 6: Geschwindigkeit

„Es gibt nur ein Tempo, und das ist das richtige."
(Wilhelm Furtwängler, dt. Dirigent im 19. Jahrhundert)

Die große Bedeutung der TV-Berichterstattung, aber auch zunehmend der *Onlinemedien* (vgl. den Beitrag von Köhler in diesem Band), macht es erforderlich, sehr schnell zu reagieren. Bei wichtigen Ereignissen unterbrechen Nachrichtensendungen innerhalb von Sekunden ihr Programm, ebenso schnell werden erste Nachrichten über ein Ereignis auf einschlägigen Internetportalen abgesetzt. Gerade in den ersten Stunden einer Krisensituation, in der sich Informationsbruchstücke langsam zu einer Story verfestigen, ist es erforderlich, Fakten des Unternehmens in die Bildung dieser Geschichte einzusteuern, und auch von Anfang an die Sichtweise oder Interpretation des Unternehmens mit einzubringen. Bleibt die Stimme des Unternehmens stumm, entsteht ein Vakuum, das sich rasch mit Informationen Dritter füllt. Hier verstreicht die Chance, an der Gestaltung des weißen Blatts Papiers, vor dem jeder Journalist zunächst sitzt, mitzuwirken.

Das Dilemma, in dem sich Unternehmen dabei jedoch häufig befinden, besteht darin, dass sie selbst oft gar nicht in der Lage sind, die gewünschten Informationen in der gewünschten Zeit zu ermitteln und hinreichend abzusichern. Als etwa im November 2006 die Abschaltung eines Überlandkabels in ganz Europa zu mehrstündigen Stromausfällen führte, war es dem verantwortlichen Unternehmen, E.ON Energie AG, nicht möglich, die genaue Ursache für die Panne sofort zu ermitteln. Das Unternehmen entschied sich, nicht zu spekulieren und stattdessen zunächst intern die Umstände zu recherchieren. Diese an sich richtige Entscheidung führte aber dazu, dass die Diskussion über die möglichen Ursachen und, schlimmer noch, die sich daraus ergebenden Folgen von anderen geführt wurden. Die Forderung nach immer schnellerer Information dient also nicht immer der Sache selbst, sondern oft nur dem Wettbewerb der AV-Medien um die schnellste Nachricht und die überzeugendste Erklärung des Geschehenen. Hier wird offensichtlich, dass Geschwindigkeit rasch in Konflikt zu der ebenfalls gebotenen Korrektheit von Informationen, die ein Unternehmen herausgibt, geraten kann. Natürlich ist es wünschenswert, als *Opinion Leader* die Diskussion anzuführen und sich nicht nur als verlässliche, sondern auch als zeitnah liefernde Informationsquelle gegenüber den Medien zu etablieren. Dies gelingt aber nur in dem Maße, in dem das Unternehmen hierzu auch informationslogistisch in der Lage ist. Es besteht ein schmaler Grad, der das Optimum zwischen möglichst geringem Zeitverzug und möglichst guter, fundierter Information darstellt. Es ist Aufgabe des Unternehmenssprechers, diesen Grad zu bestimmen und den richtigen Zeitpunkt für die richtig dosierte Kommunikation festzulegen. Zugleich sollte diese *Informationspolitik* klar und deutlich an die Empfänger der Botschaften, also die Medien, vermittelt werden, insbesondere, wenn sie möglicherweise nicht den Erwartungen oder Bedürfnissen der Medien entspricht.

### Faktor 7: Ehrlichkeit

„When in doubt, tell the truth!"
(Mark Twain, amerikanischer Schriftsteller)

Es ist eine Binsenweisheit, aber dennoch darf der Hinweis hier nicht fehlen: Lügen haben kurze Beine. Werden wesentliche Informationen zurückgehalten, Wahrheiten nur halb ausgesprochen oder gar wider besseren Wissens unrichtige Dinge behauptet, läuft das Unternehmen Gefahr, erst eine Krisensituation zu schaffen, untergräbt es damit doch das Grundvertrauen, das als Fundament jeglicher Krisenkommunikation zugrunde liegt. Folglich ist es für den Kommunikator im Unternehmen ist es extrem wichtig, dass er das gesamte Bild einer Situation erhält, nicht nur die Ausschnitte, in denen das Unternehmen besonders gut da steht. Nur dann kann er seiner Aufgabe nachkommen, aus den vollständig vorliegenden Fakten das kommunikative Vorgehen zu entwickeln und dann umzusetzen. Hier sei wieder auf das unbedingt erforderliche Vertrauensverhältnis zwischen Topmanagement und dem PR-Verantwortlichen verwiesen.

## Faktor 8: Einheitlichkeit

„One voice can enter ten ears, but ten voices cannot enter one ear."
(Leone Levi, britischer Jurist im 19. Jahrhundert)

Gerade größere Unternehmen oder internationale Konzerne, müssen auch mit diesem Problem umgehen: Es gilt, unterschiedliche *Teilöffentlichkeiten* mit einheitlichen Aussagen anzusprechen, über unterschiedliche Zeitzonen, Kontinente, Kulturen und *Anspruchsgruppen* hinweg. Hilfreich sind hierbei zweierlei Dinge: Zum einen sollten, gewissermaßen als Basisdokument, *Kernaussagen* entwickelt werden. Je nach Sachverhalt sollten dies nicht mehr als 5 oder 10 klar verständliche und ausformulierte Aussagen sein, die den die Krise begründenden Sachverhalt beschreiben, falls vorhanden Gründe liefern sowie die Position des Unternehmens und beabsichtigte Reaktionen umreißen. Es ist unbedingt angebracht, dabei die Informationsbedürfnisse der Adressaten zu antizipieren und in diese Aussagen mit einfließen zu lassen. Aus einem solchen Dokument können – nachdem es von allen Entscheidern abgesegnet ist – sämtliche anderen Kommunikationsinstrumente abgeleitet werden, seien es nun Pressemeldungen, Gesprächsleitfäden für Kunden, Investoren oder Lieferanten, Interviews, Redetexte, PR-Anzeigen oder interne Memos. Der Vorteil: Hier bedarf es keiner weiteren aufwändigen Abstimmung mehr, da diese Maßnahmen auf dem zuvor bereits freigegebenen Kernaussagen beruhen.

Zum zweiten bedarf es einer klaren Regelung, *wer* in einer Krisensituation die kommunikative Hoheit besitzt. Das bedeutet nicht, dass nur noch eine Stelle des Unternehmens spricht, aber an dieser Position sollten als Clearingstelle alle Kommunikationsaktivitäten zusammenlaufen und im Zweifel freigegeben werden. Möglicherweise ist der Einsatz von einfachen Sprachregelungen für solche Kollegen sinnvoll, die an exponierter Stelle sitzen, z. B. Pförtner, Callcenter- oder Servicemitarbeiter mit direktem Kundenkontakt, die oftmals von einem TV-Team angesprochen werden, um eine andere, ungefilterte Sicht auf die Dinge zu erhalten. Der beste Schutz vor derartigen, möglicherweise schädlichen, Kommentaren eigener Mitarbeiter, besteht indes nicht in dem ohnehin schwer durchsetzbaren Verhängen eines Sprechverbots, sondern vielmehr in einer wirksamen und offenen internen Kommunikation und in einer Vorbereitung der Betroffenen auf solche Situationen.

## Faktor 9: Transparenz/Offenheit

„One Cannot Not Communicate.“
(Paul Watzlawick, Kommunikationswissenschaftler)

Keine Nachrichten sind gute Nachrichten – in der Krise funktioniert dieses Schema (erst recht) nicht. Medien, Öffentlichkeit und andere Interessengruppen (etwa Investoren) erwarten im Fall einer Krise Aufklärung vom Unternehmen. Sie verlangen zu erfahren, was genau passiert ist, warum es passiert ist und vor allem, wie man auf die Situation reagiert (hat) und wie man gedenkt, ähnliche Situationen in Zukunft zu vermeiden. Ist eine Krise schuldhaft entstanden, erwartet man zudem, über die Konsequenzen informiert zu werden. Medien nehmen hier die *Wächterfunktion* (im amerikanischen Sprachraum ist vom „Fourth Estate“ die Rede) wahr, sie achten darauf, dass Versprochenes eingehalten und Verantwortliche zur Rechenschaft gezogen werden. Die Aufgabe der Unternehmenskommunikation ist es in der Krise, die geforderte Öffentlichkeit herzustellen. Natürlich ist es legitim, wunde Punkte nicht gleich aktiv selbst anzusprechen, sie auf Nachfrage aber zu verheimlichen ist eine gefährliche Strategie, da das Unternehmen sehr schnell die komplette Glaubwürdigkeit verlieren kann. Andererseits wird eine transparente, offene Berichterstattung ohne Beschönigungen von den Medienschaffenden goutiert und meistens auch honoriert; in Form von fairer und objektiver Berichterstattung. Das immer noch allseits beliebte „no comment!“ sollte in der Krisensituation hingegen unbedingt vermieden werden.

## Faktor 10: Anpassungsfähigkeit

„Without deviation from the norm, progress is not possible.“
(Frank Zappa, Musiker)

Es ist natürlich wichtig, einen vorab definierten Kommunikationsablauf und die hierfür erforderlichen Sprachregelungen bereits als Entwurf parat zu haben. Ebenso wichtig ist es aber, die Bereitschaft und Fähigkeit zu entwickeln, von diesen vorab definierten Abläufen abzuweichen, wenn dies die Entwicklung einer Krise erforderlich macht. Ein Manual ersetzt nicht den gesunden *Menschenverstand* und die Fähigkeiten der PR-Fachleute, Entwicklungen in der Berichterstattung zu antizipieren und entsprechende Gegenmaßnahmen zu ergreifen. Auch über diese Sichtweise sollte im Vorfeld Einigkeit zwischen Krisenstab, Unternehmensleitung und Kommunikationsabteilung herrschen.

Solche Unternehmen, die in der Lage sind, nicht nur stur einen Kommunikationsplan abzuspulen, sondern flexibel auf neue Entwicklungen, Behauptungen oder Erkenntnisse im Rahmen einer Krise zu reagieren, erscheinen besonders geeignet, um aus einer Krise unbeschadet hervorzugehen. In diesem Zusammenhang muss betont werden, dass es geradezu unmöglich ist, jede mögliche Krisensituation hervorzusehen und die geeigneten Reaktionsweisen vorab zu entwickeln. Es ist sinnvoll, die wahrscheinlichsten Risiken eines Unternehmens zu betrachten und in Form von *Szenarien* durchzuspielen; dennoch verbleibt immer ein Restrisiko, das *Unerwartete*, auf das man sich schlechthin nicht vorbereiten kann. Als etwa am 11. September 2001 nach den Attentaten in den USA der gesamte Luftraum Nordamerikas gesperrt wurde, musste Lufthansa zehn vollbesetzte Langstreckenflugzeuge umleiten, da sie sich zu diesem Zeitpunkt bereits zu weit westlich in Richtung Nordamerika befanden, so dass eine Rückkehr nach Europa nicht mehr möglich war. Tausende Passagiere und Crews wurden auf kleine Ausweichflughäfen im Norden Kanadas umgeleitet – alleine 876 nach Gander, einen winzigen Provinzflughafen – mussten dort über drei Tage versorgt und untergebracht werden. Angehörige verlangten Informationen über den Verbleib der Passagiere, Passagiere wollten Informationen darüber, wann sie weiterfliegen durften, der gesamte Flugplan war für Tage aus den Fugen, die Informationsbeschaffung war extrem schwierig. Kein noch so fantasiebegabter Mensch hätte so ein Szenario vorher entwickeln können. Ein Krisenplan für eine solche Situation ist im wahrsten Sinne des Wortes undenkbar. Dennoch ist diese Situation genau so eingetreten. Und gerade in diesen Momenten ist Anpassungsfähigkeit entscheidend.

## Faktor 11: Empathie

„The great gift of human beings is that we have the power of empathy.“
(Meryl Streep, US-amerikanische Schauspielerin und Oscar-Preisträgerin)

Oft lassen Vertreter von Unternehmen oder Institutionen das notwendige Feingefühl vermissen, wenn es darum geht, öffentlich einen Vorfall zu kommentieren, der andere in großes Unglück gestürzt hat. Dabei geht es den Betroffenen häufig nur um ein Wort der Entschuldigung und des Bedauerns oder um die Bestätigung, dass ihr Leid überhaupt erkannt und wahrgenommen wurde. Von Bedeutung ist dieser Faktor der *Empathie* bei allen schriftlichen Publikationen und bei persönlichen Schreiben an Angehörige (denn auch diese können öffentlich werden). Am sichtbarsten werden sie aber, wenn Vertreter des Unternehmens vor die Kamera treten und ihre Sichtweise zu einer Krisensituation kundtun. Der Bankchef, der von „Peanuts“ spricht, während Dutzende kleiner Handwerksbetriebe in Konkurs gehen, oder der Vorstandsvorsitzende eines öffentlichen Transportunternehmens, der am Unglücksort versichert, die Katastrophe habe keinerlei Einfluss auf die Ergebnisrechnung des Konzerns – beiden geht die Fähigkeit ab, sich darauf einzustellen, was die Öffentlichkeit in diesen Momenten von Ihnen hören möchten.

Leider führt häufig juristischer Rat dazu, dass man sich mit einfühlsamen Worten oder Bedauern aus Angst davor zurückhält, dies könne als Schuldeingeständnis gewertet werden. Es ist fraglich, ob ein Unternehmen mit so viel Zurückhaltung wirklich gut beraten ist. Insgesamt lässt sich beobachten, dass gerade in Deutschland die Tendenz besteht, sachlich-fachlich vollkommen korrekt zu berichten, aber dabei die emotionale Seite außer Acht zu lassen. Dabei ist es gerade diese Ebene der Kommunikation, die darüber entscheidet, ob ein Unternehmen in den Medien als der „Bösewicht" angesehen wird oder ob man ihm abnimmt, dass es tatsächlich von den Ereignissen betroffen und an einer Lösung der Situation interessiert ist.

### Faktor 12: Kenntnis der Medien und Ihrer Akteure

„Newspapers should have no friends."
(Joseph Pulitzer, Publizist)

Elementar bei der Abarbeitung einer Krise ist es schließlich, die mediale Präsenz des Unternehmens im Auge zu behalten. Gerade bei *Ad-hoc-Krisen* ist es von großer Wichtigkeit, die Entwicklung, die die Berichterstattung nimmt, genau zu beobachten und gegebenenfalls gegenzusteuern. Gerade bei Nachrichtensendern und Internetportalen kann sich die Stimmung in wenigen Minuten wenden. Da diese Medien oft als opinion leader auch die Printmedien beeinflussen, muss ihnen größte Beachtung zukommen. Man kann alles richtig machen und sämtliche vorbereiteten Dokumente zur rechten Zeit und mit korrektem Inhalt verteilen; wenn sie nicht die mediale Realität der Krise aufgreifen, verpuffen sie wirkungslos. Vielmehr muss die eigene Kommunikationsstrategie ständig wieder auf den Prüfstand gestellt und nötigenfalls angepasst werden.

Zu diesem Themenkomplex gehört schließlich ein profundes Wissen über die Enstehungsmechanismen von Medienberichten und die zugrunde liegenden Produktionsbedingungen und Einschränkungen: Ganz konkret sollte den Medien die Arbeit so einfach wie möglich gemacht werden: Bei Pressestatements sind dies möglicherweise Telefonanschlüsse für Korrespondenten, ein offenes WLAN-Netz für schreibende Journalisten oder gar ein Satelliten-Uplink für TV-Crews. Solche Vorkehrungen machen den Journalisten ihre Arbeit leichter. Journalisten sind Menschen wie alle anderen auch – sie freuen sich über gute Arbeitsbedingungen.

Ebenso wichtig ist eine profunde Kenntnis der wichtigen Schlüsselmedien für das eigene Unternehmen und der dahinter stehenden Akteure. Gute Beziehungen, zu Friedenszeiten geknüpft und kultiviert, werden keine negativen Schlagzeilen verhindern, aber vielleicht eine unfaire oder – aufgrund fehlenden Basiswissens auf Medienseite – fehlerhafte Berichterstattung vermeiden.

Zusammengefasst: Kommunikative Reaktion auf Krisen ist eine komplexe und erfolgskritische Angelegenheit. Chancen und Risiken liegen nah beieinander, kleine Fehler entfalten oft große Wirkung. Das größte Risiko in einer Krise besteht in einer schlechten Kommunikation. Um die (fehlende) Fähigkeiten des Unternehmens in dieser Hinsicht zu überprüfen, ist es daher notwendig, anhand einer strukturierten *Checkliste* selbstkritisch die eigene Krisenkultur auf den Prüfstand zu stellen. So ergeben sich rasch Handlungsfelder, die dann priorisiert und anschließend systematisch abgearbeitet werden können. Da es sich hierbei oftmals um kulturelle Veränderungsprozesse handelt, die auch andere Unternehmensbereiche mit einschließen, muss der erforderliche Zeitrahmen großzügig bemessen werden. Mit Blick auf die möglichen Chancen zur Bewährung eines Unternehmens, die eine gute Krisenkommunikation bietet, ist ein solches Unterfangen ein gut investierter Aufwand, der vor dem Hintergrund der Risiken, welche die Unterlassung desselben mit sich bringt, gar nicht unterbleiben darf.

Übrigens – erinnern Sie sich noch an das Zitat am Anfang dieses Artikels: *„If you fail to prepare, you prepare to fail!"* Der Urheber dieser Worte, Mark Spitz, hat als erster Athlet überhaupt in einer einzigen Olympiade (1972) sieben (!) Goldmedaillen gewonnen. An dem Zitat scheint also etwas dran zu sein. Vielleicht nehmen Sie es sich zu Herzen. Oder wollen Sie nach der nächsten Krise etwa *neben* statt auf dem Siegertreppchen stehen?

# Machen die Medien die Krise? Trifft es immer nur die anderen? Warum und wie sich jedes Unternehmen auf den Ernstfall vorbereiten sollte.

*Anfried Baier-Fuchs*

## 1 Vor der Krise ist in der Krise

Was wären die Medien ohne die tägliche Krise? Der „Aufreger des Tages" ist natürlich die nicht zu übersehende Katastrophe. Oft handelt es sich aber auch um Vorfälle, die erst durch medialen Großeinsatz an Fahrt gewinnen und Unternehmen, Institutionen, Organisationen in Bedrängnis bringen.

Kein halbwegs am aktuellen Geschehen interessierter und teilhabender Zeitgenosse kann das übersehen. Und dennoch: Wenn es um die eigene Firma geht, blenden viele diese latente Gefahr für sich und ihr Umfeld aus. Man duckt sich weg und hofft, dass es (nur) die anderen erwischt. Man trifft keinerlei Vorbereitungen für den nicht ganz unwahrscheinlichen Fall X – und riskiert so die Kommunikationskrise, statt mit professioneller Krisenkommunikation erfolgreiches Krisenmanagement zu unterstützen.

Diese Kopf-in-den-Sand-Haltung ist verbreitet – aber wenig rational. Zu vielfältig sind die Auslöser: Unfall, Produktflop, Rückrufaktion, Tod eines Top-Managers, Betrugs- und Bestechungsvorwürfe, Geiselnahme, Erpressung, Umweltprobleme etc.

Und es sind auch nicht nur die ganz großen Unternehmen, die mit solchen Themen von jetzt auf gleich im gleißenden Scheinwerferlicht einer oft hysterisch anmutenden Öffentlichkeit stehen.

Warum bereiten sich so wenige auf den Krisenfall vor? Und warum sind selbst oder gerade in der Krise manche Top-Manager keinesfalls überzeugt, dass professionelle Kommunikation hilfreich ist?

Die Antwort ist so einfach wie problematisch: Allein der Gedanke an Krisen und Katastrophen ist unangenehm. Krisenprävention kostet Zeit und Geld. Und: (Transparente) Krisenkommunikation ist noch unbeliebter als (transparente) Unternehmenskommunikation.

## 2 Und dann kommt sie doch...

Es gibt zwei unterschiedliche Typen von Krisen: die plötzlich hereinbrechende Katastrophe und das sich langsam aufschaukelnde Szenario.

Typ 2 lässt dem Unternehmen eine Chance: Durch professionelles Krisenmanagement und in der Folge umsichtige und sorgfältige Krisenkommunikation lässt sich manches Thema einfangen, bevor es sich zur Katastrophe oder zum Dauerbrenner aufbaut. Gelingt das nicht, steht man wie bei Typ 1 auch plötzlich im Mittelpunkt der öffentlichen Aufmerksamkeit.

„Erfahrene" Krisenmanager und Krisenkommunikatoren wissen: Jede Krise ist anders – einfach Rezepte aus anderen Unternehmen oder von früheren Fällen übertragen nutzt nichts. Ich muss immer die individuelle Situation betrachten, genau analysieren, in welchem Umfeld ich mich in der konkreten Situation bewege:

- Ist das der vierte Vorfall in Serie? Finden die Medien schon eine auf das Thema fixierte Öffentlichkeit vor und können so durch eine weitere Eskalation öffentliches Interesse steigern? Ein einzelner Bestechungsfall erlaubt noch nicht das mediale Trommelfeuer, wie es die Serie, möglichst in einer Branche ermöglicht.
- Wird mein Unternehmen derzeit eher positiv bis neutral wahrgenommen, oder stehen wir bereits in der Defensive? Auf Siemens lässt sich (im November 2006) nach dem medialen Debakel durch 30%ige Erhöhung der Vorstandsgehälter und BenQ-Insolvenz wunderbar eindreschen, wenn „jetzt auch noch die Firmenzentrale durchsucht" wird.
- Ist die Person an der Spitze meines Unternehmens sehr bekannt? Zählt sie zu den Medienlieblingen? Das kann helfen – es kann aber auch der gegenteilige Effekt eintreten.

Über diese Aspekte der aktuellen öffentlichen Wahrnehmung muss ich mir im Klaren sein – mein Krisenfahrplan muss sie konsequent berücksichtigen.

Eines allerdings gilt immer: Der Mechanismus von Krisenmanagement und Krisenkommunikation muss *sofort* starten – die Abläufe müssen festgelegt *und* eingeübt sein.

## 3 Die Herausforderungen durch den „Sofortismus" der Öffentlichkeit und der Medien

Bei Ausbruch der Krise oder im Moment der Katastrophe erst anfangen und überlegen „Was um Himmels Willen tun" wäre der erste gravierende Fehler – den man angesichts des „Sofortismus“ in der öffentlichen Berichterstattung nicht mehr korrigieren kann.

Die Medien lassen dem „Verursacher“ keine Zeit – sie wollen, sie brauchen ihre News sofort.

Je länger es dauert, bis das Unternehmen seine erste Stellungnahme abgibt, desto

- mehr gerät es in die Defensive. Hier gilt „Wer nichts sagt, hat etwas zu verbergen und macht sich verdächtig“.
- größer wird das Vakuum. Der Journalist besorgt sich dann seinen O-Ton von einem der immer und überall bereit stehenden „selbsternannten Experten“. Damit übernehmen diese die Deutungshoheit – und der Betroffene hat das Nachsehen.
- mehr Fragen stellen sich nach der Offenheit und Transparenz des Unternehmens. Die wird ganz selbstverständlich erwartet und von den Medien – im Namen der „Opfer“ – massiv reklamiert.

## 4 Vier Faktoren erfolgreicher Krisenkommunikation

Als am 3. Juni 1998 der ICE „Wilhelm Conrad Röntgen“ bei Eschede entgleiste, stand ich als Verantwortliche für die Konzernkommunikation der Deutschen Bahn mit meinen Mitarbeitern von einer Sekunde auf die andere in einem tosenden Orkan. Wir kannten Krisen und den Umgang mit ihnen; aber Eschede mit 101 Toten hatte eine andere Dimension. Und es tauchten Fragen auf, die sich keiner von uns je vorher gestellt hatte.

„Warum hat die Bahn keine Passagierlisten“ war die drängende Frage Besorgter, die Freunde, Angehörige oder Kollegen in dem Unglückszug mutmaßten. Die Antwort darauf war noch relativ einfach. Doch dann wollten Journalisten wissen, warum es keine Anschnallpflicht gebe bei diesen hohen Geschwindigkeiten, oder sie fragten uns nach Details von Crashtests bei der Entwicklung von Hochgeschwindigkeitszügen.

### *4.1 Vorbereitung*

Antwort auf solche „Basisfragen“ wird sofort erwartet, Zeit für Recherche nicht gewährt. Es lohnt sich also, sich einmal die Zeit zu nehmen, das „Unmögliche“ zu denken, eine Liste von vermeintlich einfachen Fragen zu erstellen und die Antworten zu formulieren.

Ebenso wichtig ist es, eine Erreichbarkeitsliste mit den Namen der relevanten Ansprechpartner zu erstellen und laufend zu pflegen. Die Katastrophe kann am Samstag Abend eintreten, und man verliert nur wertvolle Zeit, wenn dann erst Mobilnummern zusammengetragen werden müssen oder nicht klar ist, wer den Werkleiter vertritt, der gerade im Theater sitzt.

Wer informiert wen, wer ist für welche Aufgaben verantwortlich? – auch das ist vorab zu klären, die Abläufe sind regelmäßig zu üben. Erst in der Krise zu überlegen, wer formuliert die Pressemitteilungen, wer beobachtet die Berichterstattung, wer gibt Interviews, wer recherchiert Hintergrundinformationen, hält nur von den in diesem Moment wichtigeren Tätigkeiten ab.

### 4.2 *Timing*

Im Katastrophenfall heißt es für die Kommunikatoren, sich so schnell wie möglich einen Überblick verschaffen:

- Was genau ist passiert?
- Was wissen wir über Ursachen und Hintergründe?
- Was bedeutet das für Betroffene, Opfer, das Unternehmen und seine Mitarbeiter, Geschäftspartner etc.?
- Welches sind die Konsequenzen – kurzfristig, mittelfristig, langfristig?

Im Fall Eschede saßen wir 400 km entfernt von der Unfallstelle. Längst gingen Luftaufnahmen von CNN um die Welt, bevor wir uns ein eigenes Bild hatten machen können. Und dennoch hieß es, sich möglichst schnell selber zu Wort melden, die eigene Stimme erheben und die Öffentlichkeit kontinuierlich informiert halten. Das verlangt einen Spagat zwischen dem jeweiligen Stand der Ermittlungen und dem Drängen der Medien. Blogger (vgl. den Beitrag von Köhler in diesem Band) und Leserreporter erhöhen diesen Druck. Aber Abtauchen und sich erst nach Abschluss aller Untersuchungen wieder melden ist aussichtslos – dann haben längst andere über den „Schuldigen" geurteilt.

### 4.3 *Konsistenz und Kongruenz*

Mit einer Stimme sprechen ist leicht gesagt, wenn so viele Medien Auskunft wollen, dass *ein* Sprecher das gar nicht schaffen kann. Zumal selbstverständlich alle gleichzeitig informiert werden möchten.

Im Fall Eschede kam hinzu, dass es eine ganze Reihe von Sprechern anderer Institutionen gab: Bundesregierung und Verkehrsminister, Eisenbahnbundesamt, die Hilfsorganisationen vor Ort – schon deren eigenständige Rolle und Selbstverständnis hat keinerlei Abstimmung erlaubt.

Da war es schon einfacher, das Erscheinungsbild des Unternehmens der Situation anzupassen – zumal wir einen guten Überblick über die laufenden kommunikativen Aktivitäten hatten. Die Werbung im Fernsehen und die Anzeigen in den Printmedien stoppen, den Redaktionsschluss von Kundenzeitungen verschieben, Veranstaltungen absagen – alles, was das ehrliche Entsetzen und die große Trauer konterkariert hätte, wurde auf den Prüfstand gestellt. Natürlich haben wir auch die Fahnen vor unseren Firmengebäuden und Bahnhöfen auf Halbmast gesetzt. Die Mitarbeiter selber hatten die Idee, an ihren Dienstuniformen Trauerflor zu tragen.

### *4.4 Sensibilität*

Kurz nach dem Schock werden die ersten Kommentare geschrieben und gesprochen. Man mag sich wundern oder gar ärgern – aber man muss sie ernst nehmen und gegebenenfalls gegenhalten. Die aktuelle Berichterstattung gibt den besten Überblick, welche Fragen die Öffentlichkeit bewegen. Diese gilt es konsequent zu beobachten, auf die gilt es einzugehen, die Kommunikationsstrategie auch daran auszurichten, statt am Bedarf vorbei „den Lautsprecher zu betätigen".

## 5 Die Rolle der internen Kommunikation in der Krise

Der Mitarbeiter ist in den Augen der Öffentlichkeit Repräsentant seines Unternehmens. Ist er bei einem Dienstleister tätig, wird er auch als Bestandteil des Produktes wahrgenommen. Der Kunde erwartet von ihm Auskunft, offiziell und verlässlich.

Schon Minuten nach der Entgleisung bei Eschede wurden Zugbegleiter wie Servicepersonal an den Bahnhöfen gefragt: Was ist passiert? Was bedeutet das? Fährt mein Zug überhaupt? Komme ich pünktlich ans Ziel? Die Herausforderung war (vor der allgemeinen Verbreitung von Handy und SMS), zigtausende von Mitarbeitern, die sich nicht am Schreibtisch aufhalten, die ich nicht über E-Mail oder Intranet erreichen kann, zu informieren – und auf dem Laufenden zu halten.

Ein ebenso wichtiger Aspekt der internen Kommunikation in der Krise ist die psychische Verfasstheit der Mitarbeiter. Ende 2003, Anfang 2004 war „Toll Collect" in aller Munde. Keine Nachrichtensendung, keine Zeitung, die nicht über Schwierigkeiten und Verzögerungen bei der Einführung der Maut berichtete. Die Mitarbeiter fühlten sich am „öffentlichen Pranger". Ein neues Top-Management startete mit einer völlig neuen internen Kommunikationskultur – Offenheit und Zuwendung sowie Wertschätzung durch das persönliche Gespräch erzeugten

Glaubwürdigkeit, Vertrauen und damit den erforderlichen Motivationsschub, um das anspruchsvolle Projekt doch noch zu stemmen.

## 6 Krisenmanagement vs. Krisenkommunikation

In der Krise gilt wie in jeder anderen Situation auch: Die Unternehmenskommunikation agiert nicht im luftleeren Raum.

Der Kommunikationschef gehört in den Krisenstab – wie er zu normalen Zeiten selbstverständlich in die Vorstands- oder Geschäftsführungssitzung gehört (vgl. den Beitrag von Dujic/Johanssen in diesem Band). Krisenkommunikation kann nur so gut und erfolgreich sein, wie das Krisenmanagement – genau wie die tagtägliche Kommunikation eines Unternehmens nur so gut sein kann, wie sein Management.

Dazu gehört, dass der Kommunikationschef vermittelt zwischen den Interessen der Öffentlichkeit nach schnellen Resultaten, raschen Konsequenzen und „Stories" – und dem Interesse des Unternehmens an Objektivität, an Fairness.

## 7 Die Verantwortung der Unternehmenskommunikation

Gerade in der Krise will die Öffentlichkeit noch schneller und noch detaillierter Auskunft. Gerade in der Krise würde das Management oft am liebsten erst einmal in Ruhe die Situation analysieren.

Das heißt für den Kommunikationschef:

- im Unternehmen klar stellen, dass Mitarbeiter und Öffentlichkeit ein legitimes Interesse haben an Offenheit und Gesprächsbereitschaft – und im Krisenfall zusätzlich an zügiger, konsequenter Aufklärung
- bei den Medien Verständnis dafür zu finden, dass das Unternehmen nicht mehr sagen kann, als der jeweilige Stand der Ermittlungen hergibt – aber dass es dies auch tut.

Das ist eine Gratwanderung – im Krisenfall zusätzlich meist in aufgeheizter Stimmung.

Aus dem Stand hat hier keiner eine Chance. Der Kommunikationschef braucht neben der Akzeptanz im Unternehmen Glaubwürdigkeit und Vertrauen bei seinen externen Gesprächspartnern. Beides entsteht aber nicht ad hoc.

## 8 Nicht nur Abläufe üben – wichtig ist ein gemeinsames Grundverständnis im Unternehmen

Deshalb braucht es professionelle Vorbereitung – weit über die reine Ablaufplanung der Krisenkommunikation und die Regeln für den Krisenstab hinaus. Dazu gehören

- *Konsens herstellen zum Verhalten im Fall der Fälle*: Wie viel Offenheit akzeptiert die Unternehmensleitung? Wie stellt sich der Justitiar zur Pressearbeit z. B. bei staatsanwaltlichen Ermittlungen?
- *Den Willen zur lückenlosen Aufklärung glaubhaft vermitteln*: Langfristige, kontinuierliche Kontakte zu den Zielgruppen etablieren – nicht nur bei Gut-Wetter-Meldungen. Journalisten müssen erfahren haben, dass sie sich auf das Wort des Pressesprechers verlassen können.
- *Glaubwürdigkeit bei den Mitarbeitern aufbauen*: Interne Kommunikation ist eine Führungsaufgabe – wer sie Tag für Tag ernst nimmt, hat auch in der Krise das Vertrauen seiner Belegschaft. Und das braucht das Unternehmen: Jeder x-beliebige Mitarbeiter ist glaubwürdiger als der Pressesprecher oder ein Top-Manager!

## 9 Der Spektakelhunger der Öffentlichkeit und der Druck der Medien

Pressearbeit in der Krise ist anders, eine gewisse Hysterie der Gesprächspartner lässt sich da nicht immer von der Hand weisen. Grund ist die uns allen bewusste Sensationslust der Öffentlichkeit – ich sage bewusst nicht „der Medien“ – wenn sich Spektakel nicht so gut verkaufen ließe, wäre die Berichterstattung darüber nicht so weit verbreitet.

Selbstverständlich hat die Öffentlichkeit ein Recht auf Aufklärung. Die Schwierigkeit ist nur, dass die Medien *sofort alles* wissen wollen. Doch auch das transparenteste Unternehmen kann beim besten Willen nicht im ersten Moment alle Details der Ursache einer Krise oder Katastrophe kennen. Der Erkenntnisstand wächst mit Untersuchung und Aufklärung.

Die fatale Konsequenz daraus ist, dass die Medien jede neue Wortmeldung mit neuen Details als „Salami-Taktik“ bezeichnen und so von vorneherein als „scheibchenweises Zugeben...“ diskreditieren.

## 10 Cui bono? Kritische Schlussbetrachtung der Suche nach dem täglichen Aufreger

Wem nutzt ein oft hysterischer Betroffenheitsjournalismus, das reflexhafte Aufspielen mancher Medien als Retter der Entrechteten und Enterbten?

Bei allem Verständnis für die wirtschaftlichen Interessen auch der Medien: Nur das Schielen auf Auflage und Quote mag Verlag oder Sender vielleicht kurzfristig gut tun. Doch konsequente, nachhaltige und stichhaltige Aufklärung dauert manchmal etwas länger als bis zum nächsten Redaktionsschluss.

# Krisenkommunikation ganz praktisch – Wie Journalisten mit Krisen umgehen

*Claudia Nothelle*

Krisenkommunikation – das Thema erscheint für Journalisten auf den ersten Blick überraschend. Ist es doch der Beruf des Journalisten, in Krisen zu kommunizieren, über Krisen zu reden, mit Krisen den Lebensunterhalt zu verdienen. Der Sonderfall Krisenkommunikation ist für Journalisten eher die Regel. Trotzdem ist eine Selbstvergewisserung überaus sinnvoll; welche Rollen spielen Krisen in der täglichen Arbeit und wie gehen Journalisten mit solchen Krisen um, die jenseits des „Normalfalls" liegen – also auch für der krisengewöhnten Berufsgruppe als Krise erscheint.

Exemplarisch für diese Überlegungen sollen die journalistischen Erfahrungen mit einer Situation stehen, die alles andere als der Normalfall der Krise war. Der 11. September 2001 führte zu einem weltweiten Ausnahmezustand. Aus den Erfahrungen, die in den Wochen und Monaten danach in Pakistan und Afghanistan gesammelt wurden, können Überlegungen für den Alltag, den „Krisennormalfall" abgeleitet werden.

## 1 Krisentag 11. September

Wahrscheinlich kann sich jeder an „seinen" 11. September erinnern. Für uns als Journalisten am Schreibtisch, vorm Bildschirm, den Agenturen bedeutete der Tag vor allem produktive Hektik: Die Auswirkungen waren auf beinahe allen Kanälen verfolgen: Sondersendung an Sondersendung, CNN statt NTV, Viva sendet Schwarzbild und selbst Prosieben und RTL 2 ändern ihr Programm. Und das nicht nur für den einen Nachmittag und Abend, sondern gleich für mehrere Tage. Eine Nation, und damit auch eine Fernsehnation, im Ausnahmezustand. Das traf in ähnlicher Form auf die meisten Länder zumindest der westlichen Welt zu. Und damit hatten die Terroristen den höchsten Grad an Aufmerksamkeit erreicht, den sie sich nur wünschen konnten.

Schon bald erreichten sie eine weitere Stufe: Die wenigen Bilder von Osama bin Laden waren schnell auf allen Kanälen zu sehen, bald auch eine Art „Bekennervideo". Schon die Filme als solche haben eine große Debatte ausgelöst. In den Vereinigten Staaten gab es Versuche der Regierung, die Ausstrahlung zu verhindern – oder zumindest auf eine Art Selbstverpflichtung der großen Networks hinzuwirken. Allerdings – ohne Erfolg. In der aufgeheizten Kriegsstimmung im

Herbst letzten Jahres war die Sorge der Verantwortlichen groß, dass in den Videos versteckte Botschaften bin Ladens an seine Leute in aller Welt steckten, mit denen sie zu neuen Schreckensaktionen aufgefordert werden sollten.

Allerdings haben die Bänder und die Diskussion um sie ganz klar deutlich gemacht, dass sich auch die „Gegenseite" – Al Quaida – klar der modernen Technik zu bedienen weiß. Damit zeigt sich:

*In Krisensituationen – vor allem zu Beginn – versuchen viele Seiten, die Kommunikationsthemen zu setzen (Agenda setting).*

## 2 Informationen zur Krise von allen Seiten

Nach dem 11. September war der Terror in Pakistan ebenso Thema wie in Deutschland. Aber die Sichtweise war konträr: denn die Menschen in der islamischen Welt wollten nicht glauben, dass die Taliban, dass Osama bin Laden und seine Kämpfer, für die Anschläge verantwortlich sein sollen. Lange hielt sich Gerücht, dass die Juden den Terroranschlag geplant und ausgeführt haben sollen. Immer wieder wurden angebliche Belege angeführt, dass am 11. September 3000 Juden nicht zur Arbeit im World Trade Center erschienen sind. Dazu kamen angebliche Beweise für die jüdische Weltverschwörung. Die Juden, so hörte man, hätten mehr gegen die Christen als alle glauben würden. Und ganz geschickt sei es eingefädelt, dass die Moslems – wieder einmal – die Opfer seien. Nicht immer sind die Beeinflussungsversuche so leicht zu durchschauen: *Krisenkommunikation unterliegt immer auch der Gefahr der Manipulation.*

Und auch wenn – zumindest in den deutschen Medien – immer wieder betont wurde, dass es nicht um den Islam insgesamt geht: in den Köpfen der meisten europäischen Rezipienten waren die Moslems verantwortlich. Krisenkommunikation aus Pakistan erwies sich als schwierige, aber äußerst interessante Aufgabe: für die Journalisten ging es vor allem darum, zu schildern, zu vermitteln, zu erklären, manchmal auch zu beruhigen – und das in beide Richtungen. Den Zuschauern zuhause genau wie den Menschen vor Ort.

Denn die Moslems in Mittelasien haben in allen Gesprächen deutlich gemacht, dass sie sich als Opfer, als Verlierer versehen: Angefangen bei der Globalisierung über Diskussionen um die Verteilung der Macht in der Welt bis zu der Verantwortung für die Terroranschläge vom 11. September. Wenn man aus einer weitgehend säkularisierten Welt kommt, fällt es schwer zu begreifen, dass die Religion letztlich alles Denken bestimmt. Die Moslems fühlen sich dabei in die Defensive gedrängt – sie sind davon überzeugt, dass der Rest der Welt sie bekämpfen möchte. Vielleicht erklärt das einen Teil des Fanatismus. Und die Trotzreaktion, mit der Osama-bin-Laden-T-Shirts verkauft wurden und auf vielen Autos zu lesen war: Osama my hero – Osama mein Held.

*Gerade in Ausnahmesituationen wählen die Betroffenen außergewöhnliche Kommunikationsformen, die Journalisten als Kommunikationsprofis sorgfältig analysieren müssen.*

## 3 Stereotype in Krisensituationen

Im Laufe der Wochen und Monate haben die Journalisten Pakistan und die Menschen dort besser kennen gelernt und auch die leisen Zwischentöne wahrgenommen. Und das haben sie versucht, in ihren Berichten umzusetzen. Auf der anderen Seite standen anderthalb Minuten für die Tagesschau, standen spektakuläre Bilder und Szenen, stand die deutsche, die westlichen Wahrnehmung in den Redaktionen.

Man unterliegt in solchen Situationen leicht der Gefahr, Stereotype zu verbreiten, die Krise scheint dann leichter zu bewältigen, zu erklären. Etwa 100.000 Pakistaner gingen auf die Straßen, verbrannten Flaggen und Bush-Puppen, warfen Steine. Die Bilder haben wahrscheinlich noch alle vor Augen. Aber 140 Millionen leben in dem Land – nur die wenigsten von ihnen standen auf den Seiten der Amerikaner. Viele Intellektuelle sympathisieren zwar nicht mit den Attentätern, aber trotzdem hielten sie die Bomben auf Afghanistan für den falschen Weg. Nur die wenigsten von ihnen jedoch gingen auf die Straße. Und diejenigen, die gingen, taten das oft einfach nur zum Vergnügen. Demos machen Spaß, bekamen wir immer wieder zu hören. Dabei gelten im Fernsehen noch einmal ganz eigene Gesetze, gegen die sich letztlich auch eine Nachrichtensendung wie die Tagesschau nicht wehren kann: Die bärtigen Mullahs, Taliban und anderen Turbanträger sind besonders kameratauglich und bestimmen daher schnell die Bilder und damit auch das Bild ihres Landes.

So gilt: Medien produzieren Stereotypen über Länder wie Pakistan und Afghanistan. In der aktuellen Berichterstattung ist kaum eine differenzierte Analyse möglich. Journalismus lebt vom Vereinfachen: Erzählt werden die geradlinigen Geschichten, komplizierte Zusammenhänge haben kaum Platz in unserer Berichterstattung. Andererseits jedoch: auch diese Kurzberichte bieten die Chance, wenigstens mal die eine oder andere Facette mehr zu erwähnen.

*Kommunikation, Krisenkommunikation gerät schnell an Grenzen.*

## 4 Nachrichten in der globalisierten Welt

Dabei beeinflusst noch ein weiterer wichtiger Faktor die Kommunikation in Krisenzeiten: auch Informationen, auch Nachrichten, vor allem aber Bilder sind inzwischen globalisiert auf dem weltweiten Markt der Information. All das, was seinen Weg zu CNN oder BBC World findet, hat – international betrachtet – den höchsten Nachrichtenwert. Das heißt allerdings auch, dass in Atlanta oder in London entschieden wird, was weltweit von Bedeutung ist.

Häufig beschränken sich globalisierte Nachrichten ganz auf den Westen (was in den Wochen nach den 11. September vor allem heißt: sie beschränken sich auf die westliche Sichtweise): und die Welt sieht durch die Londoner Brille ganz anders aus als durch die pakistanische beispielsweise.

Umso wichtiger ist es für den einzelnen Journalisten und Redakteur, seine eigenen Maßstäbe und Entscheidungskriterien im Blick zu behalten – bei der Themenwahl, bei der Bildauswahl. Gilt es schon jeweils in nationalen Grenzen, die Gatekeeper-Funktion des Journalisten sorgfältig wahrzunehmen, ist das auf internationaler Ebene noch viel notwendiger. Ein Thema darf nicht schon unwichtig sein, weil CNN, Reuters oder AP nicht darüber berichten wollen. Deshalb ist es unbedingt erforderlich, dass Journalisten nicht nur am Schreibtisch einlaufendes Material verarbeiten, sondern immer auch selbst vor Ort sind, um sich ein Bild von der Situation zu verschaffen.

*Aufgabe der Journalisten ist es, in Krisensituationen den Überblick zu halten und den Blick auch für Themen jenseits des Mainstreams zu öffnen. Nur so kann ein möglichst facettenreiches Bild von der Situation gezeichnet werden.*

## 5 Krisenkommunikation unter schwierigen Bedingungen

Die Journalisten aus aller Welt waren in Pakistan in der seltenen Situation, über einen Krieg zu berichten, der im Nachbarland stattfand. Die Menschen in Pakistan allerdings fühlten sich den Menschen in Afghanistan sehr verbunden, nicht nur durch die über drei Millionen Flüchtlinge, die schon vor dem 11. September in Pakistan lebten – die meisten von ihnen übrigens inoffiziell. Enge Verbindungen bestehen vor allem entlang der über 2.400 Kilometer langen Grenze. Auf beiden Seiten leben Paschtunen, sie sprechen die gleiche Sprache, singen die gleichen Lieder und erzählen die gleichen Geschichten. Über lange Zeit teilen sie die gleiche Geschichte – und bei den Stammesmitgliedern galt die Grenze zwischen den beiden Ländern lange nicht als Grenze. Es war für viele von ihnen selbstverständlich, den Winter auf der östliche, der pakistanischen Seite zu verbringen. Eben dort, wo die Temperaturen etwas erträglicher sind...

Die Taliban, die damaligen Machthaber Afghanistans, waren immer sehr Pakistanfreundlich. Führende Taliban wurden an Koranschulen in Pakistan ausgebildet.

In Islamabad befand sich die letzte verbliebene Botschaft der Taliban. Der Botschafter dort – Abdul Salam Saeef – wurde zu so etwas wie dem Sprecher der Taliban, erlangte zumindest für kurze Zeit Weltruhm. Die täglichen Pressekonferenzen wurden zu einem täglichen Event für die in Islamabad versammelte Weltpresse – mit zeitweise durchaus einem großen Unterhaltungswert. Bei den Taliban versammelt sich die Presse im Garten und sitzt auf dem Boden, zur gleichen Zeit halten die Amerikaner High-Tech-Pressekonferenzen im Pentagon ab. Auch das ein Sinnbild für den Krieg, der geführt wurde – und die Schwierigkeiten von Kommunikation in solchen Situationen.

*Krisenkommunikation wird daher auch ganz entscheidend von den äußeren Bedingungen bestimmt, unter denen sie geführt wird.*

## 6 Krisenkommunikation und ihre Folgen

Berichterstattung über Terror, das meinte in den letzten Jahren fast immer auch Berichterstattung über Islamismus in der Tagesschau. Nur selten ging es dabei um Religion und Glauben, sondern fast immer sind es Berichte über Politik und gesellschaftliche Phänomene. Islam wird zu einem politischen Phänomen, Religion, Glaube gilt dann allenfalls als Begründung für den Fanatismus. Aus westlicher Sicht sind diese Fanatiker Terroristen. Sehr schnell fällt der Begriff schon dann, wenn eine Fahne brennt oder Steine fliegen. Aus islamischer Sicht sind sie alle Freiheitskämpfer. Für Journalisten ist es da umso wichtiger, genau hinzuhören – und in den Formulierungen sehr genau zu sein.

Insgesamt passten die Ereignisse rund um den 11. September in das neue Weltbild nach dem Fall der Mauer: nicht mehr der Kommunismus ist der Feind, den es zu besiegen gilt, sondern der Islamismus und der Terror. Eine große Gefahr für Journalisten und Rezipienten ist es, sich nicht von diesem neuen kalten Krieg vereinnahmen zu lassen. Die Welt wird dadurch wieder aufgeteilt in schwarz und weiß, in gut und böse.

Vor allem dann, wenn ein Ereignis über eine längere Periode die Nachrichten bestimmt, kommt den Journalisten mit Blick auf ein möglichst differenziertes Bild eine wichtige Funktion zu. Sie müssen dafür sorgen, dass keine Informationen, keine Gedanken verloren gehen – und dass ihre Zuschauer erfahren, was am anderen Ende der Welt geschieht und wie die Menschen dort darüber denken.

*Krisenkommunikation braucht einen langen Atem, wenn die Krise nicht Krise bleiben soll.*

## 7 Krise als Regelfall für Journalisten

Die „Ausnahmekrise" 11. September macht deutlich, unter welchen Bedingungen Journalisten in außergewöhnlichen Krisensituationen handeln und welche Anforderungen an sie gestellt werden: Vor allem geht es darum, auch unter großer Belastung oder schwierigen Bedingungen die journalistischen Grundregeln nicht außer Acht zu lassen. Je größer die Krise, umso schwieriger die Arbeit – einerseits. Aber andererseits gilt: Je dramatischer die Krise, umso besser die Quote, umso höher die Auflage.

Von daher besteht bei Journalisten, die auf der Suche nach Themen, interessanten Geschichten und Schlagzeilen sind, die Gefahr, ein Ereignis vorschnell zur Krise zu erklären, um es in der Wertigkeit der Berichterstattung anzuheben. Sie können auch der Versuchung erliegen, eine Krise durch entsprechende Berichterstattung zu verschärfen. Das Thema bleibt interessant, die Auflage oder die Quote hoch.

*Journalisten brauchen in Krisensituationen ein starkes Rückgrat: das Augenmaß zu waren und Ereignisse nicht aufzublasen und nicht kleinzuschreiben, sondern adäquat einzuordnen.*

## 8 Information in Krisenzeiten

Normalerweise sollte Krisenkommunikation dazu beitragen, die Krise zu erhellen, vielleicht auch zwischen den Parteien zu vermitteln und vor allem, die Krise zu entschärfen. Journalisten dagegen übernehmen selbst keine aktive Rolle, sondern eine beobachtende – sie schildern die Situation, den Konflikt, die Bedingungen, die dazu geführt haben und eventuelle Lösungsansätze, die aus der Krise führen könnten. Wichtig ist dabei, dass Journalisten in diesem Zusammenhang nicht den Überblick verlieren und einen kühlen Kopf bewahren. Selbst wenn sie sich für Recherchen und Reportagen in die Krise hinein begeben – sie müssen darauf achten, auf keinen Fall Bestandteil der Krise zu werden.

Sonst misslingt die Krisenkommunikation, in der Journalisten einen wesentlichen Beitrag leisten:

*Informationen tragen dazu bei, dass die Leser und Zuschauer die Situation besser verstehen und durchschauen können oder, wenn es sie selbst betrifft, sie im Zweifelsfall auch besser bewältigen können.*

## 9 Ungeliebte Krisen

Es gibt Krisen, die möchten die Betroffenen am liebsten verschweigen oder unter den Teppich kehren. Parteien, die ihre internen Streitigkeiten nicht öffentlich machen wollen. Oder auch Unternehmen, die nach außen möglichst gut und erfolgreich dastehen möchten. Da liegt eine wichtige Aufgabe für die jeweiligen PR-Verantwortlichen. Journalisten dagegen haben genau entgegen gesetzte Interessen – sie wollen gerade solche Krisen enthüllen, darstellen und möglichst breit und ausführlich darüber berichten. Dabei gilt es, möglichst viele Informationen zu haben und im Zweifelsfall der anderen Seite einen Schritt voraus zu sein. Einmal eine Krise aufgedeckt, möchten die Medien möglichst grundsätzlich davon profitieren – eine Schlagzeile provoziert die nächste...

*In diesen Krisen haben Journalisten keine vermittelnde Rolle, sondern eine agierende, eine aufklärende. Im Idealfall jedoch auch mit dem Ziel, die Krise zu wandeln in eine bessere Situation für alle Beteiligten.*

## 10 Aus Krisen lernen

Trotz aller Auflagen- und Quotenentwicklung sind Krisen niemals Selbstzweck. Krise meint immer auch einen Wendepunkt – und Journalisten müssen prinzipiell auch vor Augen haben, welche Folgen die Krise hat und wohin die Entwicklung geht. Dabei verlangt gerade die Krisenkommunikation einen entsprechenden Weitblick der Journalisten, um für die Zeit nach der Krise gewappnet zu sein. Denn auch wenn der alte Fußballerspruch „Nach dem Spiel ist vor dem Spiel" leicht abgewandelt auch für Krisen zu gelten scheint, eine künstlich in die Länge gezogene Krise verliert bald ihren besonderen Charakter und vor allem den Bezug zur Realität. Unabhängig davon, dass solche künstlich produzierten Krisen jeder journalistischen Ethik widersprechen, werden sie auch nicht den Beifall der Leser und Zuschauer finden. Letztlich gilt ihr Interesse den wahren Krisen – und den Entwicklungen, die sich daraus ergeben.

*Auch hier geht es letztlich um den klaren Kopf: nur so können Journalisten die wahren Krisen von den künstlich herbei geschriebenen unterscheiden und sich mit den Krisen, die Beachtung verdienen, beschäftigen.*

# Gefahrenzone Internet – Die Rolle der Online-Kommunikation bei der Krisenbewältigung

*Tanja Köhler*

## 1 Einleitung

Eine zunehmend sensibilisierte und kritischer werdende Gesellschaft hat die Krisenanfälligkeit von Unternehmen in den vergangenen Jahren kontinuierlich gesteigert. Krisensituationen werden daher immer unausweichlicher. Umso wichtiger ist es für Unternehmen, sich mit Handlungsstrategien für den Ernstfall auseinanderzusetzen. Handlungsstrategien in akuten Krisensituationen haben dabei den adäquaten Einsatz der Kommunikationsmittel und -medien zu berücksichtigen, um für unternehmenseigene Problemdefinitionen Gehör und Aufmerksamkeit zu finden. Zu diesen Kommunikationsinstrumenten gehört auch das Internet, das im Rahmen der Krisenbewältigung ein breitgefächertes Anwendungsspektrum an Kommunikationsmöglichkeiten zur Verfügung stellt.

Im Folgenden wird das Internet daher als Kommunikationsraum betrachtet, den Unternehmen zur Krisenbewältigung nutzen können – in dem Krisen aber auch zunehmend ihren Ausgangspunkt finden.

## 2 Krisenwahrnehmung und Krisenbewältigung

Unternehmen sind in Krisensituationen einem erhöhten Entscheidungs- und Handlungsdruck ausgesetzt, der sie dazu zwingt, möglichst schnell zu reagieren und zu kommunizieren. Diese Reaktionszeit ist jedoch beschränkt, da Krisen zeitlich begrenzt verlaufen und somit durch ihren Beginn und ihr Ende charakterisiert sind. Je später ein Unternehmen eine Krise wahrnimmt, desto kürzer wird die zur Verfügung stehende Zeit, um auf die Situation zu reagieren. Mit anderen Worten: Die Länge des Handlungsspielraumes hängt von der Zeitspanne ab, die zwischen Krisenwahrnehmung und Krisenausbruch liegt und wird verkürzt, je näher die beiden Zeitpunkte beieinanderliegen. Die Eingriffsmöglichkeit ist dann nicht mehr gegeben, wenn sie mit dem Krisenausbruch zusammenfällt (vgl. Witte 1981: 15). Für Unternehmen ist es daher entscheidend, Krisen so früh als möglich wahrzunehmen, um die eigenen Handlungsspielräume zu vergrößern.

Vor diesem Hintergrund ist es wichtig, sich den Krisenverlauf zu vergegenwärtigen: Unternehmenskrisen besitzen einen prozesshaften Charakter und durchschreiten in ihrem Verlauf unterschiedliche Phasen. Diese Phasen werden in der

Regel eingeteilt in die potenzielle Krisenphase (wahrnehmbare Krisensymptome fehlen), die latente Krisenphase (Krisensignale sind bedingt erfassbar), die akute Krisenphase (Krisensignale sind extern wie intern erkennbar) und die nachkritische Krisenphase (größtenteils überwundene Krise). Krisen müssen aber nicht zwangsläufig alle Phasen durchschreiten. Ein Krisenverlauf, der einzelne Phasen überspringt, ist ebenso denkbar, wie einer, der angesichts einer erfolgreichen Ursachenbekämpfung in eine vorgelagerte Phase zurückfällt. Darüber hinaus treffen Krisen im jeweiligen Unternehmen auf unterschiedliche Bedingungen und Gewichtungen und können durch unternehmensinterne und/oder -externe (Kommunikations-) Maßnahmen in ihrem Verlauf beeinflusst werden. Krisen können deshalb selbst mit ähnlichen Ursachen unterschiedliche Verläufe nehmen und auch die Zeitspanne zwischen dem Beginn und dem Ende einer Krise kann unterschiedlich lang sein. Plötzlich eintretende Krisenprozesse mit rasanter Beschleunigung und kurzer Prozessdauer sind deshalb ebenso möglich wie Krisen mit allmählicher Beschleunigung und langer Prozessdauer (vgl. Krystek 1987; Roselieb 1999: 89). Dennoch ist der exakte Zeitpunkt, ab wann eine Situation als akute Krise definiert werden kann, schwierig zu bestimmen, da einzelne Krisenphasen angesichts meist fehlender objektiver Maßgrößen erst ex-post ermittelbar sind. Insofern ist zwar die wissenschaftlich analytische Einteilung der Krise in ihre einzelnen Phasen im Nachhinein möglich, im Voraus bzw. im Verlauf der Krise äußerst schwierig. Hinzu kommt, dass Krisen nur selten durch objektive Maßgrößen bestimmt werden. Ihre Definition hängt im Wesentlichen vom subjektiven Wahrnehmungsvermögen der Entscheidungsträger im Unternehmen ab. Deshalb kann es auch zu unterschiedlichen Krisen- bzw. Situationsdefinitionen kommen, da eine Situation unterschiedlich wahrgenommen werden kann und nicht zwangsläufig von allen Beteiligten als Krise definiert wird.

Die Frage, ab wann von einer Krise und ab wann von Krisenbewältigung gesprochen werden kann, ist deshalb nicht präzise zu beantworten. Insofern kann Krisenkommunikation – ob tradiert oder onlinegestützt – nicht erst in (vermeintlich) akuten Krisensituationen einsetzen, sondern ist – wie die Krise selbst – als ein Prozess zu verstehen, in dem sich präventive und bewältigende Kommunikationsmöglichkeiten durchaus überlagern können. Auch können spezifische Kommunikationsmaßnahmen (z. B. Darstellung unternehmenseigener Problemdefinitionen) sowohl krisenpräventiv als auch krisenbewältigend wirken (vgl. Köhler 2006a; 2006b). Darstellungen zur (onlinegestützten) Krisenbewältigung sind daher immer als integraler Bestandteil einer konzeptionell-strategischen Krisen-PR zu verstehen.

# 3 Krisenherd Internet

In Krisensituationen geraten Unternehmen nicht mit einer kritischen Gesamt-Öffentlichkeit in Auseinandersetzungen, sondern sie werden von mitunter verschiedenen Teilöffentlichkeiten in unterschiedlichen Kommunikationsarenen mit diversen Ansprüchen und Kritik konfrontiert. Eine zentrale Rolle spielen hierbei zweifelsohne die Massenmedien, die aufgrund journalistischer Selektionskriterien bevorzugt industriekritische Sachverhalte und krisenhafte Zuspitzungen thematisieren. Doch Kritik erreicht Unternehmen nicht ausschließlich über Massenmedien. Vielmehr werden sie in zunehmendem Maße auch über das Internet von unterschiedlichen Akteuren attackiert, die im Netz ihrer Kritik, ihrem Unmut und ihrem Protest freien Lauf lassen.

## *3.1 Protestkultur im Internet*

In der Vermittlung gesellschaftlicher Anliegen und der Etablierung von (krisenhaltigen) Themen kommt den traditionellen Massenmedien nach wie vor eine Schlüsselrolle zu. Der Zugang zu dieser relevanten Ebene der Öffentlichkeit ist jedoch aufgrund spezifischer Selektionskriterien der Massenmedien beschränkt, so dass Zugangs- und Partizipationschancen nicht in gleichem Maße verteilt sind. Im Gegensatz hierzu zeichnet sich das Internet durch seinen historisch bedingten freien Zugang aus, der es prinzipiell jedem Nutzer ermöglicht, Angebote maßgeblich mitzugestalten und insofern Anliegen und Kritik zu äußern.

Angesichts solch offener Zugangs- und Partizipationschancen wurde das Internet bereits in seiner Anfangsphase von einer radikalen libertären Protestkultur genutzt, die das Netz als Instrument für ihre Kampagnen gegen den Staat und/oder Großunternehmen nutzen wollte (vgl. Castells 2001: 38-39). Diese so genannte „Gegenöffentlichkeit" entwickelt im Internet Aktivitäten zur Verbreitung von Informationen und Meinungen, um für ihre Anliegen öffentliche Aufmerksamkeit zu erhalten. Das Internet wird dabei als relativ frei zugängliches Kommunikationsforum genutzt, in dem sich Teilöffentlichkeiten aufgrund eines gemeinsamen Interesses konstituieren und für ihre Anliegen öffentliche Aufmerksamkeit und Zustimmung anstreben.

Der digitale Protest ist deshalb beinahe so alt wie das Netz selbst und keine sich plötzlich entwickelnde neue Nutzungsform um Protestpotenzial zu organisieren. Die verbesserte Informations- und Artikulationsfunktion wie auch die erleichterte Interessenorganisation wurde daher schon früh von unterschiedlichsten Protestbewegungen und kritischen Akteuren genutzt. Im Laufe der Entwicklung des Internet hat sich dabei eine Art von Netzaktivismus etabliert, der eine breite Palette an unterschiedlichsten Protestmöglichkeiten und -formen hervorgebracht hat (vgl.

Tab. 1). Die Durchsetzungsstrategien von Akteuren im Internet unterscheiden sich dabei nicht wesentlich von denjenigen außerhalb des Datenraumes. Tabelle eins zeigt Online-Strategien von Netzaktivisten, die bereits als Aktionen gegen Regierungs- und/oder gegen privatwirtschaftliches Unternehmenshandeln umgesetzt wurden bzw. werden.

Die Protestformen in Tabelle 1 machen auf die Komplexität der Online-Strategien aufmerksam, derer sich gesellschaftliche Akteure zur Durchsetzung ihrer Anliegen bedienen. In der Regel greifen sie dabei nicht nur auf eine Protestform zurück, sondern setzen einen Mix der unterschiedlichen Formen ein. Dieser Mix beinhaltet zugleich eine Verknüpfung des digitalen Protestes mit Protestaktionen im realen Raum, um so größtmögliche Aufmerksamkeit und mehr Durchsetzungspotenzial zu erzielen (vgl. Bieber 1999: 171; Medosch 2003: 267). Auch die traditionellen Massenmedien spielen in diesem Zusammenhang eine entscheidende Rolle, da sie nicht zuletzt Online-Proteste aufgrund des (noch) hohen Nachrichtenwertes thematisieren und so den öffentlichen Druck im realen Raum mobilisieren – der mitunter erst dazu führt, dass sich bspw. Unternehmen der Auseinandersetzung stellen (müssen).

Insofern unterstützt das Internet als relativ frei zugänglicher Kommunikationsraum relevante Anspruchsgruppen bei der Gewinnung öffentlicher Aufmerksamkeit und Zustimmung ihrer Anliegen und mobilisiert zur Durchsetzung der Anliegen öffentlichen Druck, indem es spezifische (krisenhaltige) Themen in unterschiedliche Öffentlichkeitsebenen trägt. Das Internet entwickelt bzw. setzt so mitunter krisenhaltige Issues, die erst später im realen öffentlichen Diskurs über die Massenmedien thematisiert werden.

| **WWW** | |
|---|---|
| **Protestform** | **Beschreibung** |
| Netstrike (auch: ‚virtuelle Sit-Ins' bzw. 'Denial-of-Service-Attacke' = Angriff zur Verweigerung des Dienstes) | Virtuelle Sitzblockade, in der in einer verabredeten Zeit möglichst viele Nutzer gleichzeitig eine Website anklicken, um mit der Masse ihrer Anfragen eine Überlastung und schließlich den Ausfall des Angebots zu erreichen. |
| Enthüllungs-Site (auch: 'Anti-Sites') | Website, die auf ein tatsächliches oder angebliches Fehlverhalten einer Person oder eines Unternehmens aufmerksam macht. |
| Protest-Site | Website, die als inhaltlicher Knotenpunkt einer Protestaktion Informationen bereitstellt sowie die Kommunikation zwischen den Teilnehmern unterstützt und die Mobilisierung der Aktionsbasis verfolgt. |
| Web-Hack (auch Web-Graffiti) | Eingriff in die Quelldatei einer Website, um den ursprünglichen Inhalt zu verändern bzw. zu manipulieren. |
| Streik-Links | Querverweise auf einer Website, die auf andere Web-Sites mit ähnlichem oder gleichem Anliegen verweist, um die Aktionsbasis zu vergrößern. |

| **E-Mail** | |
|---|---|
| **Protestform** | **Beschreibung** |
| Elektronische Kettenbriefe (auch: elektronische Protestschreiben) | Digitale Unterschriftensammlung als digitaler Protestbrief, der an den Adressaten der Protestaktion geschickt und an Bekannte zwecks Vergrößerung der Aktionsbasis weitergeleitet wird. |
| Mailing-Listen | Information und Koordination der Teilnehmer, ggf. auch Protestaufruf. |
| E-Zines, Newsletter | Digitale Protest- bzw. Streikzeitungen. |
| **News** | |
| **Protestform** | **Beschreibung** |
| Newsgroup Postings | Informationen werden in Newsgroups verbreitet. Sie dienen der Vergrößerung/Mobilisierung der Aktionsbasis. |
| Einrichtung interessen-spezifischer Newsgroups | Informationsverbreitung und -austausch über die Protestaktion in eigens für den Protest eingerichteten Newsgroups, ggf. Aufruf zum Protest. |
| **Chat** | |
| **Protestform** | **Beschreibung** |
| Chat Nachrichten | Informationen werden in Chats verbreitet. Sie dienen der Vergrößerung/Mobilisierung der Aktionsbasis. |
| Einrichtung interessenspezifischer Chats | Informationsverbreitung und -austausch über die Protestaktion in eigens für den Protest eingerichteten Chats, ggf. Aufruf zum Protest. |

*Tabelle 1*: Protestformen im Internet (Köhler 2006: 164)

### 3.2 *Netzaktivismus gegen privatwirtschaftliche Unternehmen*

Adressaten digitaler Protest-Kampagnen sind in zunehmenden Maße privatwirtschaftliche Unternehmen, die von unterschiedlichen Akteuren im Netz auf unterschiedlichste Art angegangen und kritisiert werden (können). Das Internet erweitert daher nicht nur die Kommunikationsmöglichkeiten von Unternehmen, sondern vergrößert auch deren Angriffsfläche und steigert somit die Krisenanfälligkeit. Roselieb (2001: 32), der an der Universität Kiel Fälle von Unternehmenskrisen deutscher und internationaler Unternehmen dokumentiert, stellt entsprechend fest, dass seit Mitte der 1990er Jahre fast jeder vierte erfasste Krisenfall in direkter oder indirekter Art mit dem Internet verbunden ist.

Der Protest der Akteure gestaltet sich durchaus differenziert und kann sich gegen einzelne Produkte und Dienstleistungen ebenso richten wie gegen einzelne Unternehmen oder gegen ganze Branchen. In der Literatur findet sich eine Vielzahl dokumentierter Online-Kampagnen und digitaler Proteste, die sich für das jeweils betroffene Unternehmen zu einer mehr oder weniger schweren und ernsthaften

Unternehmenskrise entwickelten (vgl. Dembowski 1999; Ehrenberg 2001; Roselieb 2002; Medosch 2003).

Die Zahl der Proteste im Internet gegenüber Unternehmen wächst stetig. So liegt bspw. die Anzahl deutschsprachiger Newsgroups, die zum Boykott von Produkten oder Unternehmen aufrufen, im oberen fünfstelligen Bereich. Unternehmenskritische Web-Sites wachsen in einem Ausmaß, dass das Internet-Portal Yahoo bereits eine eigene Kategorie („Consumer Opinion") für sie eingerichtet hat. Und in Verbraucherportalen (z. B. www.dooyoo.de; www.ciao.com) geben Konsumenten ihre subjektive Meinung über nahezu jedes Produkt und jede Dienstleistung ab. Diese Kritik sollte von Unternehmen nicht unterschätzt werden: Die Aussagen erreichen aufgrund des Wegfall räumlicher und zeitlicher Restriktionen eine große Anzahl von Konsumenten, die im Internet zudem gezielt nach derartigen Informationen suchen. Außerdem wird der Kritik eines Kunden gemeinhin ein neutraler(er) Status unterstellt, wodurch sie meist eine höhere Glaubwürdigkeit als die scheinbar interessengebundene Aussage eines Unternehmens besitzt.

Paradoxerweise ist die Kritik im Internet nicht nur verantwortlich für eine gesteigerte Krisenanfälligkeit des Unternehmens, sondern bietet dem Unternehmen gleichzeitig bessere Möglichkeiten der Krisenprävention: Denn diese sind durch das Internet zwar einem weitaus höheren Druck der Kunden ausgesetzt, können diesen allerdings – im Gegensatz zur normalen Mund-zu-Mund-Propaganda – selbst mitverfolgen. Hierdurch können Erwartungen von Anspruchsgruppen sowie krisenhaltige Sachverhalte weitaus schneller antizipiert werden. Insofern bergen Online-Proteste nicht nur Gefahren, sondern auch eine verbesserte Chance zur Früherkennung möglicher Konfliktthemen und Protestgruppen.

## 4 Der Einfluss des Internet auf die Krisenbewältigung

Das Internet steigert durch verbesserte Protestmöglichkeiten nicht nur die Krisenanfälligkeit von Unternehmen, sondern beeinflusst durch seine spezifischen Eigenschaften auch die Krisenbewältigung.

### *4.1 Erreichbarkeit relevanter Anspruchsgruppen*

Der Erfolg der Krisenbewältigung hängt nicht zuletzt von der Erreichbarkeit unternehmensrelevanter Anspruchsgruppen ab. Die Frage, welche Stakeholder über welche Medien angesprochen werden können, ist für die Krisenbewältigung deshalb zentral.

Aussagefähige Daten über die Nutzerstruktur des Internet machen deutlich, dass das Netz in mehrfacher Hinsicht eine besondere Relevanz im Krisenkontext besitzt: Sowohl die Mehrheit der deutschen Bevölkerung als auch die Mehrheit der Journalisten nutzt mittlerweile das Internet und kann darüber angesprochen werden. Angesichts des wissenschaftlichen Ursprungs des Internet nutzen darüber hinaus immer noch viele besser gebildete das Internet, ergo auch Experten aus Wissenschaft und Forschung. Gemäß Dyllicks (1992) Lebenszyklusmodell öffentlicher Anliegen besitzt die Kommunikation mit diesen Anspruchsgruppen eine besondere Relevanz im Rahmen der Krisenkommunikation, da sie es sind, die als erste Interesse an einem (strategiekritischen) Thema zeigen und die Entwicklung des Anliegens weiter verfolgen. Das Internet kann vor diesem Hintergrund einen besseren Zugang zu diesen im Krisenkontext strategisch wichtigen Gruppen und ihren Anliegen bieten.

### *4.2 Beschleunigung des medialen Kommunikationsprozesses*

Durch die globale Netzwerkstruktur werden die Dimensionen von Zeit und Raum im Internet nahezu aufgehoben, was zu einer immensen Beschleunigung des Kommunikationsprozesses führt. Angesichts der Dringlichkeit zur schnellen Reaktion und Kommunikation in Krisensituationen stellt das Internet daher eine Kommunikationsplattform zur Verfügung, auf der im Vergleich zu anderen Medien Fakten schneller und direkter vergeben werden können.

### *4.3 Veränderung des Kommunikationssystems*

Die Etablierung des Internet führt zwangsläufig zu Veränderungen im Kommunikationssystem. So weisen Studien ein erhebliches Wachstum des Medienzeitbudgtes zugunsten des Internet und zuungunsten aller klassischen Medien nach (vgl. Oehmichen/Schröter 2003: 382). Auch hat sich das Internet als wichtiges Medium für tagesaktuelle Informationen etabliert (vgl. van Eimeren/Gerhard/Frees 2004: 356). Empirischen Befunden zufolge könnte in Unternehmen E-Mail sogar andere Kommunikationskanäle wie Post oder Fax bald komplett substituieren und sich zum wichtigsten oder gar einzigen Distributionskanal in der Informationsübermittlung an Journalisten entwickeln (vgl. Köhler 2006).

Diese Entwicklungen haben auch Auswirkungen auf die Krisenkommunikation, die derartige Veränderungen zu berücksichtigen und die Kommunikationsmittel den Kommunikationsmaßnahmen entsprechend anzupassen hat. Insofern hängt die erfolgreiche Verteilung relevanter Fakten in der jeweiligen Krisensituation auch von der Berücksichtigung der zunehmenden Basis-Informationsfunktion des Internet und der gestiegenen Bedeutung der E-Mail-Kommunikation ab.

### *4.4 Verlagerung und Beschleunigung der Krisenentstehung*

Durch die relativ frei zugängliche Informations- und Artikulationsfunktion im Internet ist es prinzipiell jedem Internet-Nutzer möglich, zum Kommunikator von Inhalten zu werden. Hierdurch birgt das Internet auch krisenauslösende Tendenzen, die dazu führen, dass die Kommunikationsplattform nicht nur die Entstehung konflikthaltiger Themen stimuliert, sondern mitunter Ausgangsort von Krisen sein kann.

Die Beschleunigung des Kommunikationsprozesses trägt zusätzlich zu einer Dynamik der Issues-Entstehung bei, so dass durch das Internet eine Beschleunigung der Krisenentwicklung entsteht, die die Reaktions- und Handlungszeit der Krisenkommunikation tangiert.

## 5 Online-Kommunikation als integraler Bestandteil strategischer Krisenkommunikation

Angesichts eines zunehmenden Netzaktivismus, hierdurch entstehender potenziell krisenauslösender Tendenzen sowie einer Nutzung durch strategisch wichtige Adressaten sollte das Internet als zentrales Instrument in die strategische Krisenkommunikation integriert werden. Eine solche Integration führt durch den kommunikativen Charakter des Internet zu einer quantitativen wie qualitativen Verbesserung tradierter Krisenkommunikation. Denn im Unterschied zu anderen mediatisierten Kommunikationsformen zeichnet sich Online-Kommunikation (OK) durch bestimmte herausragende Merkmale aus: Hinsichtlich des beteiligten Personenkreises erstrecken sich die Kommunikationsbeziehungen von der one-to-one über die one-to-many bis hin zur many-to-many-Kommunikation mit synchroner oder asynchroner Kommunikationsstruktur. OK ist zudem multimedial, hypertextuell und interaktiv und hebt durch die Netzwerkstruktur die Dimensionen von Zeit und Raum nahezu auf. Die Kommunikation kann darüber hinaus globale, regionale oder lokale Reichweiten erzielen (Raumüberwindung), während die Speichermöglichkeiten der Technologie zur Überwindung von Zeit führen (vgl. Rössler 2003: 506). Dieses Anwendungsspektrum von OK wird durch die einzelnen Kommunikationsmodi des Internet respektive die Internet-Dienste charakterisiert, die unterscheidbare Funktions- und Nutzungskontexte konstituieren und jeweils unterschiedliche Kommunikationsarten ermöglichen. Je nachdem welche Kommunikationsmodi beansprucht werden, reicht das Spektrum von der einseitigen elektronischen Massenaussendung einer E-Mail über automatisierte Multiple-Choice-Clickstreams im WWW bis hin zu textbasierten Interaktionen bzw. Konversationen mit anderen Nutzern in Chats.

Aus kommunikationstheoretischer Perspektive ermöglicht das Internet daher sowohl asymmetrische wie symmetrische Kommunikationsbeziehungen, weshalb sich für Unternehmen vielfältige Möglichkeiten für die Gestaltung ihrer Krisenkommunikation ergeben. Traditionelle Krisenkommunikation, deren grundlegender Pfeiler symmetrische Kommunikation darstellt und die in diesem Sinn ursprünglich primär auf interpersonale Kommunikation angewiesen ist, kann im Internet ihre Maßnahmen entsprechend erheblich ausweiten. Auch die asymmetrischen Kommunikationsprozesse können durch das Internet ausgeweitet und zur Optimierung der unternehmenseigenen Position eingesetzt sowie zur Vorbereitung einer anzustrebenden Verständigung mit Stakeholdern angewendet werden.

Dabei ist jedoch zu berücksichtigen, dass onlinegestützte Krisenkommunikation die traditionelle Kommunikation nur unterstützen, nicht aber vollständig ersetzen kann. Die eingesetzten onlinespezifischen Maßnahmen sind daher als integraler Bestandteil einer konzeptionell-strategischen Krisenkommunikation zu verstehen, die onlinegestützte und traditionelle Maßnahmen miteinander vernetzt und aufeinander abstimmt – unerheblich davon, ob es sich um eine Krisensituation im realen oder im Datenraum handelt.

## 6 Onlinegestützte Handlungsstrategien zur Krisenbewältigung

Das Anwendungsspektrum von Online-Kommunikation bietet der Krisenbewältigung vielfältige Handlungsstrategien, die im Folgenden vorgestellt werden.

### *6.1 Darksites*

Auch wenn Krisen mitunter überraschend auftreten, sollten Unternehmen auf den Ernstfall vorbereitet sein, um in krisenhaften Situationen schnell und adäquat reagieren zu können. Zwar kann sich ein Unternehmen nicht auf alle denkbaren Krisensituationen vorbereiten, dennoch ermöglicht es der musterhafte und phasenspezifische Verlauf von Krisen, sich auf unternehmens- und branchenspezifische Krisensituationen einzustellen. Für die onlinegestützte Krisenkommunikation bedeutet dies, dass bereits im Vorfeld – also in der potenziellen Krisenphase – so genannte Darksites für den Krisenfall erstellt werden sollten.

Unter Darksites werden Websites verstanden, die für einen potenziellen Problemfall bereits erstellt, aber noch nicht freigeschaltet sind. Darksites enthalten diejenigen Informationen, die für die jeweils relevanten Anspruchsgruppen in der unterstellten Krise und dem potenziellen Krisenverlauf relevant sind (vgl. Roselieb 2002: 118; Hasse 2004: 172). Derartige Informationen können vielfältig sein und beinhalten je nach unterstelltem Krisenszenario aufbereitete Textbausteine zu unterschiedlichen Kommunikationsschwerpunkten, bspw. welche Maßnahmen das Unternehmen für Sicherheit und Umweltschutz trifft, Verhaltensregeln für Szenarien, die Gefahren für die Gesundheit von Verbrauchern bergen, Kontaktadressen, Hotline-Nummern etc. (vgl. Hoffmann 2004: 130 f.).

Beim Eintreten der antizipierten Krisensituation wird die dafür vorgesehene Darksite unverzüglich im Webangebot freigeschaltet, so dass Informationen umgehend online zur Verfügung stehen. Hierdurch kann das Unternehmen mitunter dem Verdacht entgehen, Informationen zurückhalten oder gar vertuschen zu wollen. Darksites beschleunigen daher in der entsprechenden Krise den Kommunikationsprozess und können angesichts der Dringlichkeit zur schnellen Reaktion in Krisensituationen im Vergleich zu anderen Instrumenten relevante Fakten schneller und direkter zugänglich machen. Sie entlasten darüber hinaus andere im Krisenfall stark belastete Kommunikationskanäle wie bspw. die Pressestelle.

## 6.2 *Asymmetrische Kommunikationsstrategien*

Asymmetrische Kommunikationsstrategien dienen im Rahmen der Krisenbewältigung einer Optimierung der unternehmenseigenen Position sowie der Vorbereitung einer anzustrebenden Verständigung mit relevanten Anspruchsgruppen. Derartige Handlungsstrategien drücken sich dadurch aus, dass Informationen relevanten Anspruchgruppen bereitgestellt und/oder weitergeleitet werden.

### 6.2.1 Informationsbereitstellung

Die Informationsbereitstellung erfolgt über das unternehmenseigene Webangebot, das in akuten Krisensituationen als zentrale Aktionsplattform des Unternehmens fungieren sollte. Die Plattform dient im Krisenfall einerseits als strategisches Informationssystem und andererseits als Instrument, um den Dialog mit relevanten Anspruchsgruppen zu initiieren, in dem Kontaktdaten (E-Mail-Adressen, Hotline-Nummern etc.) veröffentlicht werden. Diese Kombination von Informationsbereitstellung und Dialoginitiierung ist im Krisenfall wesentlich und entspricht in letzter Konsequenz auch den Erwartungen relevanter Anspruchsgruppen in Konfliktsituationen.

Im akuten Krisenfall besitzt das Webangebot für Unternehmen mehrfache Relevanz: Durch das Fehlen klassischer Gatekeeper kann das Informationsangebot in Inhalt, Umfang und Gestaltung selbst kontrolliert werden, wodurch unternehmenseigene Problemdefinitionen prinzipiell uneingeschränkt dargestellt werden können. Noch bevor klassische Massenmedien die Krise thematisieren, können Unternehmen Hintergrundinformationen über die kritische Situation im WWW publizieren. Informationen zum Krisenfall können so – anders als bei anderen Medien – (strategisch wichtigen) Anspruchsgruppen umgehend und unmittelbar im WWW zur Verfügung gestellt werden. Angesichts der Dringlichkeit zur schnellen Reaktion und Kommunikation in akuten Krisenphasen können im WWW relevante Fakten schneller und direkter vergeben werden. Zugleich lassen sich auch hierdurch stark belastete Kommunikationskanäle entlasten. Durch eine derart schnelle Reaktion dokumentiert das betroffene Unternehmen, dass es die krisenhaften Ereignisse ernst nimmt und signalisiert gleichzeitig Offenheit und Transparenz.

Dies setzt freilich voraus, dass die Informationen, die für die Unternehmenskrise und den potenziellen Krisenverlauf relevant sind, auch umgehend im WWW bereitgestellt werden. Denn nur so erhält das Unternehmen im akuten Krisenfall die Möglichkeit, eigene Problemdefinitionen einzubringen, noch bevor sich die traditionellen Medien der Thematik annehmen. Durch eine umgehende und umfassende Darstellung relevanter Informationen kann somit auch der Entstehung oder Etablierung einseitiger Problemdefinitionen zuungunsten des jeweiligen Unternehmens in der Öffentlichkeit vorgebeugt und der Krisenverlauf entsprechend aktiv beeinflusst werden. Um die Transparenz und Glaubwürdigkeit des Unternehmens im Krisenfall zu erhöhen, plädieren einige Autoren sogar dafür, auch kommentierte Linklisten zu produkt- oder unternehmenskritischen Websites im unternehmenseigenen Angebot zu integrieren (vgl. Kent/Taylor 1998: 328; Mickeleit 2004: 117).

Das WWW als zentrale Aktionsplattform im akuten Krisenfall hat sich in der Unternehmenspraxis bereits mehrfach bewährt: So war das Web-Angebot der Swiss Air nach einem Absturz einer ihrer Maschinen nach Modl, Sprecherin der Swiss-Air in Frankfurt, „die einzige Möglichkeit, die gesicherten Fakten weltweit, schnell und ungefiltert an die Öffentlichkeit zu geben und mit dem Ansturm der Medien fertig zu werden" (Modl 1998, nach Brandt 1998: 160). In der Literatur finden sich weitere, ähnliche Beispiele, die von den Vorteilen dieser schnellen onlinegestützten Informationsbereitstellung in akuten Krisensituationen berichten (vgl. bspw. Brandt 1998: 160).

Doch den Vorteilen stehen auch Nachteile gegenüber, die sich u. a. in der Glaubwürdigkeit unternehmenseigener Informationen niederschlagen: Denn Unternehmensnachrichten besitzen eine höhere Glaubwürdigkeit beim Rezipienten, wenn sie über die klassischen Massenmedien verbreitet werden, als wenn sie im unternehmenseigenen Web-Angebot präsentiert sind – noch dazu, wenn es sich um eine Krisensituation handelt. Im Krisenfall könnten Anspruchsgruppen zudem an der Vollständigkeit der Informationen zweifeln sowie die Informationen fehl interpretieren, was leicht zu einer Konfliktbetonung führen kann.

Dennoch bietet das WWW für eine glaubwürdige Kommunikation mit relevanten Anspruchsgruppen günstige Voraussetzungen. Denn durch die Abwesenheit journalistischer Gatekeeper erhalten Unternehmen die Möglichkeit, ungekürzte

Primärinformationen relevanten Anspruchsgruppen zu vermitteln und somit auch negative Tendenzen, welche die massenmediale Berichterstattung in Krisensituationen meist prägen, im Internet zu relativieren. Durch die Darstellung von Sachverhalten auf Unternehmensseite können Zielgruppen insofern auch Aussagen und Argumentationen miteinander vergleichen und in Beziehung setzen.

| | **Krisenbewältigung** | |
|---|---|---|
| | **Information** | **Dialoginitiierung** |
| **Inhalt** | ▪ Umfassende Hintergrundinformationen, die für die Unternehmenskrise und den potenziellen Krisenverlauf relevant sind<br>▪ Links zu unternehmenskritischen Websites | ▪ E-Mail-Adressen<br>▪ Chat-Angebote<br>▪ Telefonnummern |
| **Vorteil** | ▪ Umgehende Information<br>▪ Anspruchsgruppengerechte inhaltliche und formale Darstellung<br>▪ 24 Stunden täglich präsent<br>▪ Entlastung anderer Kommunikationskanäle<br>▪ Erreichbarkeit eines Großpublikums | ▪ Vorbereitung symmetrischer Kommunikation<br>▪ Erwartungshaltung der Anspruchsgruppen wird befriedigt |
| **Nachteil** | ▪ Glaubwürdigkeitsproblematik<br>▪ Zweifel an Vollständigkeit<br>▪ Gefahr von Fehlinterpretationen und Konfliktbetonung<br>▪ Nur aktive Internet-Nutzer erreichbar | ▪ Nur aktive Internet-Nutzer erreichbar |

*Tabelle 2*: Vor- und Nachteile der Krisenbewältigung durch die Nutzung des unternehmenseigenen Webangebots (eigene Darstellung)

### 6.2.2 Informationsaussendung

Die Informationsaussendung im Krisenfall erfolgt über den E-Mail-Dienst (vgl. den Beitrag von Riecken in diesem Band). Anders als beim herkömmlichen E-Mail-Versand sind symmetrische Kommunikationsbeziehungen hierbei jedoch nicht vorgesehen, da der informative und monodirektionale Charakter im Vordergrund steht. Obwohl die Kommunikation daher asymmetrisch verläuft, kann der Dialog mit relevanten Anspruchsgruppen aber auch hier initiiert bzw. vorbereitet werden, indem im Rahmen der Informationsaussendung Kontaktmöglichkeiten und Ansprechpartner angegeben werden.

Wie beim unternehmenseigenen Webangebot sind die Vorteile der Informationsaussendung bei der Krisenbewältigung durchaus vielfältig: Unternehmen erhalten in akuten Krisensituationen die Möglichkeit, problemeigene Informationen selbständig gestalten und kontrollieren zu können. Insbesondere durch den umgehenden und umfassenden Versand relevanter Informationen an Journalisten kann somit auch die Entstehung oder Etablierung einseitiger Problemdefinitionen und Sichtweisen zuungunsten des jeweiligen Unternehmens in den Massenmedien und insofern in der Öffentlichkeit vorgebeugt und der Krisenverlauf aktiv beeinflusst werden. Angesichts der Dringlichkeit zur schnellen Reaktion in akuten Krisensituationen können Anspruchsgruppen zudem gezielt mit relevanten Fakten kostengünstiger, aktueller und besser aufbereitet versorgt werden. Hierdurch können Unternehmen klassische Informationskanäle entlasten sowie Informationen umgehend zustellen.

Als nachteilig erweist sich jedoch, dass die unternehmenseigenen Aussagen von Anspruchsgruppen immer in Verbindung mit dem Absender interpretiert werden und eventuell auftretende Zweifel an der Vollständigkeit der Informationen daher nicht völlig ausgeschlossen werden können.

| | **Krisenbewältigung** | |
|---|---|---|
| | **Information** | **Dialoginitiierung** |
| **Inhalt** | ▪ Umfassende Informationen, die für die Krise und den Krisenverlauf relevant sind | ▪ E-Mail-Adressen<br>▪ Telefonnummern |
| **Vorteil** | ▪ Umgehende Informationszustellung<br>▪ Anspruchsgruppengerechte Darstellung<br>▪ Erreichbarkeit eines Großpublikums<br>▪ Geringe Streuverluste<br>▪ Große Aufmerksamkeit und großes Interesse auf Nutzerseite<br>▪ Kostengünstig<br>▪ Entlastung anderer Kanäle | ▪ Vorbereitung symmetrischer Kommunikation<br>▪ Erwartungshaltung der Anspruchsgruppen wird befriedigt |
| **Nachteil** | ▪ Glaubwürdigkeitsproblematik<br>▪ Zweifel an Vollständigkeit<br>▪ Gefahr von Fehlinterpretationen und Konfliktbetonung<br>▪ Nur Internet-Nutzer erreichbar | ▪ Nur aktive Internet-Nutzer erreichbar |

*Tabelle 3*: Vor- und Nachteile der Krisenbewältigung bei der Informationsaussendung (eigene Darstellung)

## *6.3 Symmetrische Kommunikationsstrategien*

Das vorherrschende Kommunikationsverständnis in der Wissenschaft wie in der Praxis geht davon aus, dass zur Lösung krisenhafter Sachverhalte ein symmetrischer Kommunikationsprozess entscheidend ist. Für die Krisenbewältigung im Internet sind hierfür Handlungsstrategien geeignet, die von Kommunikationsbeziehungen auf Einzelebene (E-Mail-Kommunikation) bis zu Kommunikationsbeziehungen auf Gruppenebene (Dialogforen) reichen.

### 6.3.1 E-Mail-Kommunikation

Beim herkömmlichen E-Mail-Versand steht der symmetrische Kommunikationsprozess im Vordergrund der Krisenbewältigung. Durch diese dialogorientierte Kommunikation stellt E-Mail in akuten Krisen eine wichtige Alternative zu tradierten symmetrischen Kommunikationsformen dar, da sie eine erheblich höhere Reichweite erzielt und hierdurch weitaus mehr Betroffene erreichen kann als die in Krisenfällen üblicherweise eingesetzte Face-to-Face-Kommunikation.

Strategische Vorteile bei der Krisenbewältigung ergeben sich im Rahmen der E-Mail-Kommunikation zudem durch den Wegfall auditiver und visueller Ausdrucksmöglichkeiten: Denn während bei Face-to-Face-Gesprächen die Wahrnehmung kategorisierender soziodemographischer Variablen das Erarbeiten möglicher Gemeinsamkeiten bisweilen erschwert, kann die E-Mail-Kommunikation durch das Fehlen derartiger (Stör)Größen den Austausch von Sachargumenten und die Erarbeitung eines Interessenausgleichs fördern und so die Möglichkeiten und Voraussetzungen einer sachlich-neutralen Konfliktaustragung schaffen. Gleichzeitig trägt die ausschließlich verschriftlichte Kommunikation dazu bei, dass sich die Kommunikationspartner über problemorientierte Sachverhalte unbefangener, ehrlicher und kritischer äußern. E-Mail kann in Krisensituationen daher zu einer offeneren und objektiveren Debatte führen sowie zur Verbesserung einer gemeinsamen Lösungsfindung beitragen.

Die Beantwortung kritischer E-Mail-Anfragen erweist sich in der Unternehmenspraxis jedoch als problematisch: Während Meyer (1997: 186) in ihrer Untersuchung die Beantwortung von E-Mail-Anfragen an Unternehmen als unzuverlässig und langwierig darstellt, weist Köhler (2005) in einer E-Mail-Response-Analyse eine geringe Dialogbereitschaft der 30 DAX-Unternehmen bei der Beantwortung von kritischen E-Mail-Anfragen nach.

Im Krisenfall sind Unternehmen aber nicht nur gefordert, schnell und adäquat auf problemorientierte E-Mail-Anfragen zu reagieren, sie sollten auch aktiv in den Kontakt und den Dialog mit strategiekritischen Anspruchsgruppen treten. Denn oftmals stehen hinter der in einzelnen Foren und Portalen geäußerten Kritik Personen, die sich vom Unternehmen oder einzelnen seiner Mitarbeiter schlecht behandelt fühlen und die durch ein proaktives und verständigungsorientiertes Kommunikationsverhalten des Unternehmens (bspw. Wiedergutmachungsangebote oder ernsthafte Entschuldigungen) bisweilen schnell zufrieden zu stellen sind (vgl. Roselieb 2002: 125 f.). Hierdurch können Krisenverläufe positiv beeinflusst, wenn nicht gar völlig gestoppt werden. Auch die Forschung bestätigt den Erfolg einer solchen aktiven Kontaktaufnahme und die damit verbundene Initiierung eines Dialogs (vgl. Schäfer 2001: 92).

Den strategischen Vorteilen, die sich durch die Nutzung von E-Mail in akuten Krisen ergeben, stehen jedoch auch Nachteile gegenüber, die aufgrund medienspezifischer Restriktionen entstehen: Durch die ausschließlich verschriftlichte und technisch-vermittelte Kommunikation wird die Gesprächssituation mitunter flüchtiger, unverbindlicher sowie störanfälliger und die Gefahr von Fehlinterpretation der Aussagen wächst. Unternehmen müssen darüber hinaus spezifische Anforderungen (bspw. organisationsstrukturelle Steuerungssysteme, adäquate Reaktionszeit, Medienkompetenz der Mitarbeiter) berücksichtigen, wenn sich die Kommunikation nicht negativ auf die Krisensituation und den Krisenverlauf auswirken soll. Denn bei unangemessener Nutzung birgt die Online-Kommunikation selbst krisenauslösende bzw. krisenintensivierende Tendenzen, weshalb eine Nutzung im Rahmen der Krisenbewältigung abzuwägen ist.

| **Krisenbewältigung** | |
|---|---|
| **Vorteile** | **Nachteile** |
| ▪ Ungefiltertes Informations- und Meinungsfeld<br>▪ Freiere und unbefangenere Meinungsäußerung der Anspruchsgruppen<br>▪ Erreichbarkeit vieler Anspruchsgruppen<br>▪ Erhöhung des Austausches von Sachargumenten<br>▪ Möglichkeit zur offeneren und objektiveren Debatte<br>▪ Geringere Hemmschwelle für Anspruchsgruppen in den Dialog zu treten<br>▪ Erleichterte Kontaktaufnahme<br>▪ Zeit- und Kostenvorteil | ▪ Flüchtigere, unverbindlichere und störungsanfälligere Gesprächssituation<br>▪ Geringere Ein- und Austrittskosten<br>▪ Schwierigkeit der Aufrechterhaltung der Kontinuität<br>▪ Ausschließlich verschriftlichte Kommunikation<br>▪ Gefahr von Fehlinterpretationen<br>▪ Nur Internet-Nutzer erreichbar |

*Tabelle 4*: Vor- und Nachteile der Krisenbewältigung durch die Nutzung von E-Mail (eigene Darstellung)

### 6.3.2 Dialogforen

Dialogforen ermöglichen Kommunikationsprozesse auf Gruppen- und Massenebene. Sie stellen bei der Krisenbewältigung ebenfalls eine wichtige Alternative zu tradierten symmetrischen Kommunikationsprozessen dar, da sie in Krisensituationen eine erheblich höhere Reichweite erzielen und zeit- und kostengünstiger zu organisieren sind als Veranstaltungen und Gruppendiskussionen, die ausschließlich auf Face-to-Face-Kommunikation beschränkt sind.

Der Vorteil von Dialogforen bei der Krisenbewältigung ergibt sich durch den Wegfall auditiver und visueller Ausdrucksmöglichkeiten sowie durch die Anonymität der Diskussionsteilnehmer: Zum einen kann durch die Wahrnehmungsbeschränkung kategorisierender sozialer Hinweise die Erarbeitung eines Interessenausgleichs zwischen Unternehmen und Anspruchsgruppen gefördert und die Möglichkeiten einer erfolgreichen Konfliktaustragung verbessert werden. Zum anderen entfällt durch die anonyme Gesprächsituation weitgehend der Konformitätsdruck, so dass sich Diskussionsteilnehmer weniger der „herrschenden Meinung" anschließen und stattdessen ihre eigene Meinung bereitwilliger und unbefangener äußern (vgl. Hiltz/Turoff 1978: 95, 106; Wiegran 2003: 18). Dies kann in Konfliktsituationen zu einer offeneren und qualitativ verbesserten Debatte führen und zur Optimierung einer gemeinsamen Lösungsfindung beitragen.

Dennoch sind Dialogforen durch die gleichen medienspezifischen Restriktionen beeinträchtigt wie die E-Mail-Kommunikation (s.o.). Erschwerend kommt für Unternehmen noch hinzu, dass die anonyme Gesprächssituation und die hierdurch nicht zu erkennende Identität der Gesprächspartner die Überprüfung der Informationsrelevanz und -authentizität beeinträchtigt. Die Ein- und Austrittskosten in und aus derartigen Diskussionen sind angesichts einer meist unpersönlichen, rein verschriftlichten Online-Kommunikation deutlich herabgesetzt, so dass der Diskurs bisweilen schwer aufrecht zu halten ist.

Grundsätzlich können zur Krisenbewältigung externe, bereits bestehende Diskussionsgruppen und/oder eigens vom Unternehmen eingerichtete Diskussionsplattformen genutzt werden.

#### 6.3.2.1 Unternehmenseigene Dialogforen

Eigens vom Unternehmen eingerichtete Diskussionsforen können entweder in das unternehmenseigene Web-Angebot integriert oder direkt in Newsforen eingerichtet werden. Die Eröffnung eines neuen Newsforums ist aber nur dann sinnvoll, wenn bisher keine Foren zu einem ähnlichen Thema bestehen, da es für Unternehmen andernfalls schwierig sein wird, Nutzer für ein neues Forum zu gewinnen.

Diskussionsforen gezielt in das bestehende Webangebot zu integrieren, bietet Unternehmen im Krisenfall die Möglichkeit, Dialogbereitschaft und Aufgeschlossenheit gegenüber anderen Meinungen zu signalisieren. Nutzern, die bspw. in Diskussionsgruppen, Online-Konferenzen oder Experten-Chats Stellung zum jeweiligen Krisenfall beziehen, können unternehmenseigene Sichtweisen entgegengesetzt werden, um sie vor einem interessierten Publikum zu verdeutlichen.

Allerdings sind die Foren keine Selbstläufer, die allein aufgrund des angebotenen Diskurses zu einer erfolgreichen Konfliktaustragung führen: Unternehmen müssen berücksichtigen, dass strategiekritische Kommunikationspartner im Rahmen eines Krisendiskurses auch Mitbestimmungsrechte erwarten. Will oder kann ein Unternehmen diese nicht gewähren, besteht die Gefahr, durch angebotene Dialogforen die Illusion einer kommunikativen Partizipation zu erzeugen, die den tatsächlich eingeräumten Beteiligungschancen nicht entspricht. Hierdurch entstehen im schlimmsten Fall neue Krisenpotenziale, da eine ggf. stattfindende Desillusionierung der Anspruchsgruppen zu einem drastischen Schwund von Glaubwürdigkeit und Transparenz führen kann, der sich schnell negativ auf die Krisensituation und den Krisenverlauf auswirken kann. Die Kommunikation birgt insofern selbst krisenintensivierende Tendenzen, weshalb eine Nutzung im Rahmen der Krisenbewältigung abzuwägen ist.

| Krisenbewältigung | |
|---|---|
| **Vorteile** | **Nachteile** |
| ▪ Freiere und unbefangenere Meinungsäußerung der Anspruchsgruppen<br>▪ Ungefiltertes Informations- und Meinungsfeld<br>▪ Erreichbarkeit vieler Anspruchsgruppen<br>▪ Erhöhung des Austausches von Sachargumenten<br>▪ Offenere und objektivere Debatte<br>▪ Zeit- und Kostenvorteil | ▪ Flüchtigere, unverbindlichere und störungsanfälligere Gesprächssituation<br>▪ Gefahr von Verallgemeinerung des Diskurses<br>▪ Geringe Ein- und Austrittskosten<br>▪ Schwierigkeit der Aufrechterhaltung der Kontinuität des Dialogs<br>▪ Ausschließlich verschriftlichte Kommunikation<br>▪ Gefahr von Fehlinterpretationen<br>▪ Erschwerte Einordnung der Kommunikation<br>▪ Beschränkte Teilnehmerzahl<br>▪ Nur Internet-Nutzer erreichbar |

*Tabelle 5*: Vor- und Nachteile der Krisenbewältigung durch die Nutzung von unternehmenseigenen Dialogforen (eigene Darstellung)

### 6.3.2.2 Unternehmensexterne Dialogforen

In akuten Krisensituationen nutzen nicht alle strategiekritischen Anspruchsgruppen eigens vom Unternehmen eingerichtete Diskussionsgruppen. Sie steuern auch andere Angebote außerhalb des unternehmenseigenen Kommunikationsbereichs an. Da Unternehmen im Krisenfall gefordert sind, aktiv in den Kontakt mit derartigen Zielgruppen zu treten, sollten sie sich auch an bereits existierenden Diskussionsgruppen beteiligen. Durch die aktive Beteiligung in bestehenden Dialogforen erhalten Unternehmen die Möglichkeit, kritische Sachverhalte oder negative Diskussionen, die sich gegen das Unternehmen, seine Produkte oder Handlungen oder gegen die ganze Branche richten, durch Einbringung eigener Sichtweisen aktiv zu steuern, um so krisenhemmend auf den Krisenverlauf einzuwirken. Hierdurch können die Voraussetzungen für eine erfolgreiche Konfliktaustragung geschaffen und ein Interessenausgleich zwischen Unternehmen und Zielgruppen gefördert werden. Dialogforen stellen daher ebenfalls eine wesentliche Komponente im Rahmen der Krisenbewältigung dar, die angesichts medienspezifisch-bedingter Problembereiche herkömmliche symmetrische Kommunikationsprozesse zwar nicht ersetzen, diese aber einleiten bzw. unterstützen können.

| **Krisenbewältigung** | |
|---|---|
| **Vorteile** | **Nachteile** |
| ▪ Freiere und unbefangenere Meinungsäußerung der Anspruchsgruppen<br>▪ Ungefiltertes Informations- und Meinungsfeld<br>▪ Erreichbarkeit vieler Anspruchsgruppen<br>▪ Erhöhung des Austausches von Sachargumenten<br>▪ Offenere und objektivere Debatte<br>▪ Vielseitigere Themendiskussion | ▪ Schwierige Ermittlung von unternehmensrelevanten Foren<br>▪ Informationsüberflutung durch unüberschaubare Anzahl an Foren<br>▪ Höherer Zeit- und Personalaufwand<br>▪ Flüchtigere, unverbindlichere und störungsanfälligere Gesprächssituation<br>▪ Gefahr von Verallgemeinerung des Diskurses<br>▪ Geringe Ein- und Austrittskosten<br>▪ Schwierigkeit der Aufrechterhaltung der Kontinuität des Dialogs<br>▪ Ausschließlich verschriftlichte Kommunikation<br>▪ Gefahr von Fehlinterpretationen<br>▪ Beschränkte Teilnehmerzahl<br>▪ Nur Internet-Nutzer erreichbar |

*Tabelle 6*: Vor- und Nachteile der Krisenbewältigung durch die Nutzung von unternehmensexternen Dialogforen (eigene Darstellung)

## 7 Fazit

Unternehmen sind durch netzspezifische Protestkulturen und einen zunehmenden Netzaktivismus krisenanfälliger geworden. Gleichzeitig können sie durch die Nutzung der unterschiedlichen Kommunikationsmodi des Internet die Instrumente ihrer Krisenbewältigung in Qualität wie Quantität erheblich ausweiten.

Vor diesem Hintergrund ist davon auszugehen, dass der Einsatz des Internet in Krisensituationen sukzessive zunehmen und dass sich das Netz mittelfristig als Standardinstrument bei der Krisenbewältigung etablieren wird.

Gegenwärtig greifen Unternehmen im Rahmen der Krisenbewältigung insbesondere bei der Umsetzung symmetrischer Kommunikationsmaßnahmen allerdings noch bevorzugt auf tradierte Kanäle wie Telefon oder Face-To-Face-Begegnungen zurück. Hinzu kommt, dass sich die Nutzung des Internet in der Unternehmenspraxis bisher umso reduzierter und weniger professionell gestaltet, je komplexer die Anforderungen bei der Umsetzung der Kommunikationsaufgaben werden (vgl. Köhler 2006).

Um die Handlungs- und Eingriffmöglichkeiten in akuten Krisensituationen nicht einzuschränken, ist jedoch ein adäquater Einsatz der Kommunikationsmittel und -medien unverzichtbar. Unternehmen sind daher im Zeitalter des Internet gefordert, netzspezifische Instrumente bei der strategischen Ausrichtung ihrer Krisenkommunikation zu berücksichtigen. Denn eine medienübergreifende Ausrichtung der Krisenbewältigung erleichtert es Unternehmen, mit strategiekritischen Stakeholdern anspruchsgruppengerechter in Kontakt treten und somit auch die akute Krisensituation zielführender abfedern zu können.

## Literatur

Bieber, Christoph (1999): Politische Projekte im Internet. Online-Kommunikation und politische Öffentlichkeit. Frankfurt am Main/New York: Campus.

Brandt, Ulrike (1998): In Sekunden zerstört. In: Wirtschaftswoche, Nr. 45, 29.10.1998, 156-160.

Castells, Manuel (2001): Internet, Netzgesellschaft. Das World Wide Web als neues technisch-soziales Paradigma. In: Lettre International, Herbst 2001, 38-44.

Dembowski (1999): Wenn Zernán Toledo die internationale Cyber-Solidarität mobilisiert. Im Internet setzen Gewerkschaften und Initiativen Multis unter Druck. In: Frankfurter Rundschau, 09.06.1999, 15.

Dyllick, Thomas (1992): Management der Umweltbeziehungen. Öffentliche Auseinandersetzungen als Herausforderung. Wiesbaden: Gabler.

Hasse, Malte (2004). Krisenraum Internet. Online-gestützte Handlungsstrategien und Instrumente zur Krisenbewältigung. In: Möhrle, Hartwin (Hrsg.): Krisen-PR. Krisen erkennen, meistern und vorbeugen. Ein Handbuch für Profis. Frankfurt am Main: F.A.Z.-Institut, 167-182.

Hiltz, Starr Roxanne/Turoff, Murray (1978): The Network Nation. Human Communication via Computer. London u. a.: Addison-Wesley Publishing Company.

Hoffmann, Petra (2004): Krisenprävention. Gefahren erkennen und Chancen ergreifen. In: Möhrle, Hartwin (Hrsg.): Krisen-PR. Krisen erkennen, meistern und vorbeugen. Ein Handbuch für Profis. Frankfurt am Main: F.A.Z.-Institut, 122-140.

Kent, Michael L./Taylor, Maureen (1998): Building Dialogic Relationships Through the World Wide Web. In: Public Relations Review, 24. Jahrgang, Nr. 3, 321-334.

Köhler, Tanja (2005): E-Mail ohne Antwort. In: Harvard Business Manager, Oktober 2005, 12-13.

Köhler, Tanja (2006a): Krisen-PR im Internet. Nutzungsmöglichkeiten, Einflussfaktoren und Problemfelder. Wiesbaden: VS Verlag für Sozialwissenschaften.

Köhler, Tanja (2006b): Onlinegestützte Krisen-PR. Ein integrativer Ansatz zur Prävention und Bewältigung von Unternehmenskrisen. In: PR Magazin, 5/2006, 55-62.

Krystek, Ulrich (1987): Unternehmungskrisen. Beschreibung, Vermeidung und Bewältigung überlebenskritischer Prozesse in Unternehmungen. Wiesbaden: Gabler.

Medosch, Armin (2003): Demonstrieren in der virtuellen Republik. Politischer Aktivismus im Internet gegen staatliche Institutionen und privatwirtschaftliche Unternehmen. In: Schulzki-Haddouti, Christiane (Hrsg.): Bürgerrechte im Netz. Bonn: Bundeszentrale für politische Bildung, Schriftenreihe Band 382, 261-306.

Meyer, Kirsten (1997): Internet und strategisches Management. Krisenabwehr durch Stakeholder-orientierte Kommunikation. Wiesbaden: Gabler.

Mickeleit, Thomas (2004): Wer gewinnt die Online-Schlacht? Krisenkommunikation in Zeiten des Internet. In: Möhrle, Hartwin (Hrsg.): Krisen-PR. Krisen erkennen, meistern und vorbeugen. Ein Handbuch von Profis für Profis. Frankfurt am Main: F.A.Z.-Institut, 115-119.

Oehmichen, Ekkehardt/Schröter, Christian (2003): Funktionswandel der Massenmedien durch das Internet? Veränderungen des Mediennutzungsverhaltens bei Onlinenutzern. In: Media Perspektiven, Nr. 8, 374-384.

Roselieb, Frank (1999): Empirische Befunde zu Frühwarnsystemen in der internen und externen Unternehmenskommunikation. In: Henckel von Donnersmarck, Marie/Schatz, Roland (Hrsg.): Frühwarnsysteme. Bonn u. a.: Innovatio Verlags AG, 85-105.

Roselieb, Frank (2001): Interview. Krisen-PR im Internet. In: Public Relations Forum 1, 32-34.

Roselieb, Frank (2002): New Crisis Communications? – Krisenkommunikation und Issues Management in der New Economy. In: Roselieb, Frank (Hrsg.): Die Krise managen. Frankfurt am Main: F.A.Z.-Institut, 104-146.

Rössler, Patrick (2003): Online-Kommunikation. In: Bentele, Günter/Brosius, Hans-Bernd/Jarren, Otfried (Hrsg.): Öffentliche Kommunikation. Wiesbaden: Westdeutscher Verlag, 504-522.

Schäfer, Annette (2001): Unberechenbar und Anarchisch. Gerüchte verbreiten sich im Internet in Echtzeit. Das macht eine neue Unternehmenskommunikation nötig. In: Wirtschaftswoche, Nr. 18, 26.04.2001, 89-92.

Wiegran, Gaby (2003): Customer Intelligence durch Online-Fokusgruppen. Diskussionen am virtuellen Tisch. In: IS-Report, 7. Jahrgang, Nr. 9, 18-19.

Witte, Eberhard (1981): Die Unternehmenskrise – Anfang vom Ende oder Neubeginn? In: Bratschitsch, Rudolf/Schnellinger, Wolfgang (Hrsg.): Unternehmenskrisen – Ursachen, Frühwarnung, Bewältigung. Stuttgart: Schäfer-Poeschel, 7-24.

# Mit strategischer Krisenevaluation zur besseren Krisenperformance

*Nanette Aimée Besson*

## 1 Einleitung

Krisenmanagement besteht nicht nur aus der Bewältigung des tatsächlichen Krisenvorfalls, z. B. einem Störfall im Werk oder dem Absturz eines Flugzeugs. Krisenmanagement umfasst alle Aktivitäten zur Vorbereitung auf eine Krise, zur aktiven Bewältigung einer Krise und die Auswirkungen der Krise in Bezug auf Reputation, Managemententscheidungen und wirtschaftliche Kosten. Die Krisenkommunikation stellt einen wesentlichen Teil des Krisenmanagements dar, der direkt von den Krisenmaßnahmen und den Managemententscheidungen abhängig ist. Zur Bewertung der Krisenkommunikation sollten daher nicht nur die Quantität und Qualität der Kommunikationsmaßnahmen, sondern der gesamte Managementprozess erfasst und bewertet werden. Nur auf diese Weise kann ein umfassendes Bild der Krise gezeichnet werden. Diese Vorgehensweise ermöglicht eine detaillierte Ursachenforschung, auf deren Basis das Krisenmanagement und die Krisenkommunikation in Zukunft optimiert werden können. Zu diesem ganzheitlichen Ansatz wird im Folgenden ein Kriterienkatalog aufgestellt mit potenziellen Faktoren, die den Verlauf und Ausgang einer Krise beeinflussen. Anschließend wird ein Projektmanagement für die Krisenevaluation skizziert. Die Schwierigkeit der Bewertung einer Krise ist Bestandteil eines weiteren Kapitels. Sämtliche Informationen und Bewertungen fließen in das standardisierte Instrument, die Krisenperformance-Analyse, ein. Mit diesem hier neu vorgestellten Instrument wird ein umfassendes Bild der Krise gezeichnet, durch das eine Stärken-Schwächen-Analyse ermöglicht wird – dadurch lässt sich das Krisenmanagement kontinuierlich verbessern.

## 2 Definitionen

Zunächst sind einige Begriffe zu definieren, damit klar wird, in welchem Zusammenhang Krisenevaluation stattfindet. Diese Begriffsbestimmungen sind hier sehr kurz gehalten, damit mehr Platz für die eigentliche Thematik der Krisenevaluation zur Verfügung steht.

### 2.1 *Krise*

Eine Krise ist per definitionem ein Bruch in einer bis dahin kontinuierlichen Entwicklung (vgl. Scharr 2006: 7 ff.). Dieser Bruch ist ungewollt und ungeplant, er verursacht chaotische Zustände und stellt für Unternehmen und Organisationen eine Existenz bedrohende Situation her[1]. Eine Krise wird durch die vermehrte öffentliche Neugierde und außergewöhnliche Medienaufmerksamkeit bewegt (vgl. Scharr 2006: 76). Damit stellen die Medien einen der wichtigsten Motoren von Krisen dar.

Ursachen von Krisen können in dem Unternehmen oder der Organisation liegen (z. B. Führungsstile, Entlassungen, Produktfehler, Störfälle) oder von außerhalb einwirken (z. B. kritische Interessengruppen, Image-Angriffe der Konkurrenz, Produktsabotage, Terrorismus). Dabei kann es sich sowohl um rational begründete Anliegen handeln als auch um irrationale Interessenskonflikte oder Meinungsverschiedenheiten (vgl. Scharr 2006: 78).

### 2.2 *Wechselbeziehung Krisenmanagement und Krisenkommunikation*

Krisenmanagement bezeichnet den systematischen Umgang mit Krisensituationen. Es beinhaltet die Identifikation und Analyse von Krisensituationen, die Entwicklung von Strategien zur Bewältigung einer Krise sowie die Einleitung und Verfolgung von Gegenmaßnahmen (vgl. Schulz 2001: 84 f.). Managementmodelle zum Thema Krise werden von Jürgen Schulz in seiner Dissertation dargestellt (vgl. Schulz 2001: 111 ff.) – an dieser Stelle wird auf diese Thematik aus Platzgründen nicht näher eingegangen.

Das Krisenmanagement umfasst sämtliche unternehmerische Tätigkeiten im Zusammenhang mit der Krisensituation. Die Kommunikation in der Krise ist ein Teilbereich dieser Tätigkeiten. Dieser Bereich spielt eine wichtige Rolle, da die Krise meist überwiegend in und durch die Medien ausgetragen wird. Auf den Zusammenhang von Krisenmanagement und Krisenkommunikation wird in diesem Sammelband mehrfach eingegangen (vgl. u. a. den Beitrag von Hofmann/Braun).

Beispielhaft für die enge Beziehung zwischen diesen Faktoren sei die folgende Situation: Als die Task Force für die A-Klassen-Krise von Daimler Benz zusammengestellt wurde, ging man von 90% Technik und 10% Öffentlichkeitsarbeit aus. Hinterher stellte der Leiter der Task Force fest, dass sich 70% der Aufgaben mit der Öffentlichkeitsarbeit befasst hatten (Töpfer 1999: 173).

---

1 Es wird im Folgenden der Einfachheit halber nur von Unternehmen gesprochen. Organisationen, Verbände und Vereinigungen sind jedoch ebenfalls Krisen ausgesetzt. Es gelten für sie dieselben Anforderungen wie für Wirtschaftsunternehmen.

### 2.3 *Strategische PR-Evaluation*

Die strategische Evaluation von PR wird definiert als die „stetige Erfassung, Bewertung und Kontrolle des PR-Prozesses, die vor, während und nach einem PR-Programm die Qualität und die Effektivität der PR-Arbeit misst" (Besson 2004: 28). PR wird in diesem Zusammenhang als Synonym zu Unternehmenskommunikation verwendet. Die Evaluation wird strategisch geplant und als Projekt organisiert und durchgeführt (vgl. Besson 2004: 87 ff.).

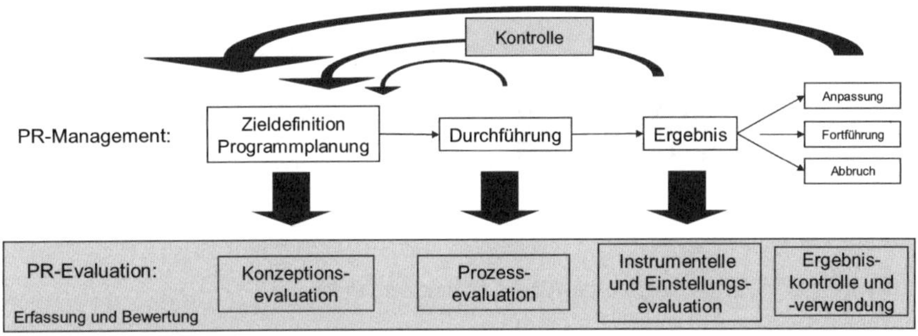


*Abbildung 1*: Strategische PR-Evaluation (Besson 2004)

PR-Evaluation soll nicht nur als abschließende Erfolgskontrolle stattfinden, sondern parallel zum PR-Managementprozess die Qualität und Effektivität der Kommunikationsarbeit erfassen und bewerten. Auf diese Weise ist eine detaillierte Ursachenforschung möglich, wenn es darum geht, die Gründe für Erfolg oder Misserfolg zu identifizieren. Dabei ist es nicht notwendig, in jedem Evaluationsprojekt alle Prozessfaktoren zu erfassen. Es wird vielmehr vorher bestimmt, welche Faktoren den Erfolg maßgeblich beeinflussen, z. B. die Arbeitsverteilung oder die Höhe des Budgets. Zu diesen relevanten Faktoren werden Informationen gesammelt und bewertet. Die anschließende Analyse der Informationen geschieht anhand eines standardisierten Evaluationssystems, der PR-Performance-Analyse.

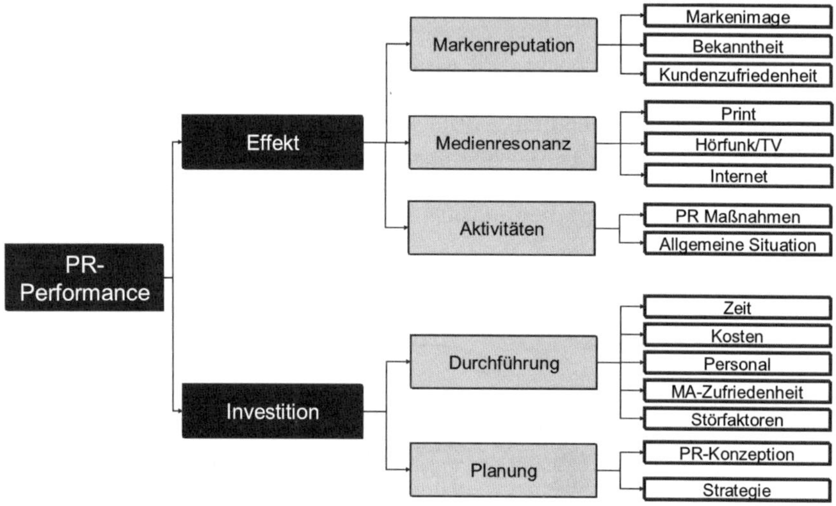


*Abbildung 2*: PR-Performance-Analyse (Besson 2004)

Die PR-Performance-Analyse verdichtet die bewerteten Informationen zu den einzelnen Prozessabschnitten der Kommunikation in quantitativen und qualitativen Kennwerten. Es entsteht eine Gesamtbewertung der Kommunikation, die die Investition in Relation zum erzielten Effekt betrachtet (vgl. Besson 2004: 208 ff.).

### 2.4 *Krisenevaluation*

Im Krisenfall ist eine kontinuierliche Evaluation, wie sie in der Normalsituation stattfinden sollte, kaum denkbar. Sofern Evaluationsinstrumente implementiert sind (z. B. Medienbeobachtung), laufen diese natürlich weiter und erfassen wertvolle Informationen zum Krisenverlauf. Andere Informationen können hingegen nur sporadisch gesammelt werden, da in der akuten Krisensituation alle Ressourcen und Aktivitäten mit der Krisenbewältigung beschäftigt sind.

Ebbt die Krise jedoch ab, so ist der Zeitpunkt gekommen, an dem das Kommunikationsteam sich mit der Analyse der Krise beschäftigen kann und sollte. Denn aus jeder Krise können wertvolle Hinweise auf die Optimierung der Kommunikation gezogen werden, damit auf solche Situationen in der Zukunft besser reagiert wird (Lambeck 1992: 178). Das funktioniert aber nur, wenn die Situation eingehend beschrieben und analysiert wird.

Strategische Krisenevaluation ist die abschließende quantitative und qualitative Erfassung und Bewertung des gesamten Krisenmanagements, von der Prävention über die Prozesse und Krisenbewältigung bis hin zum Krisenresultat.

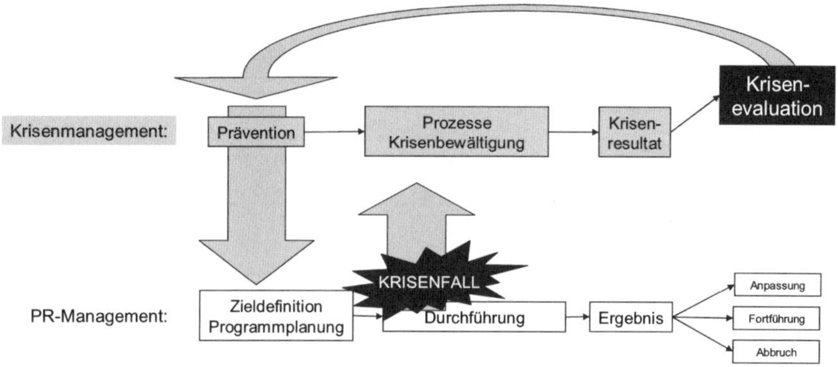


*Abbildung 3*: Strategische Krisenevaluation (eigene Darstellung)

Das Krisenmanagement verläuft parallel zum normalen Kommunikationsprozess – wie eine Zweitwelt, die nur im Ausnahmefall aktiviert wird; in der Praxis z. B. in Form eines eigenen Raumes für den Krisenstab.

## 3 Erfolgsfaktoren von Krisenmanagement

Krisenevaluation ist die Erfassung und Bewertung der erfolgsrelevanten Faktoren des Krisenmanagements. Dafür stellt sich die Frage, welche Prozessfaktoren den Verlauf und den Ausgang einer Krise beeinflussen. Diese Faktoren sind nur zum Teil durch das Management zu steuern. Sie relativieren aber den Erfolg des Krisenmanagements und sind daher in die Gesamtbetrachtung zu integrieren.

Ausgangspunkt dieser Analyse ist der Prozess des Krisenmanagements, der in seine Einzelteile zerlegt wird: Prävention, Prozesse und Krisenbewältigung als Faktoren der Investition ins Krisenmanagement auf der einen Seite, der Krisenfall und die Auswirkungen der Krise als Effekt des Ganzen auf der anderen Seite. Die Auswirkungen sind unterteilt in Veränderungen der Reputation des Unternehmens in Medien und Öffentlichkeit, in Managementveränderungen und in die wirtschaftlichen Kosten der Krise. Diese Bestandteile summieren sich auf zur Gesamtbetrachtung einer Krise. Die Krisenkommunikation ist Bestandteil der Krisenbewältigung.

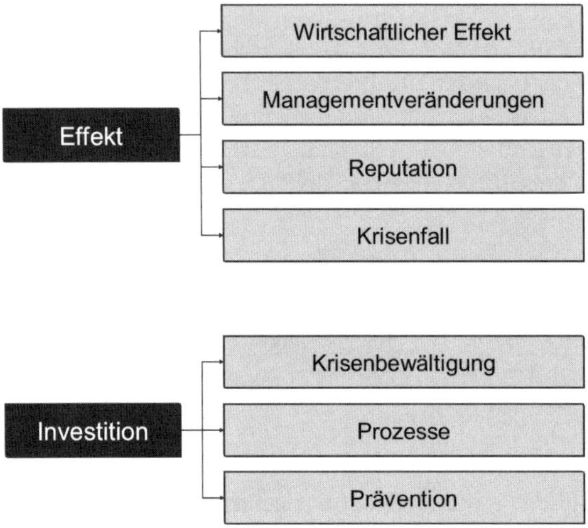


*Abbildung 4:* Faktoren, die den Erfolg von Krisenmanagement beeinflussen (eigene Darstellung)

Zu jedem dieser Faktoren gibt es Qualitätsmaßstäbe, die dieses Buch eingehend aufzeichnet und behandelt. Daher werden sie an dieser Stelle nicht im Detail erläutert. Zum besseren Verständnis werden die Einzelfaktoren jedoch kurz dargestellt. Für die Evaluation der Krise ist jeweils die Frage zu stellen, ob in welcher Qualität dieses Kriterium Berücksichtigung findet.

### *3.1 Prävention*

Auf dem Krisenkommunikationskongress in Ilmenau stellten die Teilnehmer fest, dass „die Relevanz von Krisenprävention vielfach erkannt, jedoch kaum tatsächlich implementiert wird. Krisenkommunikation wird zumeist erst dann in Organisationen institutionalisiert, wenn sie selbst eine schwere Krise erlebt haben“ (Poster Arena 1, Krisenkommunikationskongress 2006). Als Gründe werden fehlende finanzielle und personelle Deckung, die enorme Anzahl der zu beobachtenden Issues, die geringe Relevanz von Krisenkommunikation im Unternehmen und eine mangelnde „Fehlerkultur“ im Unternehmen angenommen. Die Messbarkeit des Erfolgs von Krisenprävention sei nur bedingt möglich (vgl. Poster Arena 1, Krisenkommunikationskongress 2006). Eine Bewertung dieser Faktoren ist schwierig, da ein objektiver Maßstab fehlt. Die Schwierigkeit bei der Wahl des angemessenen Maßstabs wird im Kapitel 5 dieses Artikels ausführlich dargestellt. Die Evaluation der Prävention im Unternehmen umfasst daher zunächst die Beschreibung der einzelnen Maßnahmen. Faktoren der Prävention sind Frühwarnsysteme, Qualitätssicherungssysteme, Schaffung von Vertrauen und Glaubwürdigkeit, das Krisenhandbuch und das Krisentraining.

### 3.1.1 Frühwarnsysteme

Frühwarnsysteme (vgl. den Beitrag von Fischer-Appelt in diesem Band) identifizieren zum einen potenzielle Risiken des jeweiligen Unternehmens (Risiko Management) im Vorfeld und beobachten zum anderen aufmerksam aktuelle Themen in Öffentlichkeit, Medien und Politik (Issues Management). Zur Krisenevaluation stellt sich die Frage, ob es ein Frühwarnsystem im Unternehmen gibt und ob es das Umfeld ausreichend beobachtet. Weiterhin ist wichtig, ob potenzielle Risiken und relevante Themen identifiziert, beobachtet und berücksichtigt worden sind. Als Instrumente für das Frühwarnsystem können eine kontinuierliche Medienbeobachtung, eine Online-Analyse von Weblogs und Meinungsforen oder Experteninterviews dienen. Datenbanken, Rechtsurteile und das Verhalten der Mitbewerber können ebenfalls Hinweise auf kritische Themen oder sich wandelnde Werte geben.

### 3.1.2 Qualitätssicherungssysteme

Qualitätssicherungssysteme wie Total Quality Management oder Six Sigma dienen der kontinuierlichen Verbesserung von Prozessen und Produkten. Sind diese Systeme im Unternehmen installiert, können dadurch Krisen vermieden werden. Für die Evaluation bietet die Beschreibung der Vorfälle und Projekte einen Einblick in die Leistungen der Systeme.

### 3.1.3 Vertrauen und Glaubwürdigkeit

Ein langfristig verantwortungsvolles Verhalten des Unternehmens zahlt sich im Vertrauen der relevanten Stakeholdergruppen und der Glaubwürdigkeit des Unternehmens aus. Das „Guthaben“ an Vertrauen, das z. B. Journalisten dem Unternehmen entgegen bringen, erweist sich direkt als nützlich in der Behandlung empfindlicher Themen und Vorfälle. Die Glaubwürdigkeit eines Unternehmens ist ein Gut, das nicht zu kaufen ist, sondern nur durch kontinuierlich ehrliches Verhalten zu pflegen ist. Das Feld der „Corporate Social Responsibility" (CSR) und der unternehmerischen Nachhaltigkeit sind Komponenten, die in diese Werte einzahlen.

Die Beschreibung der Aktivitäten zur CSR und zur Nachhaltigkeit ist ein erster Schritt, um zu zeigen, wie das Unternehmen Krisenprävention praktiziert.

#### 3.1.4 Krisenhandbuch

Ein durchdachtes Krisenhandbuch gibt für den Ernstfall detaillierte Anleitungen und Informationen zu Abläufen, Ansprechpartnern, Zuständigkeiten und anderen Faktoren der Krise. Dadurch wird das Krisenverhalten gesteuert. Zum Aufbau von Krisenhandbüchern gibt es in der Literatur zahlreiche Hinweise und Checklisten, die bei der Bewertung des Handbuches angewendet werden können (z. B. Herbst 1999).

#### 3.1.5 Krisentraining

Regelmäßiges Krisentraining stellt sicher, dass die Theorie des Krisenhandbuches auch in der Praxis funktioniert. Das Krisentraining ist zu teilen in Grundlagentraining (Kommunikation, Teambildung), Theorie (Planung, Gestaltung und Sensibilisierung) und Praxisübungen (Krisenfall üben, Medientraining). Für die Bewertung des Krisentrainings ist mit dem Management ein Maßstab zu vereinbaren, wer was wie häufig trainieren sollte.

### *3.2 Prozesse*

Die Reibungslosigkeit der Zusammenarbeit ist im Krisenfall nicht immer gegeben. Im Bereich „Prozesse" werden die Faktoren Organisation und Ressourcen dargestellt.

#### 3.2.1 Ablauforganisation

Die Ablauforganisation stellt den Verlauf der Durchführung dar. Die Planmäßigkeit der Abläufe wird untersucht, Abweichungen vom Krisenplan dokumentiert und eventuell in Klassen bewertet (z. B. schwerwiegend/leichte Abweichungen/nicht relevant).

### 3.2.2 Ressourcen

Unter dieser Kategorie werden die zur Verfügung stehenden Ressourcen aufgestellt: Zeit, Kosten, Personal/Krisenstab, Technik und Budget sind Eckpfeiler des Krisenmanagements und der Krisenkommunikation. Sämtliche eingesetzten Ressourcen sind unter dieser Kategorie zu dokumentieren. Es wird bewertet, ob die Ressourcen in Quantität und Qualität ausreichend waren, um die Krise zu bewältigen.

## *3.3 Krisenbewältigung*

Die Krisenbewältigung beschreibt das faktische Krisenmanagement: die Maßnahmen, die vom Unternehmen eingeleitet wurden, um die Krisensituation abzuwenden und die interne und externe Kommunikation, die diese Maßnahmen bekannt machen.

### 3.3.1 Krisenmaßnahmen

Die Krisenmaßnahmen stellen die Managemententscheidungen zur Begegnung der Krise dar, sowohl die generelle Strategie als auch die einzelnen Maßnahmen: z. B. Wird ein Produktrückruf durchgeführt? Werden Entschädigungen gezahlt? Im Krisenfall muss sofort reagiert werden, da sonst ein Wettlauf gegen die Zeit beginnt. Die Schnelligkeit der Reaktion eines Unternehmens ist ein wichtiges Indiz für gutes Krisenmanagement.

Für die Evaluation werden in dieser Kategorie sämtliche Krisenmaßnahmen aufgelistet. Die generelle Strategie wird dargestellt und in Bezug auf die Wirksamkeit der Krisenbewältigung bewertet. Dabei kann die subjektive Meinung der Unternehmensleitung eine ganz andere Bewertung zu Tage bringen als die objektive Beurteilung durch einen unabhängigen Experten wie z. B. einen externen Berater. Der Grad der Kritikfähigkeit entscheidet letztlich über den Grad der Offenheit bei der Beurteilung des eigenen Verhaltens.

### 3.3.2 Interne und externe Krisenkommunikation

Die Krisenkommunikation ist ein wichtiger und leitender Bestandteil des Krisenmanagements. Die interne und die externe Kommunikation sind zu unterscheiden. Die Aktivitäten in beiden Bereichen werden detailliert beschrieben. Die Beurteilung betrifft in erster Linie die Qualität: Wurden die Maßnahmen gemäß Berufsstandard durchgeführt? Das sei z. B. für Pressemitteilungen der Nachrichtenwert der Meldung, für Pressekonferenzen das Know-how der Referenten. Als Evaluationsinstrumente bieten sich Checklisten an, die zahlreich veröffentlicht wurden (z. B. Besson 2004; Herbst 1999).

Die Beurteilung der Quantität (Wurde ausreichend externe bzw. interne Kommunikation betrieben?) ist schwierig, da es keine objektiven Vorgaben gibt, wie viel Kommunikation „gut" ist. Eine Möglichkeit, die Quantität der Information zu bewerten ist es, die Zielgruppen anschließend zu befragen, ob sie sich ausreichend informiert gefühlt haben. Je nach Thematik und Beziehung zu diesen Zielgruppen kann eine solche Befragung allerdings schwierig bis undenkbar sein, gerade nach Krisensituationen.

### *3.4 Krisenfall*

Unter dieser Rubrik werden die Vorgänge vom Auslöser der Krise bis zum „Ende" der Krise – sofern ein Ende zu benennen ist – beschrieben. Eine Bewertung kann in Form von der Einstufung der Krise und des Verlaufs geschehen, z. B. welche Bedrohung von der Krise ausging: Bedrohung für Menschenleben, Existenz des Unternehmens, Unternehmenserfolg, Erfolg einer Person. Der Verlauf der Krise ist ebenfalls zu beschreiben. Das kann in grafischer Form oder Textform geschehen, in Form einer Aufzählung der Ereignisse oder lediglich einem Statement zur Dauer und Einschätzung der Brisanz der Krise (vgl. Klenk 1989).

Der Krisenfall und der Krisenverlauf sind nur ansatzweise durch das Krisenmanagement zu steuern, sie haben aber maßgeblichen Einfluss auf den Erfolg des Managements. Daher werden sie in diesem Zusammenhang zur Relativierung des Erfolgs des Krisenmanagements hinzugezogen.

### *3.5 Reputation*

Die Reputation wird in diesem Zusammenhang als Synonym für die Begriffe Einstellung und Image verwendet. Die Reputation eines Unternehmens spiegelt sich in Medienberichten und in der Einstellung, die die relevanten Zielgruppen gegenüber dem Unternehmen haben, wider. Die Einstellung setzt sich zusammen aus der

Meinung, dem Wissen, den Emotionen und dem Verhalten der relevanten Zielgruppen in Bezug auf das Unternehmen (vgl. Besson 2004). Die Reputation eines Unternehmens wird langfristig aufgebaut. Sie stellt in der Gesamtheit ein relativ stabiles „Gebäude“ dar. Im Krisenfall kann eine hohe Reputation zwar einen Schaden erleiden, aber sie wird nicht völlig verloren gehen (vgl. Krisenfälle von Coca-Cola, Tylenol etc. bei Scharr 2006).

### 3.5.1 Medienreputation

Wichtige Basis der Krisenevaluation ist die Medienresonanz, die vor, während und nach dem Krisenfall veröffentlicht wurde (vgl. Herbst 2003: 10). Dabei sind nicht nur Printmedien zu betrachten, sondern auch TV, Radio und Internetmedien. Die Analyse der Berichte sollte überwiegend inhaltlich angelegt sein. Fragestellungen können sein: Wurden Inhalte und Sprache aus Pressemitteilungen übernommen? Welche bewertenden Aussagen wurden gemacht? Wurde die Glaubwürdigkeit des Unternehmens bezweifelt?

Quantitative Faktoren der Medienerfassung sind vor allem Anzahl und Auflage der Berichte, Medienart und regionale Verteilung. Es kann ebenfalls interessant sein, kritische Journalisten und im Zusammenhang mit der Krise zitierte Personen heraus zu filtern. Weitere Aspekte der Medienanalyse finden sich bei Herbst (1999: 98 ff.).

### 3.5.2 Zielgruppeneinstellung

Die Meinung, das Wissen, die Emotionen und das Verhalten der relevanten Zielgruppen sind Bestandteile dieser Kategorie. In der Praxis wird die Reputation oft in Form von Marktforschung für den Bereich Marketing ermittelt: gestützte und ungestützte Bekanntheit, Kundenzufriedenheit und Markenimage sind untersuchte Objekte. Zur Krisenevaluation nutzen diese Befragungen jedoch nur, wenn sie bereits vor der Krise mindestens einmal durchgeführt wurden, damit ein Vorher-Nachher-Vergleich angestellt werden kann. Eine offen zugängliche Quelle für Meinungen stellen Weblogs und Meinungsforen dar. Sie repräsentieren allerdings nicht die allgemeine öffentliche Meinung.

Die Meinung ist das subjektive „Dafürhalten“ einer Person. Es ist nicht wahrheitsgebunden, kann aber das Verhalten maßgeblich beeinflussen. Das Wissen ist objektiv abfragbar. Es stellt jedoch auch nicht allein die Verhaltensentscheidung her. Die Emotionen stellen subjektive Prädispositionen gegenüber einem Unternehmen dar. In einer Krisensituation spielen Emotionen eine wichtige Rolle. Menschen reagieren unter diesen Umständen nicht rational vernünftig, sondern sind am eigenen Leib betroffen und dementsprechend emotional aufgebracht. Emotionen erklären so manchen irrationalen Verlauf einer Krise – trotz professioneller Krisenkommunikation (vgl. Poster Arena 2, Krisenkommunikationskongress 2006). Das Verhalten der relevanten Personen und Gruppierungen ist das objektiv beobachtbare Resultat einer Krise. Das Verhalten der Zielgruppen im Krisenfall kann z. B. Protestmärsche, Flugblattaktionen und andere Protestaktionen bedeuten. Das Vermeiden solcher öffentlichkeitswirksamer Aktionen ist als Erfolg zu werten, jedoch selten nachzuweisen.

### *3.6 Managementveränderungen*

Durch die Krise sind vielleicht Schwachstellen im Management, in der Organisation oder der Kommunikation aufgefallen, die anschließend verändert werden. Dies kann z. B. Standortentscheidungen betreffen, oder Preis-, Produkt- oder Distributionspolitik, oder personelle Entscheidungen. Veränderungen können auch bedeuten, dass das Unternehmen vertrauensfördernde Maßnahmen ergreift, z. B. einen Verein oder eine Initiative gründet, eine Nachbarschaftszeitung ins Leben ruft oder durch Sponsoring langfristig Vertrauen aufbaut.

Diese Veränderungen werden meist erst nach der Krise entschieden und getätigt. Sie gehören jedoch zur Gesamtbewertung der Krise (vgl. Born 2002). Alle Veränderungen sind unter dieser Kategorie zu erfassen, in Quantität und Qualität.

### *3.7 Wirtschaftliche Bilanz*

Die wirtschaftliche Bilanz der Krise umfasst die finanziellen Auswirkungen der Krise und der Krisenbewältigung. Die Kosten für das Krisenmanagement (z. B. Krisenkommunikation), die direkte Krisenbewältigung (z. B. Produktrückruf, Reparaturen), sowie entstandene Umsatzverluste und – sofern bezifferbar – Markenwertverluste sind Bestandteile dieser Kategorie.

## 4 Projektmanagement für die Krisenevaluation

Die Zerlegung des gesamten Krisenprozesses in seine Einzelteile ist die Voraussetzung für die Erfassung und Bewertung der Krise. Die Sammlung von Informationen zu jedem Prozessteil stellt die erste Herausforderung dar. Zum Einen sind die Informationen nicht immer leicht zu finden, zum Anderen stellt diese Sammlung bereits einen nicht zu unterschätzenden Zeitaufwand dar, einen der Hinderungsgründe für die Krisenevaluation: Nach einer überstandenen Krise ist es doch in der

Praxis das primäre Ziel, die laufende Kommunikationsarbeit wieder aufzunehmen und den Normalzustand schnell wieder herzustellen. Daher ist es unumgänglich, für die Analyse der Krise eigens eine Person zu bestimmen, die die Datensammlung organisiert und die Zusammenfassung der Informationen überwacht. Die Krisenevaluation braucht einen Projektrahmen: einen Plan, einen Manager, ein Instrument und ein Berichtwesen. Diese Forderung nach Projektmanagement in der Evaluation stellte die Autorin bereits im Rahmen der kontinuierlichen PR-Evaluation (vgl. Besson 2004: 87 ff.).

Die Krisenevaluation selbst wird als strategisches Projekt organisiert: mit Ziel, Zeitrahmen und Organisation.

Elemente des Projekts:

- **Manager: Evaluationsmanager**
  Projektleiter und Organisator
- **Plan: Strategischer Evaluationsplan**
  Definition der Ziele der Evaluation
- **Werkzeug: Krisenperformance-Analyse**
  Instrument zur strukturierten Datenerhebung und -auswertung
- **Berichtwesen: Krisenbericht**
  Dokumentation des gesamten Projekts

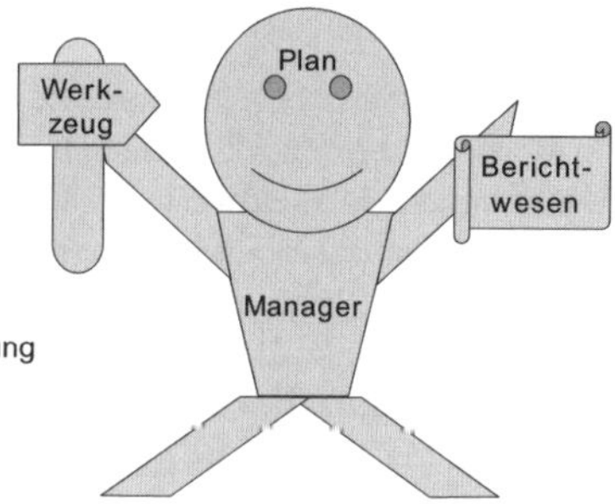


*Abbildung 5*: Krisenevaluation als Projekt (eigene Darstellung)

Der Evaluationsmanager ist Projektleiter. Er organisiert die Datensammlung, überwacht die Bewertung und kommuniziert anschließend die Ergebnisse. Er informiert die beteiligten bzw. betroffenen Stellen und hält den Kontakt zur Unternehmensleitung. Der Evaluationsmanager muss unabhängig und objektiv sein.

Im Evaluationsplan wird festgelegt, welche Faktoren der Krise zu analysieren sind, d. h. welche Einzelteile des Prozesses für so relevant erachtet werden, dass Informationen dazu gesammelt und bewertet werden. Auch der organisatorische Rahmen ist dort festzuhalten. Der Evaluationsplan wird zusammen mit den betroffenen Abteilungsleitern erstellt.

Als Werkzeug der Krisenevaluation dient die Krisenperformance-Analyse, die im Kapitel 6 dargestellt wird. Mit Hilfe des Werkzeugs werden die gesammelten Informationen strukturiert und zusammengefasst, so dass ein Gesamturteil ermöglicht wird.

Im Bericht sind die Vorgehensweise und die Ergebnisse darzustellen, so dass die Evaluation nachvollziehbar wird. Es ist wichtig, dass die Vorgehensweise transparent und verständlich ist, damit die Schlussfolgerungen der Krisenevaluation anerkannt werden.

## 5 Problematik der Bewertung

Die Bewertung und Zusammenfassung der gesammelten Information stellen die größte Herausforderung der Krisenevaluation dar. Aus der Darstellung der einzelnen Prozesskomponenten wurde bereits ersichtlich, dass für viele Bereiche kein objektiver Bewertungsmaßstab existiert. Es stellt sich die Frage, was als „exzellent" anzusehen ist und wie die Bewertung abzustufen ist.
Zur Bewertung wird ein Maßstab benötigt. Dieser kann einen unterschiedlichen Ursprung haben:

1. Vorher definierte SOLL-Werte (z. B. Umsatzziele, Reichweitenziele)
2. Erfahrungswerte (z. B. Vergleich mit den Vorjahreswerten)
3. Umrechnung in Geldwerte (z. B. Anzeigenäquivalenzpreis oder was hätte die Kommunikationsarbeit bei einer Agentur gekostet?)
4. Standardisierte Instrumente (z. B. Checklisten für Pressekonferenzen)
5. Expertenurteile (z. B. Jurys von Wettbewerben)
6. Benchmarking (z. B. Prozess-Vergleich mit Mitbewerbern)
7. Sonderfall: qualitative Bewertung von nicht quantitativen Daten (z. B. Beurteilungen von Texten, Vorträgen, Darbietungen, Stimmungen)

Diese Bewertungsmöglichkeiten können auch in Kombination angewendet werden, so dass sowohl quantitative Werte zur Krisenbewertung zur Verfügung stehen als auch inhaltliche Bewertungen. Die Art der Bewertung ist im Einzelfall in enger Zusammenarbeit mit dem betroffenen Team, der Abteilungsleitung und der Geschäftsführung abzustimmen, da die Anerkennung der Ergebnisse von der Anerkennung des Bewertungsmaßstabs abhängt.

### *5.1 Bewertung anhand von vorher definierten SOLL-Werten*

Die Bewertung mit Hilfe von vorher definierten SOLL-Werten ist die einfachste: Es kann klar gesagt werden, ob die Zielwerte erreicht oder eingehalten wurden oder nicht. Außerdem kann bewertet werden, zu welchem Grad die Zielwerte erreicht wurden. Im Falle der Krisenevaluation wird es allerdings kaum SOLL-Werte geben. Zum einen fehlt es an vergleichbaren Kennzahlen, da selten eine standardisierte Krisenevaluation betrieben wird. Zum anderen hat jede Krise einen anderen Ursprung, so dass die Vergleichbarkeit von SOLL-Werten nicht immer gegeben ist.

### *5.2 Bewertung anhand von Erfahrungswerten*

Ein Vergleich mit Erfahrungswerten lässt sich nur dann vollziehenr, wenn kontinuierlich Daten gesammelt wurden, für den Normalzustand ebenso wie für vergangene Krisen. Es wäre eine wiederholte Krisenevaluation mit derselben Systematik notwendig. Ein solcher Vergleich kann sich dann z. B. auf Abläufe, Reaktionsschnelligkeit und Medienresonanz beziehen. Dabei ist die Vergleichbarkeit der Krisen ebenfalls zu prüfen.

### *5.3 Bewertung anhand von Geldwerten*

Die Umrechnung in Geldwerte stellt einen Behelfswert dar, der bei der Argumentation für mehr Budget sehr nützlich sein kann: Gerade bei internen Kommunikationsabteilungen kann es beeindruckend zeigen, welchen Wert die Leistungen der Mitarbeiter haben, wenn der Gegenwert der Arbeit in Agenturhonoraren aufgestellt wird. Auch der Werbeäquivalenzwert, der den hypothetischen Anzeigenpreis eines redaktionellen Beitrags darstellt, ist zwar nicht wirklich äquivalent – redaktionelle Beiträge haben eine höhere Überzeugungskraft –, aber er ist ein dankbarer monetärer Wert, der den „Erfolg" der Pressearbeit beeindruckend darstellt. Für die Krisenevaluation wäre die Umrechnung der investierten Zeit in Stundenhonorare eine Möglichkeit, die Investition zu quantifizieren. Im Gegenzug müsste z. B. die Medienresonanz in Äquivalenzpreise umgerechnet werden. Dabei ist allerdings fraglich, mit welchem (negativen) Faktor eine kritische Berichterstattung zu berücksichtigen ist. Die Kosten für Reparaturen und den Umsatzausfall oder ein eventueller Aktienkursverlust können ebenfalls als Kosten beziffert werden. Es ist allerdings immer zu berücksichtigen, dass die reine Quantifizierung in monetäre Werte keine qualitative Aussage bietet: Die Erklärungen von Eigenschaften, Begleitumständen, herausragenden Ereignissen und eventuellen Ursachen gehen bei einer kompletten Monetarisierung verloren.

### *5.4 Bewertung anhand von standardisierten Instrumenten*

Standardisierte Checklisten werden in der Kommunikation (noch) selten zur Bewertung genutzt. Dabei ist es gerade für die Sicherung eines Branchenstandards von großem Nutzen, einen Qualitätsstandard durch anerkannte Checklisten zu verlangen. Die Zertifizierung von PR-Ausbildungsinstituten ist ein erster Schritt in diese Richtung. Es gibt weitere Ansätze, zentral verfügbare Checklisten online zur Verfügung zu stellen. Bis dahin sind für die Krisenevaluation die Checklisten einzelner Autoren zu verwenden, z. B. zum Aufbau eines Krisenhandbuches (vgl. Herbst 1999).

### *5.5 Bewertung anhand von Expertenurteilen*

Expertenurteile zur Krisenevaluation in Form von Wettbewerben zu Krisenkommunikation oder Krisenmanagement werden in Deutschland noch nicht ausgeschrieben. In den USA gibt es einen PR-Wettbewerb von dem Portal PR-News, in dem die Kategorie Krisen-PR ausgezeichnet wird (vgl. PR-News online). Ansonsten gibt es dort auch allgemeine Wettbewerbe zum Krisen- und Risikomanagement, z. B. für das Gesundheitswesen. Als Experte könnte aber auch ein PR-Berater mit ausgewiesener Krisenexpertise dienen. Seine Kompetenz und seine Bewertung der Krisenabläufe und des Ergebnisses müssen dann allerdings von den beteiligten Personen uneingeschränkt akzeptiert werden.

### *5.6 Bewertung anhand von Benchmarking*

Ein Benchmarking ist im Bereich der Unternehmenskommunikation noch nicht etabliert. Dabei kann Benchmarking heißen, dass ähnliche Krisen innerhalb einer Branche verglichen werden oder Bestandteile des Krisenprozesses über verschiedene Branchen hinweg. Dafür fehlt es bisher an einem einheitlichen Instrumentarium zur Krisenevaluation und an der Bereitschaft und Offenheit, Krisenmanagement zu vergleichen.

### *5.7 Sonderfall: qualitative Bewertung von nicht quantitativen Daten*

Ein Sonderfall stellt die qualitative Bewertung von Daten dar. Qualitative Daten sind sehr wertvoll zur Identifikation von Stärken und Schwächen im Krisenprozess. Die Art der Beurteilung einzelner Faktoren und die Zusammenfassung von inhaltlichen Daten sind jedoch mit Vorsicht zu vollziehen. Gütekriterien sind Maßgaben, die die Relevanz und Güte der Bewertungen sichern. Es gibt für qualitative Daten ebenso Gütekriterien wie für quantitative Daten, die nach Reliabilität, Validität und Standardisierung bewertet werden (vgl. Clauß/Ebner 1992). Qualitative Gütekriterien sind die Verfahrensdokumentation, die argumentative Interpretationsabsicherung, die Regelgeleitetheit, die Nähe zum Gegenstand, die kommunikative Validierung und die Triangulation (vgl. Mayring 1996).

- Die Verfahrensdokumentation: Das Verfahren muss genau dokumentiert werden, gerade weil in der qualitativen Forschung die Methoden nicht so standardisiert sind wie in der quantitativen Forschung. Es gibt mehr Interpretations- und Handlungsspielraum.
- Die Argumentative Interpretationsabsicherung: Da Interpretationen in der qualitativen Forschung sehr wichtig sind, sie aber nicht „nachrechenbar" sind, müssen sie detailliert, logisch, lückenlos und sinnvoll argumentativ begründet werden.
- Die Regelgeleitetheit: Qualitative Forschung muss zwar offen gegenüber ihrem Gegenstand sein, aber nicht unsystematisch. Sie soll sich an bestimmte Verhaltensregeln halten und systematisch ihr Material bearbeiten.
- Nähe zum Gegenstand: Qualitative Forschung geht so nah wie möglich an das beforschte Subjekt heran.
- Kommunikative Validierung: Die Gültigkeit der Ergebnisse und Interpretationen können überprüft werden, indem sie den Beforschten vorgelegt und mit ihnen diskutiert werden.
- Triangulation: Die Verbindung mehrerer Analysegänge (unterschiedlicher Datenquellen, Methoden) vergrößert die Qualität der Forschung.

*Abbildung 6*: Gütekriterien der qualitativen Sozialforschung (Mayring 1996: 119 ff.)

Wird auf die Einhaltung dieser Gütekriterien geachtet, so sind qualitative Bewertungen aussagekräftig und stichhaltig. Zudem bieten sie direkte Handlungsempfehlungen zur Optimierung des Krisenmanagements.

## 6 Die Krisenperformance-Analyse

In der Krisenperformance-Analyse fließen alle gesammelten Informationen zur Krise und zum Krisenverlauf zusammen. Die Datenverdichtung geschieht in erster Linie qualitativ, da kaum quantitative Daten zur Verfügung stehen. Es ist eine wesentliche Eigenschaft der Performance-Analyse, dass auf eine Quantifizierung der Informationen verzichtet wird und qualitative Bewertungen in Textform zugelassen sind. Die Zusammenfassung und Bewertung ist eng mit den verantwortlichen Krisenmanagern und ihren Vorgesetzten abzustimmen. Ziel ist es, die Stärken und Schwächen herauszuarbeiten und hervorzuheben. Diese Stärken- und Schwächenanalyse bietet dann direkte Handlungsempfehlungen wie das Krisenmanagement in Zukunft zu optimieren ist.

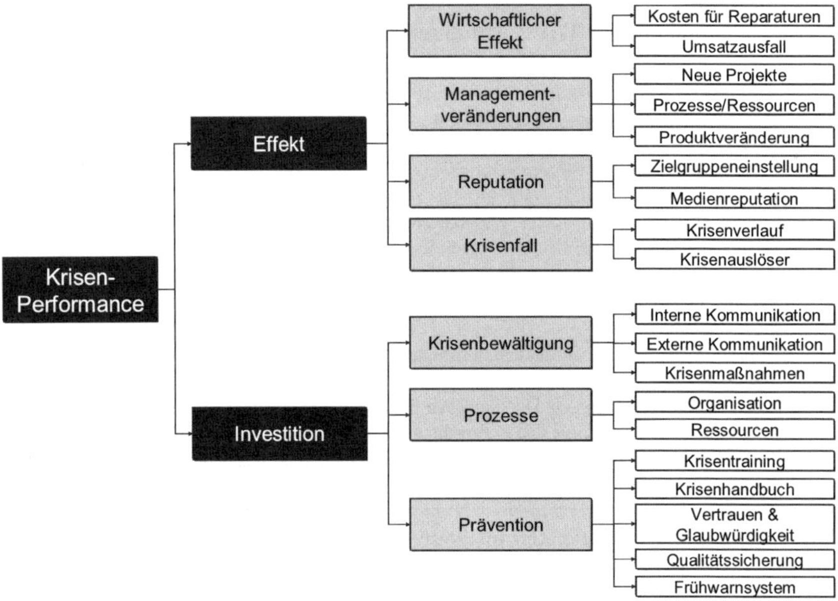


*Abbildung 7*: Krisenperformance-Analyse (eigene Darstellung)

Es werden zu jedem Prozessbestandteil – Prävention, Prozesse, Krisenbewältigung, Krisenfall, Reputation, Managementveränderungen und wirtschaftlichem Effekt – zusammenfassende Statements mit Hinweis auf besonders herausragende Vorkommnisse formuliert. Im nächsten Schritt wird eine Kernaussage zur gesamten Investition ins Krisenmanagement und zum gesamten Effekt der Krise formuliert. Durch die Gegenüberstellung dieser Aussagen kann eine Gesamtbeurteilung des Krisenmanagements entstehen: die Krisenperformance. Diese Aussage zur Krisenperformance stellt eine mit allen Faktoren des Prozesses relativierte Beurteilung dar: So relativieren z. B. Schwächen in der Krisenprävention, Mängel bei der Ressourcenverteilung oder die Schwere des Krisenfalls den Erfolg der Krisenkommunikation und der Krisenmaßnahmen. Die Verdichtung der Bewertungen muss in enger Zusammenarbeit mit den betroffenen Abteilungsleitern und der Unternehmensleitung formuliert werden. Die Bewertung und Verdichtung sollte auf jeden Fall ein unabhängiger Projektleiter steuern, der auf die Ausgewogenheit der Beurteilungen achtet. Die Gesamtbeurteilung darf nicht in einer einseitigen Darstellung der Krise gipfeln.

## 7 Fazit

In Anbetracht der Kürze des hier zur Verfügung stehenden Raumes ist der gesamte Vorgang der Krisenevaluation sehr kurz und knapp dargestellt worden. Kerngedanke ist es, die Krise umfassend und ganzheitlich darzustellen und zu bewerten. Eine Krise ist nicht nur anhand der veröffentlichten Medienbeiträge zu evaluieren, sondern in ihrer Gesamtheit, d. h. das komplette Krisenmanagement sollte Bestandteil der abschließenden Analyse sein. Nur auf diese Weise entsteht ein detailliertes Bild über den gesamten Verlauf und es kann konkrete Ursachenforschung betrieben werden. Die identifizierten Ursachen für Erfolg oder Misserfolg in der Krise dienen zur Optimierung der „Normalsituation" (in Form der Veränderungen, die der Krise eventuell folgen) und zur Verbesserung des Krisenmanagements (in Form von Anpassung der Prävention). Denn die nächste Krise kommt bestimmt!

## 8 Ausblick

Durch die standardisierte Systematik dieser hier neu entwickelten Vorgehensweise sind auch Vergleiche von Krisen möglich. Eine neue Kultur des Benchmarking scheint sich gerade im Bereich Unternehmenskommunikation zu entwickeln: Das Web-Excellence Forum (www.WebXF.de) ist ein erster praktischer Beweis, dass Unternehmen durch das standardisierte und gemeinsame Evaluieren und miteinander Vergleichen profitieren können. Die Befürchtung, vertrauliche Daten preiszugeben, scheint in der Praxis durch installierte Sicherheitsmaßnahmen wie Neutralisierung und Auslagerung der Datenspeicherung und -analyse durchaus kontrollierbar zu sein.

Eine Herausforderung für die Zukunft wäre es, gemeinsame Qualitätskriterien für Krisenverhalten aufzustellen. Anerkannte Checklisten könnten z. B. von Berufsverbänden entwickelt werden. Diese würden ein Bewerten und Vergleichen vereinfachen.

Das Instrument der Krisenperformance-Analyse ist als nächstes einem Praxistest zu unterziehen. Nur durch den praktischen Einsatz kann das Instrument PR-Praktiker von seinem Nutzen überzeugen. Eine solche Anwendung wird Bestandteil kommender Veröffentlichungen sein.

## Literatur

Besson, Nanette (2004): Strategische PR-Evaluation. Wiesbaden: VS Verlag für Sozialwissenschaften.

Besson, Nanette (2006): Weitere Artikel und Vorträge zum Thema PR-Evaluation online unter www.pr-evaluation.de.

Born, Karl (2002): Tourismusmarketing. Teil 2: Touristisches Krisenmanagement. Vorlesung an der Hochschule Harz im Wintersemester 2002.

Clauß, Günter/Ebner (1992): Statistik für Soziologen, Pädagogen, Psychologen und Mediziner. Band 1. Grundlagen. Frankfurt/M.: Harri Deutsch.

Herbst, Dieter (1999): Krisen meistern durch PR. Neuwied: Luchterhand.

Herbst, Dieter (2003): Krisen-PR für Non-Profit-Organisationen. Online unter http://www.ideereich.de/ (Kategorie „Krisenkommunikation")

Klenk, Volker (1989): Krisen-PR mit Hilfe von Krisenmodellen. In: PR Magazin, 2/1989, 29-36.

Krisenkommunikationskongress (2006): Dokumente zu den Arenen. Online unter: http://www.krisen kommunikationskongress.de/inhalt/programm/arena_01.php
bis arena_06.php.

Lambeck, Alfred (1992): Die Krise bewältigen: Management und Öffentlichkeitsarbeit im Ernstfall; ein praxisorientiertes Handbuch. Frankfurt: IMK.

Mayring, Philipp (1996): Einführung in die qualitative Sozialforschung, 3. Auflage. Weinheim: Beltz.

Scharr, Florian (2006): Erfolgsfaktoren unternehmerischer Krisen-PR. Dissertation: Universität Mannheim, Philosophische Fakultät. Online unter: http://deposit.d-nb.de/cgi-bin/dokserv?idn =980740355.

Schulz, Jürgen (2001). Management von Risiko- und Krisenkommunikation - zur Bestandserhaltung und Anschlussfähigkeit von Kommunikationssystemen. Dissertation: Humboldt-Universität zu Berlin. Online unter: http://edoc.hu-berlin.de/dissertationen/schulz-juergen-2001-02-19/HTML/index. html.

Töpfer, Armin (1999): Elchtest, Krisenmanagement, Kommunikationsstrategie. Neuwied/Kriftel: Luchterhand.

# Teil 3

# Ausblick

# The future of crisis communication from an international perspective

*Timothy William Coombs*

Crisis communication is a rapidly expanding field with a bright future. In spite of its bright future there are still a number of critical factors that would benefit from research. One striking aspect of the field's development is the lack of an international perspective on crisis communication. Some writers have criticized the crisis communication research for being myopic and ethnocentric (e.g. Lee 2004). This is a valid observation more than a critique. The researchers from the U.S. have been among the most active in the field. Their work reflects the backgrounds of the researchers rather than a purposeful attempt to craft a hegemonic view of crisis communication. Regardless of the reason, the internationalization of crisis communication is a critical area for future research in the field. This book is an excellent example of the benefits that are derived from a richer, international view of crisis communication.

This chapter is built around two questions: "What does it mean for crisis communication to become international?" and "How does internationalization fit into the future of crisis communication?" The chapter begins by exploring the meaning of international crisis communication through a review of research related to the topic and identifying the next steps to be taken. The focus then shifts to the role international crisis communication can play in the future development of crisis communication.

## 1 The Meaning of International Crisis Communication

If we are to discuss international crisis communication, it is important to start with a definition of the concept. This task requires the examination of the two key components of this concept, crisis communication and what it means for crisis communication to be international. Once the concept is defined, the challenges presented by international crisis communication are examined.

## 2 Defining Crisis Communication

A crisis is an unpredictable event that can seriously impact the organization's performance, generate negative outcomes, and violates stakeholder expectations. A crisis can be anticipated; managers know a crisis can occur but not when. The crisis event itself is not minor but represents a serious threat that can harm stakeholders and the organization. Moreover, the crisis event represents a departure from how stakeholders think an organization should act. For instance, food should not poison people, airplanes should not crash, and computers should not burst into flames. Violating expectations upsets and angers stakeholders. As a result, crises demand that an organization address stakeholder concerns in some way.

Crisis communication is part of crisis management. It includes systematic efforts intended to prevent or lessen the negative outcomes of a crisis and thereby protect the stakeholders, the organization, and/or industry from harm. There are three phases in crisis management:

1. pre-crisis where actions are taken to prevent crises and to prepare for the occurrence of a crisis;
2. crisis response, actions and words used to address the crisis; and
3. post-crisis, where information is updated and management learns from the crisis (Coombs 1999).

The goals of crisis management are to protect stakeholders from harm and to protect the financial and reputational assets of the organization. Communication plays a role throughout the entire crisis management process.

In general, crisis communication is composed of efforts to manage (1) the flow of crisis information and (2) stakeholder reactions. Crisis-related information must be collected and analyzed before, during, and after a crisis. Part of crisis communication is managing the flow and evaluation of crisis-related information. This aspect of crisis communication has received little attention in the literature. Instead, crisis communication research has focused on managing stakeholder reactions to a crisis. Researchers concentrate on the words and actions managers use to respond to a crisis. These words and actions are designed to "manage" how stakeholders react to the crisis and the organization in crisis (e.g. Benoit 1995; Coombs 1995; Hearit 2006). This chapter will focus on the crisis response (managing stakeholder reactions) because it is the dominant research domain in crisis communication.

The crisis response research can be sub-divided into two topics: form and content. Research concentrating on form considers how an organization should present its response and is based on practitioner writings. U.S. scholars have identified four requirements for the form of a crisis response: (1) be quick, respond in an hour or less; (2) avoid saying "no comment" because people view that negatively; (3) be accurate, check all facts carefully; and (4) be consistent, avoid contradictions in statement to stakeholders (Barton 2001; Coombs 2007; Kempner 1995).

Content research demonstrates a more strategic focus and centers on what crisis messages should be communicated to stakeholders. The messages should reflect the goals of protecting stakeholders from harm and protecting the financial and reputational assets of the organization. The words and actions management takes to address a crisis can be called the crisis communication strategies. There are three categories of crisis communication strategies:

1. instructing information,
2. adjusting information, and
3. reputation repair (Sturges 1994).

Instructing information strategies tell stakeholders how to physically protect themselves from the crisis. Warning sirens for a chemical release or recall alerts telling people not to use a product are examples of instructing information. Adjusting information helps stakeholders cope psychologically with the crisis. Crises create stress and sometimes injuries. Adjusting information tries to comfort stakeholders by expressing concern and detailing efforts to prevent a repeat of the crisis. Reputation repair strategies attempt to protect the organization's reputation (how the organization is perceived by stakeholders) from the damaging effects of a crisis. Reputation protection and repair dominate the crisis communication research agenda in the U.S. Reputations are valuable assets for organizations that are threatened by crises (Dowling 2002). Crisis communication is one means of protecting reputational assets during a crisis (Coombs/Holladay 2002).

## 3 International Crisis Communication

We live in a world where corporate communication is international and involves sending messages between different countries. The globalization of businesses and non-government organizations (NGO) has resulted in organizations facing crises in multiple countries and dealing with stakeholders from different cultures. Globalization serves to increase an organizations vulnerability meaning the likelihood of a crisis occurring increases as the corporation becomes transnational (Pearson 2005). The rapid dissemination of information through the Internet and television news networks only intensifies the situation. There seems to be no remote areas of the world any more. News of a crisis can spread rapidly around the world. In general, international crisis communication involves communicating crisis-related information with stakeholders in multiple countries. The growth of international trade and foreign direct investment continues to spur the creation of multinational or transnational corporations. I will use the term transnational to denote corporations that produce goods or market services in more than one country and not the more technical, economic-based definition of the term. A transnational corporation usually has a headquarters in a home country and assets in one or more host countries. Transnational corporations focus on the global marketplace.

Operating in two or more countries means a corporation can face a crisis in multiple countries or in a host country that is very different from the home country. A crisis, such as product harm, may affect consumers in a number of countries. Coca-Cola's product harm crisis in Belgium, France, and Spain is an example. Or a crisis, such as an industrial accident, may occur in one host country. The 2005 BP explosion in Texas City, Texas and 1984 explosion of the Union Carbide facility in Bhopal, India are examples. We can call crises that affect multiple locations *global crises* while those that affect only the host country are called *host crises.*

Figure 1 presents a graphic illustration of *global* and *host crises.* In either global or host crises, managers must address a crisis in a setting that is different from their home country. The crisis takes managers outside of their comfort zones and possibly their realm of expertise. This complicates effectively managing information and communicating with stakeholders. Global crises have the added demand of the need to coordinate response in diverse locations. International crisis managers must balance the desire to adapt to local practices with the need to have a consistent response to the crisis. There is a need to balance flexibility and standardization. As more transnational corporations to emerge, the likelihood of needing to manage international crises rises.

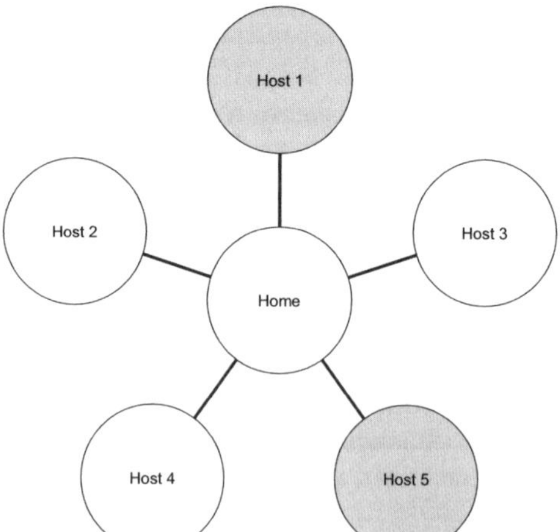


*Figure 1:* Types of International Crises – Host Crisis

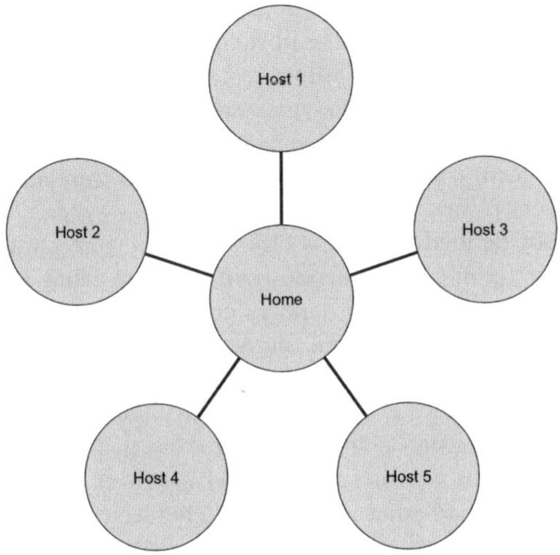


*Figure 2*: Types of International Crises – Global Crisis

## 4 Challenges of International Crisis Communication

The new and unfamiliar contexts for managing crises creates new challenges emerge for international crisis communication. The first challenge is to avoid simply applying one's home country crisis management principles to every host location. The second challenge is learning how to adapt to international stakeholders.

The first challenge of international crisis communication is to avoid ethnocentrism. It is relatively simple for an organization to apply crisis communication principles from its home countries to its various host locations. In times of stress, people tend to rely on what is familiar to them. Crisis managers may automatically apply the principles they learned in their home countries. Such a move is a recipe for disaster. There are nuances to the performance of crisis management in different countries and even in various regions of the same country. We cannot expect guidelines for crisis management that were developed in the U.S. to be effective in other countries (Wakefield 2001). International crisis managers must resist the temptation of simple ethnocentric solutions.

The second and more demanding challenge requires crisis communicators to adapt to their international stakeholders. Crisis management is demanding even when the differences between countries are not a significant factor. Taylor (2000) correctly noted that international crisis communication demands a competence in understanding the cultural norms of the host country or there is a risk the crisis will intensify. Crisis communication is influenced by the culture, media system, and legal system of a country. International crisis managers must adapt their crisis practices to the culture, media system, and legal in each country where a crisis is being managed as well as being able to coordinate the efforts to maintain consistency in the crisis management effort.

Hofstede (1980) defined culture as "the collective programming of the mind which distinguishes the members of one human group from another. Culture in this sense included systems of values; and values are among the building blocks of culture" (Hofstede 1980: 21). Culture should shape two critical perceptions of stakeholders. First, culture should influence how stakeholders define what constitutes a crisis (Lee 2005). There is a strong perceptual component to crises. If stakeholders believe an organization is in crisis then there is a crisis. Granted there are some objective markers of a crisis such as wreckage from a train, oil on the water, or a visible gas cloud. But whether or not people perceive an event as a crisis helps to determine if a crisis exists. Although Audi denied a problem with one of its transmission systems for over a decade, their customers saw the situation as a crisis and reacted as if there was a crisis. Crisis managers must be able to appreciate how stakeholders construct the crisis reality and respond accordingly.

Uncertainty avoidance, one of Hofstede's (1980) dimensions of culture, has been used to explain how people see events as crises. Uncertainty avoidance indicates how people will react to ambiguity; it is a form of ambiguity tolerance. High uncertainty avoidance leads people to avoid ambiguity and to create rules and rituals to reduce ambiguity. Low uncertainty avoidance leads people to accept ambiguity. Taylor (2000) used uncertainty avoidance to explain the slow reaction of Coca-Cola to the product harm crisis in Belgium arguing that the Belgium government reacted strongly by banning Coca-Cola products in part because of its high uncertainty avoidance. Coca-Cola's management was based in the U.S. With the low uncertainty avoidance in the U.S., Coca-Cola management was less likely to define this isolated event as a crisis. Subsequent research using an experimental design found support for the belief that people from high uncertainty cultures (low ambiguity tolerance) were more likely to perceive an ambiguous event as a severe crisis than those from a low uncertainty culture (high ambiguity tolerance) (Laufer/Gillespie/McBride/Gonzalez 2005).

Second, culture should shape how people interpret crisis communication strategies. Crisis communication strategies are the words and actions managers use when responding to a crisis. Lee (2004) found that stakeholders in China reacted positively to a no comment response, the opposite of what is recommended in the U.S. Lee (2004) also found that apologies were viewed as less effective in China than in the U.S. One explanation was that apologies are ritualistic in Chinese culture and therefore less effective than compensation (offering victims money, products, or services) (Lee 2004). Huang, Lin and Su (2005) found that Chinese stakeholders grouped crisis response strategies a little differently than U.S. stakeholders. Table 1 presents a list and definitions for the crisis response strategies used in the U.S. and Chinese research. Huang et al. (2005) found a diversion strategy in their sample of Chinese public relations practitioners that had not been identified in U.S. research (Huang/Lin/Su 2005).

| **Crisis Response Strategies** | |
|---|---|
| Denial | claim there was not crisis or deny any responsibility for the crisis. |
| Provocation | claim the event to offensive actions by someone else. |
| De-feasibility | claim management had no control over the events or could not have known the events would happen. |
| Good Intentions | claim the management had good intentions for the actions |
| Minimization | claim the event had limited negative effects. |
| Bosltering | management reminds people of past good works by the organization. |
| Suffering | claim the organization is a victim of the crisis as well |
| Attacking Accuser | management confronts the people claiming that there is a crisis. |
| Re-framing | management places the event in some larger context. |
| Apology | management admits guilt and asks for forgiveness. |
| Compensation | management offers victims assistance, money, or goods. |
| Corrective Action | management promises to repair the damage and prevent similar crises from happening again in the future. |
| Change Policies | management promises to change its policies. |
| Instructive Information | management tells people how to protect themselves from the crisis. |
| Adaptive Information | management helps people adjust psychologically to the crisis. |
| Sympathy | management expresses concern for the crisis victims. |
| Build New Agenda | management creates a new issue to distract people from the crisis. |
| Differentiating | management compares the event to other, more harmful crises. |

*Table 1*: Crisis Response Strategies

Crisis communications must be sensitive to how culture will shape perceptions of both the crisis events and crisis communication strategies. Moreover, culture shapes expectations for organizational performance including how it should respond to a crisis. Part of an organization's performance is how it responds to a crisis. Culture should shape what stakeholders consider to be an appropriate or inappropriate response to a crisis. Understanding the expectations for organizational performance, how people perceive the crisis communication strategies, and perceptions of the crisis situation should guide management responds to a crisis (Coombs/Holladay 2006).

Because media systems vary from country to country, international crisis managers have to adapt to the varying demands of these media systems. It is beyond the scope of this chapter to document the different media systems. A key aspect of the media for crisis communication is whether the news media investigates actions or simply restates what it is told (Pearson 2005). If the news media is investigative, organizations must respond quickly in a crisis. If the organization does not respond, the aggressive news media will seek information from other sources that may be incorrect or biased against the organization. In addition, investigative reports can create crises by revealing an organization's problems. A more passive media that reflects what organizations report to them will be less demanding of a quick response and less likely to create a crisis for an organization. It is critical to understand if the news media will be aggressive or passive during a crisis.

The final factor is the legal system. Crisis communicators must understand how laws and regulations will affect their efforts. In the U.S., for instance, laws and regulations shape how and when organizations initiate a recall of a defective or problematic product. Crisis communications may be constrained by law and it is incumbent on crisis communicators to know and to obey those laws.

International crisis communication is much more complicated than crisis communication in one's home country. International crisis managers must handle unfamiliar stakeholders and environments. To be effective, international crisis managers must appreciate and understand how culture, the news media, and legal requirements shape crisis communication practices.

## 5 The International Perspective and the Future of Crisis Communication

As noted earlier, the future will see increased incidents of international crises creating a greater demand for international crisis communication. Future research should respond to this demand by elaborating on our limited knowledge of international crisis communication. This section of the chapter outlines a continuing research agenda for international crisis communication. The discussion of the research agenda is divided into three parts: (1) contextual research, (2) comparative research, and (3) beyond the crisis response.

### 5.1 *Contextual Research*

In examining international public relations, Taylor (2001) used the term "contextual" to refer to research that examined practices in a particular country. International crisis communication would benefit from contextual research. We must understand how crisis management is practiced in various countries. This begins with the basic questions of "How is a crisis defined in that country?" and "What are the goals of crisis management and the priorities of those goals?" The answers to these questions provide insights valuable to crisis communication.

Contextual research has been emerging. Ogrizek and Guillery's (1999) book, *Communicating in Crisis*, is reflective of the French context. Crisis communication research has emerged in China (Lee 2004), Denmark (Frandsen/Johansen 2006), South Korea (Kim/Hon 2001; Yoo 2001), Sweden (Flodin 2003; Larsson/Nohrstedt 2002), the Netherlands, and the United Kingdom (Harris/Baines 2002) as well. This book explores the German context in detail. Continued contextual research will provide additional insights into crisis communication trends in various countries. The contextual research should yield new models and theories of crisis communication. Such information will be valuable to managers facing an international crisis. The contextual research is a process of mapping crisis communication in a specific country. These "maps" serve as a guide to the recommendations for performing crisis communication in a specific country.

### 5.2 *Comparative Research*

Comparative research seeks to understand the differences and similarities between practices in two or more countries. Useful comparisons requires two key components:

1. points of comparison and
2. explanations for similarities and differences.

For crisis communication, perceptions of crises and reactions to crisis response are two logical points of comparison. For instance, researchers can use the form and content findings from the U.S. as a point of comparison. "Do the form and content findings from the U.S. hold in other cultures?" This is an important quest because we must identify if there are any generic principles of crisis communication that have a global application or even regional application. Lee's (2004) research in China illustrates these points of comparison. In her exploration of the attributions Chinese stakeholders make about crisis situations, Lee found attribution patterns about crises are similar to those documented in the U.S. Both global and host crisis management efforts would benefit from comparative research. We could begin to understand what elements of crisis management have a broad application to a variety of countries and which have a narrow application to specific countries. The elements with broad application are critical to global crises that require some form of consistency in the crisis response.

The second component is a framework for interpreting the differences and similarities. This helps to answer the question "Why?" Any framework for comparing cultures such as Hostede's (1980) five dimensions of culture, Hall's idea of context, or the work of Trompenaars and Hampden-Turner (1998) can be used explain the differences and similarities. As noted earlier, Hofstede's work has been applied to international crisis communication but is not without its critics. Still, understanding why differences and similarities occur provides some predictive power. If we know a certain cultural factor, such as uncertainty avoidance, produces a specific effect, we can anticipate how it will shape future crisis communication.

Imagine a crisis arises in a host country but there is little to no crisis research to guide the crisis manager for this country. In essence, the crisis communication practices of the country are unmapped. Culture offers the potential to inform crisis communication in this unmapped country. If we know how a specific cultural factor can shape crisis communication and the nature of that cultural factor in a country that has yet to be mapped for crisis communication, we should have some insight into crisis communication in that country. For instance, no one may have studied crisis management in a country X. But if we know that country X is high on uncertainty avoidance that gives us some idea of how culture will affect crisis communication in that country.

Globally, crisis communication research has relied primarily on case study methods. These case studies are an excellent starting point for understanding crisis communication and provide insights into patterns of successful and unsuccessful crisis management that can be used to generate possible theories and principles. Testing these theories and principles using empirical methods generates important knowledge as well. Examples would be Lee's (2004; 2005) work in China and the work of Coombs and Holladay in the United States (1996; 2002; 2004; 2005). Testing the theories and principles gives crisis managers greater confidence in their applicability to a country. Both quantitative and qualitative methods are useful in advancing international crisis communication.

In summary, we need more research that reveals how cultural factors interact with crisis communication. Both contextual and comparative studies provide such insights. The more we know about how cultural factors can shape crisis communication, the more effective international crisis communication becomes for both global and host crises.

## 6 Beyond the Crisis Response

In general, crisis communication research centers on the crisis response and the management of stakeholder reactions. Moreover, the main lines of crisis communication research in the U.S. focus on the connection between a crisis and the organization's reputation. Crisis response strategies attempt to limit or repair the damage a crisis inflicts on an organization's reputation (Benoit 1995; Coombs 1995). Little is known about crisis information management. One exception is the research in the United Kingdom and the Netherlands that examines decision making during a crisis (e.g. Crichton/Lauche/Flin 2005). This research seeks to find ways to improve crisis communication by overcoming errors derived from the decision making process. Understanding the challenges to decision making in a crisis and how to overcome those problems is very valuable.

Crisis communication research provides little insight into the prevention of crises. The best way to manage a crisis is to avoid a crisis. Yet there is a paucity of research about collecting, analyzing, and acting on the warning signs of a crisis. Culture would seem to have a logical connection to prevention. "Do fatalistic cultures see less value and invest less in prevention?" Preparation for a crisis could be shaped by culture as well. Organizations need to develop and to test crisis management plans. "Are cultures that place a greater emphasis on planning better prepared for a crisis?" "Should prevention and preparation be universal principles of crisis management?" "How do we win their acceptance in cultures that devalue prevention and preparation?" Such questions can be answered through a combination of contextual and comparative research. We must then determine how to cope with these differences if they do exist.

## 7 Conclusion

Transnational corporations will continue to develop given the globalization of business. This means that the demand for international crisis communication will continue to increase as well. This book is a harbinger of a new phase in crisis communication research, the international crisis communication phase. Transnational corporations face both global and host crises. Differences in culture, media systems, and legal systems complicate crisis communication as it becomes international. Researchers need to examine how effective crisis communication varies between countries and how crisis managers can integrate the possibly diverse responses needed for the same crisis. Insights into international crisis communication will yield important knowledge and principles for guiding the actions of crisis managers facing global and host crises.

## References


Barton, Laurence (2001): Crisis in Organizations II (2nd Ed.). Cincinnati, OH: College Divisions South-Western.

Benoit, William (1995): Accounts, Excuses, and Apologies: A Theory of Image Restoration. Albany, NY: State University of New York Press.

Coombs, W. Timothy (1995): Choosing the Right Words: The Development of Guidelines for the Selection of the "Appropriate" Crisis Response Strategies. In: Management Communication Quarterly (8), 447-476.

Coombs, W. Timothy (1999): Ongoing Crisis Communication: Planning, Managing, and Responding. Thousand Oaks, CA: Sage Publications.

Coombs, W. Timothy/Holladay, Sherry (1996): Communication and Attributions in a Crisis: An Experimental Study of Crisis Communication. In: Journal of Public Relations Research (8), 279-295.

Coombs, W. Timothy/Holladay, Sherry (2001): An Extended Examination of the Crisis Situation: A Fusion of the Relational Management and Symbolic Approaches. In: Journal of Public Relations Research (13), 321-340.

Coombs, W. Timothy/Holladay, Sherry (2002): Helping Crisis Managers Protect Reputational Assets: Initial Tests of the Situational Crisis Communication Theory. In: Management Communication Quarterly (16), 165-186.

Coombs, W. Timothy/Holladay, Sherry (2004). Reasoned Action in Crisis Communication: An Attribution Theory-Based Approach to Crisis Management. In: Millar, Dan/Heath, Robert (Hrsg.): Responding to Crisis: A Rhetorical approach to Crisis Communication. Mahwah, NJ: Lawrence Erlbaum Associates, 95-115.

Coombs, W. Timothy/Holladay, Sherry (2005): Exploratory study of stakeholder emotions: Affect and crisis. In: Ashkanasy, Neil/Zerbe Wilfred/Hartel Charmine (Hrsg.): Research on Emotion in Organizations: Volume 1: The Effect of Affect in Organizational Settings. New York: Elsevier, 271-288.

Crichton, Margarett/Lauche, Kristina/Flin, Rhona (2005): Incident command skills in the management of an oil Industry drilling incident: A Case study. Journal of Contingencies and Crisis Management, 13 (3), 116-128.

Flin, Rhona. (2006): Naturalistic Decision Making and Crisis Management. Presentation at ISCRAM-TIEMS 2006 Summer School, Tilburg, the Netherlands.

Flodin, Bertil (2003): Public Relations in Sweden: A Strong Presence Increasing in Importance. In: Sriramesh, Krishnamurthy/Vercic, Dejan (Hrsg.): The Global Public Relations Handbook: Theory, Research, and Practice. Mahwahm, NJ: Lawrence Erlbaum Associates, 244-256.

Frandsen, Finn/Johansen, Winni (2006): Crisis communication and the rhetorical arena. Paper presented at the 9th Annual International Public Relations Research Conference, Miami, FL.

Hall, Edward (1971): Beyond Culture. Garden City, NY: Doubleday Anchor Books.

Harris, Phil/Baines, Paul (2002): Lobbying for Survival: The UK BSE Crisis and the Role of the Meat and Livestock Commission in Lifting the EC Beef Export Ban. In: Moss, Danny/DeSanto, Barbara (Hrsg.): Public Relations Cases: International Perspectives. New York: Routlege, 130-143.

Hearit, Keith (2006): Crisis Management by Apology: Corporate Response to Allegations of Wrongdoing. Mahwah, NJ: Lawrence Erlbaum Associates.

Hofstede, Geert (1997): Cultures and Organizations: Software of the Mind. New York: McGraw Hill.

Huang, Yi-Hui/Lin, Ying-Hsuan/Su, Shih-Hsin (2005): Crisis Communicative Strategies in Taiwan: Category, Continuum, and Cultural Implication. In: Public Relations Review (31), 229-238.

Kim, Yungwook/Hon, Linda (1998): Craft and Professional Models of Public Relations and Their Relations to Job Satisfaction among Korean Public Relations Practitioners. In: Journal of Public Relations Research (10), 155-175.

Kolfschoten, Gwendolyn/Briggs, Robert/de Vreede, Gert-Jan/Jacobs, Peter/Appelman, Jaco (2006): A Conceptual Foundation of the ThinkLet Concept for Collaboration Engineering. In: International Journal of Human-Computer Studies (64), 611-621.

Kolfschoten, Gwendolyn/Appelman, Jaco (2006): Collaborative Engineering in Crisis Situations. Presentation at ISCRAM-TIEMS 2006 Summer School, Tilburg, the Netherlands.

Larsson, Larsake/Nohrstedt, Stig (2002): Does Public Relations Make a Difference? A Comparative Analysis of Two Major Swedish Crises. In: Moss, Danny/DeSanto, Barbara (Hrsg.): Public Relations Cases: International Perspectives. New York: Routlege, 113-129.

Laufer, Daniel/Gillespie, Kate/McBride, Brad/Gonzalez, Silvia (2005): The Role of Severity in Consumer Attributions of Blame: Defensive Attributions in Product Harm Crises in Mexico". Journal of International Consumer Marketing (Forthcoming).

Lee, Betty (2004): Audience-Oriented Approach to Crisis Communication: A Study of Hong Kong Consumers' Evaluation of an Organizational Crisis. In: Communication Research (31), 600-618.

Lee, Betty (2005): Crisis, Culture, and Communication. In: Kalbfleisch, Pamela (Hrsg.): Communication Yearbook 29. Mahwah, NJ: Lawrence Erlbaum Associates, 275-310.

Ogrizek, Michel/Guillery, Jean-Michel. (1999): Communicating in Crisis. New York: Aldine De Gruyter.

Pearson, Christine (2005): Leading through Crises: Twenty-First Century, Global Challenges. In James, Erika and Smith, Larry (Hrsg.): An Executive Briefing on Crisis Leadership, Charlottesville, VA: Darden Business Publishing, 13-22.

Taylor, Maureen (2000): Cultural Variance as a Challenge to Global Public Relations: A Case Study of the Coca-cola Scare in Europe. In: Public Relations Review (26), 277-293.

Trompenaars, Fons/Hampden-Turner, Charles (1998): Riding the Waves of Culture: Understanding Diversity in Global Business (2nd ed.). New York: McGraw-Hill.

Vercic, Dejan. (2003): Public Relations of Movers and Shakers: Transnational Corporations. In: Sriramesh, Krishnamurthy/Vercic, Dejan (Hrsg.): The Global Public Relations Handbook: Theory, Research, and Practice. Mahwahm, NJ: Lawrence Erlbaum Associates, 478-489.

Yoo, Je Cho (2001): A study on crisis management by industry. In: Korean Journal of Journalism and Communication Studies (43), 195-229.

# Autorenverzeichnis

Arlt, Hans-Jürgen, Dr. phil., Jahrgang 1948, arbeitet in Berlin als freier Publizist, Kommunikationswissenschaftler und Berater. Bis 2002 leitete er die Abteilung Öffentlichkeitsarbeit des Deutschen Gewerkschaftsbundes, seit 2007 ist er auch Teilzeit-Pressesprecher des DGB Hamburg. Nach dem Studium der Politikwissenschaft, Geschichte und Philosophie in München und Erlangen arbeitete er als Redakteur und wechselte in den 80er Jahren als Pressesprecher zum DGB. Mitte der 90er Jahre machte er zwei Jahre Forschungsurlaub am Institut für Journalistik der Universität Hamburg. Danach nahm er Lehraufträge im Bereich politische Kommunikation an Universitäten in Düsseldorf, Leipzig, Münster und Berlin wahr. Seine Interessenschwerpunkte sind die Gegenwart der Kommunikation und die Zukunft der Arbeit.

Baier-Fuchs, Anfried, Jahrgang 1949, hat Geschichte, Völkerrecht und Politikwissenschaft in Heidelberg und Paris studiert und mit M.A. abgeschlossen. Ihr beruflicher Weg führte sie zunächst vom Wissenschaftlichen Dienst des Deutschen Bundestages über die Vereinten Nationen in das Presse- und Informationsamt der Bundesregierung, wo sie zuletzt Leiterin des Büros des Regierungssprechers und des Chefs vom Dienst war. Es folgten Stationen in der Wirtschaft: in der Gruppe Rhône-Poulenc als Deputy Vice President Communications Europe und bei der Deutschen Bahn als Leiterin des Zentralbereichs Konzernkommunikation und Bereichsvorstand. Seit 2000 arbeitet sie selbständig als Dozentin, in ausgewählten Beratungsprojekten und als Interim-Manager rund um das Thema Kommunikation mit den Schwerpunkten Krise, Veränderungsmanagement und Mitarbeiter.

Baumgärtner, Norbert, Dr., ist Inhaber der Baumgärtner Management- und Kommunikationsberatung mit Sitz in Grünwald bei München. Er hat Politikwissenschaft, Soziologie und Geschichte studiert und in Kommunikationswissenschaft über Risiko- und Krisenkommunikation am Beispiel der Chemischen Industrie promoviert. An der Ludwig-Maximilians-Universität München hat er seit 1999 einen Lehrauftrag für Kommunikationswissenschaft. Er verfügt über 20 Jahre Berufserfahrung in verantwortlichen Positionen in der Energiewirtschaft und der Chemie. Mit seinem Unternehmen berät er zahlreiche Industrieunternehmen und Organisationen im Umgang mit Medien sowie in Risiko- und Krisenmanagement.

Bentele, Günter, Prof. Dr., Jahrgang 1948, Inhaber des Lehrstuhls für Öffentlichkeitsarbeit/PR an der Universität Leipzig. Studium der Germanistik/Linguistik, Soziologie, Publizistikwissenschaft, Philosophie. 1975 bis 1989 Assistent und Hochschulassistent für Publizistikwissenschaft an der FU Berlin, Promotion 1982, Habilitation 1989. 1989-1994 Professor für Kommunikationswissenschaft an der Universität Bamberg. 1995 bis 1998 Erster Vorsitzender der Deutschen Gesellschaft für Publizistik- und Kommunikationswissenschaft (DGPuK), seit 2003 Vorstandsmitglied und 2004 Präsident EUPRERA. 1998 Visiting Research Professor an der Ohio University Athens/Ohio (USA), Gastprofessuren an den Universitäten Zürich und Lugano (Schweiz), Jyväskylä (Finnland), Klagenfurt (Österreich), Riga (Lettland) und Belgrad (Serbische Republik). Ca. 40 Buchpublikation, über 170 wissenschaftliche Artikel. Seit über 20 Jahren Tätigkeit als Freier Journalist und PR-Experte. 2004 Auszeichnung zum „PR-Kopf des Jahres“ im Deutschen PR-Preis.

Besson, Nanette, Dr., Jahrgang 1972, ist geschäftsführende Gesellschafterin der NAL Kommunikationsberatung GmbH in Edingen-Neckarhausen. Sie machte sich 1996 während des Studiums mit ihrer Agentur für PR-Evaluation selbständig. 1997 beendete sie das Magisterstudium der Sozialwissenschaften, Psychologie und Medienwissenschaften in Düsseldorf. 2002 schloss sie die Promotion im Bereich

Medienwissenschaften an der Heinrich-Heine-Universität Düsseldorf ab. Ihre Dissertation zum Thema „Strategische PR-Evaluation" erschien 2004 in zweiter Auflage im VS Verlag für Sozialwissenschaften. Sie ist aktiv als Verlegerin, Autorin und Referentin zum Thema Evaluation der Unternehmenskommunikation.

Braun, Stefan, Dr., ist Berater in der Unit Kommunikation von PRGS-crisadvice und bringt jahrelange Erfahrung aus seinen Tätigkeiten beim Verfassungsschutz und als Heimleiter einer Jugendhilfeeinrichtung mit. Der gelernte Politikwissenschaftler und Soziologe ist Absolvent der Universität Heidelberg und der Hochschule für Jüdische Studien. Umfassende Erfahrung in Personalführung, Organisation und Intervention sammelte er während seiner Tätigkeit als Mitglied der Heimleitung in einem Jugendheim für schwererziehbare und sozialwaise Jugendliche. Später war er bei der Landesbehörde für Verfassungsschutz Berlin als wissenschaftlicher Mitarbeiter in der Risikoanalyse tätig. Er leitete ebenfalls dort eine Projektgruppe zur Verbesserung der Zugänge in extremistische Zirkel. Er ist Lehrbeauftragter an der FH-Bund und Referent an der Schule für Verfassungsschutz sowie Mitglied des Freundeskreises der Bundesakademie für Sicherheitspolitik. Er publiziert zu Extremismus, Verfassungsschutz, Staat-Religionen-Verhältnis und Krisenkommunikation.

Coombs, W. Timothy , PhD Purdue University, is an associate professor in the Department of Communication Studies at Eastern Illinois University. He is the 2002 recipient of Jackson, Jackson & Wagner Behavioral Science Prize from the Public Relations Society of American for his crisis research. His research has lead to the development and testing of the Situational Crisis Communication Theory (SCCT). SCCT provides recommendations from how crisis managers should respond to crises by evaluating key elements of the crisis situation. He has published various articles in the area of crisis communication. He was part of the Darden School of Management's Batten Institute's „Defining Leadership: A Forum to Discuss Crisis Leadership Competency" and has a chapter in the related Executive Briefing on Crisis Leadership. He has lectured at various venues in the U.S., Europe, and Australia on the subject of crisis communication. He has also consulted with companies in the petrochemical and health care industry on crisis-related topics.

Dujić, Ana, Jahrgang 1977, studierte Politikwissenschaft in München und Paris. Nach Kampagnenmitarbeit im bayerischen Landtagswahlkampf in 2003 betreut sie seit 2004 als Beraterin bei Johanssen + Kretschmer Strategische Kommunikation GmbH vorwiegend Kunden aus dem Bereich Öffentliche Institutionen und Non-Profit-Organisationen. Inhaltlich ist sie auf Public Affairs – hier insbesondere CSR und politische Kommunikation – sowie Krisenkommunikation spezialisiert. Außerdem ist sie Mitglied des Bundesvorstandes der Deutschen Gesellschaft für die Vereinten Nationen (DGVN).

Fischer-Appelt, Bernhard, studierte von 1986 bis 1988 Volkswirtschaftslehre und Politische Wissenschaft an der Universität Hamburg und machte zwischen 1988 und 1989 den Master of Science (Econ.) in Industrial Relations and Personnel Management an der London School of Economics and Political Science. Er gründete 1986 die fischerAppelt Kommunikation GmbH (ehemals Media Concept) und ist seit dem geschäftsführender Gesellschafter. Seit 2000 ist er Vorstand der neu gegründeten Holding „Everpublic AG", bestehend aus fischerAppelt Kommunikation (PR), Ligalux (Design), fischerAppelt, ziegler (Finanzkommunikation), fischerAppelt, profiling (Unternehmensberatung). Er war von 1996 bis 2002 Mitglied im Präsidium der Gesellschaft der Public Relations Agenturen (GPRA) und ist seit 2003 Mitglied der Synode der Nordelbischen Kirche sowie seit 2005 Mitglied der Reformkommission 2030 der Evangelischen Kirche in Deutschland.

Hofmann, Thorsten, Dr., ist Geschäftsführer von PRGS-crisadvice mit Sitz im Hauptstadtbüro Berlin und setzt seine jahrelange Erfahrung aus Akutfällen, Planungen und Übungen in die entsprechenden Szenarien und Abläufe um. Der gelernte Wirtschaftsingenieur ist Absolvent der Bundesakademie für Sicherheitspolitik und seit mehr als zehn Jahren im Krisenmanagement aktiv. Umfassende Erfahrung sammelte er während seiner Tätigkeit beim Bundeskriminalamt (BKA) und im Bundesministerium des Innern in verschiedenen Einsatzgebieten. Später war er in der Beratung und Risiko-Analyse für Mitglieder der Bundesregierung und als Mitglied des Krisenreaktionszentrums des Auswärtigen Amtes sowie des Krisenstabes des Bundesministeriums des Innern tätig. Er ist Mitglied und Dozent der Bundesakademie für Sicherheitspolitik, Berater und Dozent der Deutschen Presseakademie (depak), Lehrbeauftragter für Krisenmanagement an der Steinbeis Hochschule Berlin und Gesamtleitung beim Aufbau des wirtschaftswissenschaftlichen MBA-Programms mit Vertiefungsrichtung „Krisenmanagement".

Janke, Katharina, Jahrgang 1979, 1997-2003 Studium der Kommunikations- und Medienwissenschaft (Schwerpunkt PR/Öffentlichkeitsarbeit), Psychologie und Angewandten Linguistik/Fachkommunikation an der Universität Leipzig und Studium der "Intercultural Studies & Intercultural Communication" an der Universität von Jyväskylä, Finnland. Verschiedene Praktika bei internationalen Organisationen (UNO), Unternehmen und staatlichen Organisationen. DAAD-Stipendiatin (2002) und von 2003-2005 als Promotionsstipendiatin der Bayer AG an der Schnittstelle zwischen „Corporate Human Resources und Corporate Communications" tätig. Seit 2006 Geschäftsführung communication & pr, Kommunikationsberatung und seit Oktober 2006 wissenschaftliche Mitarbeiterin am Lehrstuhl für Kommunikationsmanagement und Public Relations der Universität Leipzig.

Johanssen, Klaus-Peter, ist geschäftsführender Gesellschafter bei Johanssen + Kretschmer Strategische Kommunikation GmbH. Anfang 1998 als Direktor Unternehmenskommunikation aus den Diensten der Deutschen Shell ausgeschieden, betätigte er sich zunächst als freier Berater, u. a. für die EXPO 2000 und BSMG Worldwide Deutschland. Als Mitgründer der Johanssen + Kretschmer Strategische Kommunikation GmbH konnte er seine über 30-jährige Unternehmenserfahrung als Jurist, Marketing- und Kommunikationsfachmann in die Agentur einbringen. Zuletzt hatte er bei der Deutschen Shell elf Jahre lang die Verantwortung für die gesamte Unternehmenskommunikation. Er leitet den Arbeitskreis „Krisenkommunikation/Issues Management" der Deutschen Public Relations Gesellschaft (DPRG), ist Dozent an der Sächsischen Verwaltungs- und Wirtschaftsakademie, Mitglied des Beirats der Deutschen Gesellschaft für Politikberatung (de'ge'pol) und des Kuratoriums der PolitikAkademie in Berlin sowie Beisitzer der GPRA im Deutschen Rat für Public Relations (DRPR).

Köhler, Tanja , Dr. phil., arbeitet als Autorin und Journalistin für öffentlich-rechtliche Sendeanstalten (u. a. WDR, ZDF/3sat) und zahlreiche Verlage. Sie ist Lehrbeauftragte für Journalismus und PR u. a. an der Ruhr-Universität Bochum sowie Autorin und Co-Autorin zahlreicher Publikationen. Sie studierte Publizistik und Kommunikationswissenschaft, Amerikanistik und Neugermanistik an der Ruhr-Universität Bochum und promovierte über Krisen-PR im Internet. Sie war längere Zeit als PR-Consultant in einer führenden deutschen PR-Agentur tätig, wo ihre Arbeitschwerpunkte in der strategischen Beratung mittelständischer und großer Unternehmen lagen.

Krämer, Jens, ist Geschäftsführer von Hill & Knowlton in Berlin. Davor war er Partner bei Pleon und leitete dort die Practice Crisis Communications & Issues Management. Seit fast 20 Jahren berät er Unternehmen und Organisationen auf den Gebieten Corporate Communications und Krisenkommunikation.

Löffelholz, Martin, Prof. Dr., Professor für Medienwissenschaft am Institut für Medien- und Kommunikationswissenschaft der Technischen Universität Ilmenau und wissenschaftlicher Direktor der Forschungsgruppe Krisenkommunikation. Arbeitsgebiete: Kommunikatorforschung, Krisen- und Kriegskommunikation, Medieninnovationsforschung, transkulturelle Kommunikation.

Mast, Claudia, Prof. Dr., Inhaberin des Lehrstuhls für Kommunikationswissenschaft und Journalistik der Universität Stuttgart-Hohenheim war lange Zeit als Leitende Angestellte der Siemens AG (München) für Managementschulung und gesellschaftspolitische Information verantwortlich. Sie ist Studienleiterin der Bayerischen Akademie für Werbung und Marketing (BAW) in München und in zahlreichen Gremien, u. a. als Verwaltungsrat der Deutschen Welle (Bonn) tätig. Ihre aktuellen Forschungsschwerpunkte sind strategische Kommunikationsplanung, interne Public Relations, Media Relations, Wirtschaftsjournalismus und Innovationen im Mediensystem.

Merten, Klaus, Prof. Dr., Studium der Mathematik und Informatik an der TH Aachen, der Geschichte, Publizistik und Soziologie an der Universität Münster, der Soziologie und Mathematik an der Universität Bielefeld. 1972 Wiss. Assistent, 1975 Promotion über den Kommunikationsbegriff in Bielefeld, 1979 Professor für empirische Sozialforschung an der Universität Gießen, 1984 Professor für empirische Kommunikationsforschung an der Universität Münster, Gastprofessuren im In- und Ausland. Arbeitsgebiete: Theorie und Methoden der Kommunikationsforschung, Wirkungsforschung, Public Relations. Gründer von COMDAT Medienforschung GmbH, PR+plus und com+plus Fernstudium Public Relations. Top Award International Communiation Association (ICA, 1976) und Thyssenstiftung (1991).

Nolting, Tobias, studierte Angewandte Medienwissenschaft an der Technischen Universität Ilmenau. Er war Mitglied der Kongressleitung des Krisenkommunikationskongresses Ilmenau, des ersten studentischen Kongresses zum Thema Krisenkommunikation im Jahr 2006. Er ist derzeit wissenschaftlicher Mitarbeiter am Lehrstuhl für Kommunikations- und Medienwissenschaft I der Heinrich-Heine-Universität Düsseldorf.

Nothelle, Claudia, Dr., ist seit dem 1. November 2006 Fernseh-Chefredakteurin des Rundfunk Berlin-Brandenburg (RBB). Ihr Studium der Katholischen Theologie und der Germanistik schloss sie 1988 mit dem 1. Staatsexamen ab. 1993 promovierte sie in Pädagogik an der Johannes-Gutenberg-Universität in Mainz über das Weltbild von Jugendzeitschriften. Parallel zum Studium absolvierte Nothelle 1984 bis 1986 ihre journalistische Ausbildung als Stipendiatin des Instituts zur Förderung publizistischen Nachwuchses in München. Sie war seit 1992 im Fernsehen des neu gegründeten Mitteldeutschen Rundfunks tätig – zunächst bis 1995 im Landesfunkhaus Thüringen, danach bis 1997 in der Redaktion Inland u. a. beim politischen Magazin „Fakt“. Von 1998 bis 2002 arbeitete sie in der ARD-aktuell-Redaktion in Dresden und Leipzig, war regelmäßig im ARD-Studio Neu Delhi sowie als Reisekorrespondentin in Pakistan und Afghanistan tätig. Von 2003 bis zum 31. Oktober 2006 war sie Korrespondentin des MDR im ARD-Hauptstadtstudio in Berlin.

Preusse, Joachim, Jahrgang 1979, studierte Kommunikationswissenschaft, Wirtschaftspolitik und Öffentliches Recht in Münster. Derzeit arbeitet er als wissenschaftliche Hilfskraft am Lehrstuhl für Public Relations des Instituts für Kommunikationswissenschaft der Universität Münster.

Riecken, Martin, ist seit 2003 für den Themenbereich strategische Krisenkommunikation für den Lufthansa Konzern zuständig. Seit März 2007 leitet er die Unternehmenskommunikation der Deutschen Lufthansa AG in Nord- und Südamerika. Davor war er von 2005 bis 2007 Vice President Corporate Communications für die Lufthansa Cateringtochter LSG Sky Chefs. Von 2000 bis 2005 leitete er den Bereich Onlinekommunikation der Lufthansa, zwischen 1995 und 2000 war er Manager Public Relations beim Energiekonzern E.ON AG in Düsseldorf. Er ist ausgebildeter Werbekaufmann und hat Publizistik und Kommunikationswissenschaften sowie Wirtschaftswissenschaften und Politik an der Ruhr-Universität Bochum studiert. Seine Fachgebiete sind Krisenkommunikation, elektronische und interne Kommunikation.

Röbel, Udo, absolvierte zwischen 1969 und 1971 Redaktions-Volontariat bei der „Rheinpfalz“ in Ludwigshafen. Er war Agentur-Journalist bei dpa und ap, und begann 1972 bei der „BILD“ Frankfurt, weitere Stationen waren „BILD“ Kettwig, von 1980 bis 1982 Redaktionsleiter „BILD“ Köln, von 1982 bis 1989 stellvertretender Chefredakteur „EXPRESS“ Köln, von 1989 bis 1991 stellvertretender Chefredakteur „BILD am Sonntag", von 1993 bis 1997 stellvertretender Chefredakteur „BILD", von 1998 bis 2000 Chefredakteur „BILD", von 2001 bis 2002 Chefredakteur „bild.de" und Vorstand „bild.de AG". Seit Mai 2005 ist er Herausgeber des Internet-Dienstes „www.fairpress.biz". 1984 erhielt er den Wächterpreis der Deutschen Tagespresse für die Aufdeckung der Affäre um General Kießling.

Röttger, Ulrike, Prof. Dr., Jahrgang 1966, Studium der Journalistik und Raumplanung an der Universität Dortmund; 1994-1998 wiss. Mitarbeiterin an der FH Hannover und am Institut für Journalistik der Universität Hamburg; von 1998-2003 Assistentin und später Oberassistentin am Institut für Publizistikwissenschaft und Medienforschung der Universität Zürich, seit 2003 Inhaberin der Stiftungsprofessur Public Relations am Institut für Kommunikationswissenschaft der Universität Münster; Lehr- und Forschungsschwerpunkte im Bereich Public Relations/Organisationskommunikation: PR-Theorie, Hochschul-PR, CSR-Kommunikation, Kampagnenkommunikation, Issues Management, Interne Kommunikation, Online-PR/Weblogs, Kommunikationsberatung, Kommunikatorforschung.

Schwarz, Andreas, wissenschaftlicher Mitarbeiter am Fachgebiet Medienwissenschaft des Institut für Medien- und Kommunikationswissenschaft der Technischen Universität Ilmenau.

Thießen, Ansgar, studierte Angewandte Medienwissenschaft an der Technischen Universität Ilmenau. Er war Mitglied der Kongressleitung des Krisenkommunikationskongresses Ilmenau, des ersten studentischen Kongresses zum Thema Krisenkommunikation im Jahr 2006. Er ist derzeit wissenschaftlicher Mitarbeiter am Lehrstuhl Medien- und Kommunikationswissenschaft, Schwerpunkt Organisationskommunikation und Kommunikationsmanagement an der Université de Fribourg (Schweiz).